劳动和社会保障部职业技能鉴定推荐教材

21 世纪高等职业教育 规划教材 双证系列

园艺植物生产技术

主　编　胡繁荣

副主编　李　玲　贾春蕾

主　审　沈玉英

上海交通大学出版社

内容提要

本书以园艺植物生产过程为主线,融职业标准于一体,介绍园艺植物生产的基本知识和技能,体例新颖,实用性强,体现了项目课程的理念。全书共分十个项目,包括走进园艺、园艺植物的分类与识别、园艺植物的园地建设、园艺植物的环境调控、园艺植物的繁殖、园艺植物的栽植、园艺植物的田间管理、园艺植物生长发育的调控、园艺植物病虫害防治、园艺产品采收技术与市场营销等内容,各项目后附有练习与思考,书后附有相关职业标准。

全书图文并茂,突出基础理论知识的应用和实践能力的培养,具有针对性、实用性、实践性、先进性,可供高职院校园艺技术、商品花卉、园林技术、现代农艺、设施农业等专业教学使用,也可供相关专业生产、管理人员参考。

图书在版编目(CIP)数据

园艺植物生产技术 / 胡繁荣主编. — 上海:上海交通大学出版社,2007(2024 重印)
(21 世纪高等职业教育规划教材双证系列)
ISBN 978-7-313-04838-7

Ⅰ. 园... Ⅱ. 胡... Ⅲ. 园艺作物—栽培—高等学校:技术学校—教材 Ⅳ. S6

中国版本图书馆 CIP 数据核字(2007)第 116482 号

园艺植物生产技术

主　　编:胡繁荣
出版发行:上海交通大学出版社　　　　　地　　址:上海市番禺路 951 号
邮政编码:200030　　　　　　　　　　　电　　话:021-64071208
印　　制:浙江天地海印刷有限公司　　　经　　销:全国新华书店
开　　本:787mm×960mm　1/ 16　　　　印　　张:21
字　　数:393 千字
版　　次:2007 年 9 月第 1 版　　　　　　印　　次:2024 年 8 月第 8 次印刷
书　　号:ISBN 978-7-313-04838-7
定　　价:58.00 元

前　言

园艺是文明的象征,园艺产品是人们生活的必需品,也是增加农民收入的重要来源。园艺植物生产是发展现代农业的重要组成部分,为人们提供优质、安全、营养的园艺产品,是每个园艺工作者的责任和义务,而了解和掌握园艺植物的理论、知识和技能对生产优质的园艺产品具有现实和长远的意义。

本教材突出职业能力培养,体现基于职业岗位分析和具体工作过程的课程设计理念,以真实工作任务为载体组织教学内容,吸收现代园艺学研究的最新成果,并结合我国园艺产业发展和人才培养的实际,按园艺植物的生产过程分别阐述了走进园艺、园艺植物的分类与识别、园艺植物的园地建设、园艺植物的环境调控、园艺植物的繁殖、园艺植物的栽植、园艺植物的田间管理、园艺植物生长发育的调控、园艺植物病虫害的发生与控制、园艺产品采收技术与市场营销等内容。

本教材由胡繁荣任主编,李玲、贾春蕾为副主编,全书分工如下:李玲负责园艺植物的栽植、园艺植物生长发育的调控等项目的编写,罗军负责园艺植物病虫害防治项目的编写,贾春蕾负责园艺植物的园地建设、园艺产品采收技术与市场营销项目的编写,刘健负责园艺植物的分类与识别、园艺植物的田间管理等项目的编写,胡繁荣负责走进园艺、园艺植物的环境调控、园艺植物的繁殖项目的编写。初稿完成后由胡繁荣负责全书的统稿,贾春蕾、刘健等参加了部分统稿工作。教材编写过程中,全体参编人员付出了辛勤的劳动,参阅了大量的学术著作、科技书刊,凝聚了许多专家、学者和园艺工作者的劳动成果,特别是承蒙杭州万向职业技术学院沈玉英教授在百忙中认真、细致地审阅了教材的全部内容,并提出了许多宝贵意见。在编写过程中得到金华职业技术学院和上海交通大学出版社的关怀和指导,在此一并表示衷心的谢意,也衷心感谢被本书引用的所有文献的作者们。

由于编者水平有限,加之时间仓促,有错误和不足之处,敬请专家、学者和园艺业界的广大朋友提出宝贵意见,以便修订时改正。

编者

2007 年 4 月

目　　录

项目一 走进园艺

学习目标：
　　本项目在介绍园艺、园艺植物、园艺植物生产等概念的基础上，重点介绍了园艺业在人类生活和国民经济中的地位和园艺业的发展趋势。学习中要注意掌握有机园艺生产的概念和情况，了解园艺文化和我国园艺植物生产的现状及发展前景。

任务一 认识园艺

　　当你一日三餐品尝着时鲜蔬菜和果品的时候，当你欣赏着姹紫嫣红、四季不同的鲜花的时候，是否想到园艺业离你并不遥远，原来就在我们身边。正因为如此，我们想拿起手中的笔，和同学们一起走进我们身边的园艺世界，一方面回顾一下我国园艺业的发展简史，我国园艺植物的起源、来源和分布；另一方面概略地了解园艺植物的功能及应用价值，了解园艺植物的生产、加工、销售等方面的基础知识，了解园艺植物与我国悠久文化的相互关系，展望21世纪的中国园艺业。

1.1.1 园艺的概念

　　随着农业生产漫长的发展历程，对于蔬菜、果树、观赏植物等的栽培逐渐形成了一个较为独特的农业分支，这就是园艺业。在现代农业中，它已不只是人们吃的、喝的、玩的物质的生产，它的存在还是改善人们生存环境、提高人们生活质量的物质文明与精神文明结合的一种形式，是人们休闲娱乐、文化素养和精神享受的一部分。经济与文化发达的国家、地区，不只是园艺生产者从事园艺业，任何社会成员也都会参与园艺业，把它当成生活不可或缺的部分。园艺业就是从事果品、蔬菜、花卉、观赏树木的生产和风景园的规划、营建及养护的行业。

　　园艺一词包括"园"和"艺"两字，《辞源》中称"植蔬果花木之地，而有藩者"为园，《论语》中称"学问技术皆谓之艺"，因此，园艺是指种植蔬菜、果树、花卉等的生产技艺，是农业生产和城乡绿化的一个重要组成部分。在现代社会中，园艺既是一门生产技术，又是一门形象艺术。

　　园艺起源于石器时代。文艺复兴时期，园艺在意大利再次兴起并传至欧洲各地。在我国周代,园圃开始作为独立经营部门出现。20世纪以后,园艺生产日益向企业经营发展,现代园艺已成为综合应用各种科学技术成果来促进生产的重要领域。园艺产品已成为完善人类食物营养及美化、净化生活环境的必需品。

园艺植物包括果树、蔬菜和观赏植物,从广义上讲还包括药用植物和芳香植物。园艺植物的分类主要是根据其生产用途而定的。但是有些园艺植物能满足人们的多种需要,依其栽培目的而属于多类园艺植物。如玫瑰,花用于观赏,可属于观赏植物;花用于提取玫瑰油,又可属于芳香植物。而且,大多数园艺植物都有一定的药用价值,都可属于药用植物。

生产是指人们利用生产工具来改变劳动对象,创造生产资料和生活资料的过程;技术是指人类在利用自然和改造自然的过程中积累起来并在生产劳动中体现出来的经验和知识,也泛指其他操作方面的技巧。

园艺植物生产不同于园艺植物栽培,它包括园艺植物的产、供、销等环节,涵盖市场供求、生产管理和销售方法等知识。因而园艺植物生产技术不是单纯意义上的园艺植物栽培技术。

1.1.2 园艺与社会文明

1.1.2.1 园艺业在人类生活中的作用

(1) 蔬菜和水果的营养价值

人类的食物包括动物性食品和植物性食品。动物性食品包括肉类、乳类和蛋类等,是人体蛋白质、脂肪和脂溶性维生素的主要来源;植物性食品包括谷物类、水果、蔬菜等。谷物类是人体热能的主要来源,蔬菜和水果是人体维生素、矿物质、纤维素等的主要来源;同时,经常食用水果和蔬菜,对维持人体内生理上的酸碱平衡具有重要作用;另外,水果和蔬菜还具有直接的医疗保健功能,如柿可养胃止血、解酒毒、降血压,对预防心血管病有一定功效;黄瓜有清热、利尿、解毒、美容及减肥等效果。

(2) 园艺植物美化环境功能

园艺是农业的诗,是农业的画,诗与画都讲究意境,园艺与环境的协调,就创造出美的境界。大到绵延成片的果园、菜园、花园,小到庭园、居室,或一盘一钵的盆景,无不体现出美与和谐。果树、观赏树木、花草,甚至乡镇的菜田,既是商品生产基地,也是绿化园地。这些覆盖地面的绿色植物,对于改善环境、净化空气、吸毒防污、阻滞烟尘、减弱噪音、调节气候、防风保土、减少疾病等,有不可替代的功能,这在空气污染已成为社会公害的今天,更显得尤为重要。这里应该指出的是,现代城市的评价条件早已不限于楼房、公路、公用设施、商业服务等,还有绿地、园林的面积和鲜花开放与供应时间长短等诸项指标。因此,在经济达到一定的发达程度时,社会的进步和文明的程度必然会表现在园艺业的兴旺和发展上。

（3）园艺活动的精神作用

适当的园艺活动不仅可以活动筋骨、锻炼身体,还可以修身养性、陶冶情操。在美国、英国、日本及德国等国家,现正兴起"园艺疗法"。"园艺疗法"是指通过参与园艺活动,调整身心、治疗疾病的一种方法。它不同于近年来国内流行的"芳香疗法"、"药草疗法"等,是一种强调参与性、长期性的治疗方法。园艺疗法的对象主要是高龄老人、残疾人、精神病患者等。参与园艺活动不仅可以让他们结交朋友、修养身心,而且通过春种秋收,可以感受植物生命的四季变化,从而激发对生命的热爱和信心。

1.1.2.2 园艺业在国民经济中的地位

（1）园艺产品是农村产业结构调整,农民增收的主要农产品

为了提高生产质量,蔬菜、果树、观赏园艺等产业先后得到长足的发展,园艺产业已经成为我国种植业中的经济增长点,园艺产值占农业总产值的60%以上。

（2）园艺产品是进出口贸易的优势农产品

园艺业还可促进当地园艺产品的资源开发利用,出口创汇。我国2004年园艺产品出口59.42亿美元,顺差52.09亿美元,是顺差最多的农产品。

（3）园艺产品是重要的工业原料

园艺产品作为工业原料已越来越广泛,多种果树、蔬菜、芳香植物和药用植物,甚至一些观赏植物的产品,都可作为原料供食品工业、饮料与酿酒业、医药工业等轻工业和化工业使用。如用玫瑰花瓣提取芳香油,可以制造上等香水;用茉莉、珠兰的鲜花配以茶叶,可以熏制香味扑鼻的花茶;金银花和木兰花芽是常用的中草药;萱草花(金针菜)既能观赏,又能食用。

1.1.2.3 园艺文化

所谓"文化",是指人类在社会发展过程中创造的物质财富和精神财富的总和。在人类社会发展的历史长河中,园艺一经产生就带有文化功能,发挥出文化的作用。在我国最早的诗歌总集《诗经》中就有大量描写园艺植物的作品,而园艺作为科学与艺术的结晶,本身就属于文化的范畴。

随着社会发展,园艺的影响涉及思想、情感、文学、绘画、哲学、宗教、社会习俗等人类文化的各个方面,形成了独特的"园艺文化"体系,其中以"花文化"和"茶文化"影响最为广泛。

许多花卉不仅可以食用,还可入药,更重要的是可以反映情感,代表一种精神。我国历代文人喜欢以花表情,以花承志,如屈原佩兰示节,陶潜采菊东篱,李白醉卧花丛,杜甫对花溅泪等。许多历史名著或直接咏花,或描写到花。截止清代,前人留下咏花诗词不下3万首。汤显祖的名剧《牡丹亭》中,以花名为唱词,涉及桃花、杏花、李花、荷花、菊花、牡丹花、玫瑰花等不下40余种。清代蒲松龄的小说集《聊斋志异》中的许多主人公都是花的化身,如花仙、花精。而古典名著《红楼梦》中更成为古代文学作品中咏花卉最为丰富、最为成功者,书中有38种园艺植物被用以命名人物,比喻人物的性格,以此表达作者的思想情感。

除文学作品外,在书画作品中更是把园艺文化表现到极致,画果、画树、画蔬,尤其是画花,形成中国画中的山水画派和花鸟画派,并涌现出如齐白石、潘天寿、李苦禅、张大千等大师。

园艺文化不断蔓延和渗透到人类社会的各个方面,花卉更用于礼仪交往、情感表达和"托物言志"。不同国家、不同地区、不同种族均出现了具有一定象征意义的花卉种类,如"岁寒三友"(松、竹、梅)、"花中四君子"(梅、兰、竹、菊);很多花木命名也充满人间烟火气息,如君子兰、含羞草、仙人掌、罗汉松、美人蕉、湘妃竹。国内外许多节日也和花密不可分:我国春节赏水仙,中秋节赏桂花,重阳节赏菊花;西方复活节送百合,情人节送玫瑰,母亲节送康乃馨。因此,园艺文化已成为社会民俗文化的重要组成部分,甚至代表着一个地区乃至于国家的形象。因此,很多国家有自己的国花,很多城市有自己的市花。在西方社会,园艺甚至被认为是"仅次于宗教的传播博爱的思想者"。可见,在人类文化发展过程中,园艺一直在影响着我们生活的各个方面。

随着人类社会的发展,园艺在保留其生产功能的同时,表现在文化方面的生活和生态功能越来越受到关注。都市园艺、观光园艺、休闲园艺的兴起和发展就充分说明了这一点。人们到园艺观光园去品果赏花,更多的是体验自然,品味文化,陶冶情操。甚至近年兴起的生态餐饮,其核心也不在餐饮,而在于感受自然,饮食的物质享受在后,而放松心情的精神享受在先。

在我国,园艺的文化功能不仅满足着人们的精神需求,还发挥着促进经济发展的作用。"文化搭台、经济唱戏"也表现在园艺文化上。不同地区常根据本地区资源优势和特色举办以园艺作物为主题的文化节,如牡丹节、菊花节、桃花节、苹果节、荷花节、大蒜节、银杏节等。

园艺是科学与艺术的结晶,而科学与艺术都属文化的范畴。在科学技术高度发达和社会经济飞速发展的今天,园艺的文化功能和文化内涵更为突出,也更为重要。园艺文化已不再局限于茶文化、花文化、竹文化等。园艺文化具有形式的多样性和内涵的丰富性,表现在园艺各学科的科学研究之中,表现在园林绿化与生态美化之中,更表现在不同的文学艺术形式中,如文学作品、绘画、雕塑、盆景、花艺、服饰。园艺文化已渗透到人类社会的各个方面,在社会进步和经济发展中还将发挥越来越大的作用。随着经济的发展和人民生活水平的提高,它必将有更美好的未来。这就要求全社会的努力,更需要园艺工作者的辛勤劳动。

任务二 发展园艺

1.2.1 园艺业的历史、现状

考古学和古人类学的科学家们认为,园艺业是农业中较早兴起的产业。我国的先民在神农氏时期已开始引种驯化芸薹属植物白菜、芥菜,栽培桃、李、橘柑等果树以及禾谷类粮食植物。新石器时期的遗址西安半坡原始村落中,发现了菜籽(芸薹属),距今7 000多年;浙江河姆渡遗址中,发掘出7 000年前的盆栽陶片,上面有清晰的花卉图案;考古还证明,公元前5 000~公元前3 000年,中国已有了种植蔬菜的石制农具。

据我国的一些古籍文献记载,公元前2世纪~公元前6世纪,栽培了多种蔬菜、果树和观赏园艺植物,如葫芦、韭菜、山药、枣、桃、橙、枳、李、梅、猕猴桃、菊、杜鹃、竹、芍药、山茶等。那个年代我们的先民已讲究园艺植物播种前的选种、播种的株行距,已使役牲畜。春秋战国时(公元前770~公元前221),园艺业发展很快,已出现大面积的梨、橘、枣、姜、韭菜种植园。距今约2000年前,中国已有温室应用,已有嫁接技术。公元7~9世纪的唐朝,我国的园艺技术达到很高水平,许多技术处于世界领先,而且出现了造诣很深的理论著作,如《本草拾遗》、《平泉草木记》。宋、明时期(公元960~1644年),园艺学专著更多,如《荔枝谱》、《菊录》、《芍药谱》、《菊谱》、《群芳谱》、《花镜》等。英国著名的科学史专家李约瑟曾多次指出,上述著作在世界园艺科学发展史上占有光辉的一页。

我国园艺业的发展,比欧美诸国早600~800年,比印度、埃及、巴比伦王国以及古罗马帝国都早。中国和西方国家之间,园艺植物和栽培技艺的交流,最早当数汉武帝时期(公元前141~公元前87)。张骞出使西域,他通过丝绸之路给西亚和欧洲带去了中国的桃、梅、杏、茶、芥菜、萝卜、甜瓜、白菜、百合等,大大丰富了那些地区园艺植物的种质资源;给中国带回了葡萄、无花果、苹果、石榴、黄瓜、西瓜、芹菜等,丰富了我国园艺植物的种质资源。海路也是重要的交流渠道,宽皮橘在公元12世纪由中国传至日本,后传遍世界各地;甜橙在公元15~16世纪由中国传入葡萄牙、西班牙,再传遍欧美诸国;牡丹,公元724~749年传入日本,公元1656年传入荷兰,公元 1789 年传入英国,公元 1820 年才传入美国。

中国享有世界级"园艺大国"和"园林之母"的声誉,因为我们既有悠久的历史,也有其他国家难以比拟的极丰富的园艺植物种质资源。英国著名的爱丁堡皇家植物园现有中国园林植物 1527 种及变种,该园以拥有这么多中国园林植物为骄傲。中国是世界植物起源的几大中心之一,资源之丰富是我们的宝贵财富。

中国现代园艺业主要在新中国成立之后,特别是 20 世纪 80 年代以后,农业种植结构的改革,得到前所未有的大发展。据统计,2004 年我国水果、蔬菜、花卉栽培面积分别为 9 768.6 千公顷、19 707.7 千公顷和 636 千公顷;在种植业中,蔬菜业的产值仅次于粮食,而果树业的产值排行第三。我国已成为世界果树和蔬菜生产大国,面积和产量均居世界第一。

目前,园艺产业取得重大成就的同时,也存在着不少问题:

① 产品质量及单位面积产量不高,产品安全问题亟待解决。

② 以个体农户为主的小生产方式以及生产、加工、销售相互分离的管理体制制约着园艺产业的发展。

③ 经济全球化和可持续发展对园艺产业提出了新的挑战。

④ 园艺科技创新体系、技术推广体系不完善,经费投入偏少,突破性自主创新成果不多。

1.2.2　园艺业发展趋势

作为现代农业的最有活力的部分,我国园艺业的发展趋势介绍如下。

1.2.2.1　自然资源的最优化利用

与园艺生产关系最为密切的自然资源是以光能为核心的自然条件和包括种类、品种和砧木等在内的植物种质资源。资源最优化利用通俗地说就是"适地适栽",即在适生区发展适宜的种类和品种,以生产高质量园艺产品并降低生产成本。资源最优化利用将形成园艺植物生产的企业化和专业化,以及园艺植物种类、品种多元化的局面。

中国这样一个大国,任何一种植物都不能、也不应当遍布全国各地栽培;每一种植物、每一个优良品种,都应当有最佳栽培地区,即区域化种植,这与各地有自己的名特优产品应是一致的。美国 50% 的苹果集中产在占国土面积 3% 的华盛顿州,80% 的柑橘集中产在占国土面积不到 5% 的佛罗里达州,而 90% 的葡萄产在占国土面积不到 4% 的加利福尼亚州。意大利、法国、日本这些国土面积小的国家,果树、蔬菜、花卉生产都有类似的例子。

资源优势的利用,还应当包括继续研究和开发野生园艺植物资源。最近几十年,野生果树如山葡萄、猕猴桃、越橘、酸枣、沙棘、刺梨、树莓,野生蔬菜如苦荬菜、水飞蓟、蕨菜、落葵、猴头菌等,都取得很好的开发成绩,有的已大量人工栽培。野生花卉被利用的例子更不胜枚举。通过建立植物基因库,野生植物资源的利用肯定会有更广泛的前景;一些野生植物具有特别强的适应性、抗病性,其基因资源是非常宝贵的财富。

1.2.2.2 有机园艺

随着人民生活水平的提高,对优质、安全的园艺产品的关心和需求与日俱增。加入WTO后,我国园艺产品能否将比价优势转化为竞争优势,产品的质量是关键,有机园艺将成为我国现代农业的"热点"和"亮点"。有机园艺是一种以生态学为理论基础,在生产中不使用化学合成肥料、农药、除草剂、生长调节剂等以及转基因技术的农业生产体系。有机园艺生产的特点可归纳为:

① 建立一种种养结合、循环再生的生产体系。

② 把系统内土壤、植物、动物、微生物和人类看作是相互关联的有机整体。

③ 采用土地(生态环境)可以承受的方法进行耕作。

1.2.2.3 休闲园艺

随着社会的发展和新农村建设步伐的加快,除产业园艺外,以旅游、观光和消遣等为主的休闲园艺将会有大的发展。这一类型是以农业资源为依托,整合园艺的不同功能,将园艺与旅游观光、生产与消费有机结合起来,是都市农业的重要模式。城镇居民在这里不仅可以品尝到时鲜果品蔬菜,欣赏到名品花卉,更能体验到优美的田园风光,感受到现代园艺生产,通过参与农业操作、采摘,体验到劳动的快乐和收获的喜悦,培养热爱劳动、热爱自然的情操。

休闲园艺除观光和休闲功能外,还融入科学教育和生态餐饮功能。在休闲园艺区域内开辟科普教育区域,为游客普及园艺植物品种类别、生产方式和栽培技术、营养和观赏价值、食用与应用方法等知识。近年来,一些休闲园艺企业在园区内设立了专门场所,如在温室大棚内设置餐厅、茶室、咖啡屋等,在红花绿叶之间进行餐饮、品茗、聚亲会友,不仅能品尝美味佳肴,还能享受优美的环境,感受生态氛围,成为一种餐饮消费时尚。

1.2.2.4 社区园艺、家庭园艺、微型园艺

社区园艺,更贴近居民的生活,楼房之间应有一定的园林、果树、花卉、草坪,也可以增加一些蔬菜种植。家庭园艺,最早是那些有庭院的家庭搞起来的,实际上楼

顶、阳台也可以进行一定的种植。微型园艺,是在一定容器内栽植一些观赏价值高的微型植物,配置一些小的人工景观;也可以在很小的面积种植一些具有一定的产品或观赏价值的园艺植物,如家庭中生产自食的芽菜,花盆中栽点韭菜、辣椒,养点花,都属微型园艺。随着人们居住条件的改善,家家都可以搞微型园艺,一定会有很多的形式。有人建议用家庭种植来代替宠物饲养,这种观念受到了很多人的欢迎。

社区园艺、家庭园艺、微型园艺,不是简单的植物种植,应该有相应的适合这些条件的植物种类与品种,同时植物保护、施肥等技术措施也应该符合环境卫生的要求,这些项目应当成为新的研究课题。

练习与思考

1. 名词解释:
   园艺、园艺植物、园艺业、休闲园艺、有机园艺、园艺疗法
2. 园艺业在人类生活中有什么作用?
3. 何谓园艺文化?
4. 资源最优化利用的含义是什么?
5. 有机园艺生产有何特点?
6. 中国园艺产业发展的现状与前景如何?

项目二 园艺植物的分类与识别

学习目标：

园艺植物种类繁多，习性各异，为便于研究和利用园艺植物，有必要对其进行科学的分类。园艺植物分类方法主要有植物学分类法和园艺学分类法两种。在学习本项目时，要了解植物学分类法，明确其优缺点；重点要掌握园艺分类法，能识别当地的主要果树植物、蔬菜植物和观赏植物。

任务一 植物学分类

园艺植物种类繁多，据统计，全世界的果树植物近3 000种，蔬菜植物1 000种左右，观赏植物中已商品化的就有8 000种左右。为了研究和利用方便，通常按植物学分类法和园艺学分类法对园艺植物进行分类。

植物学分类的目的在于确立"种"的概念和命名，建立自然分类系统。自然分类的理论基础是达尔文的生物进化论和自然选择学说，即根据园艺植物的形态特征，系统发育中的亲缘关系和进化过程，按照科、属、种、变种来分类。植物学分类的基本单位是"种"，是具有一定自然分布区域和一定生理、形态特征的生物类群。种和种之间不仅在形态特征上有明显的差别，而且通常还存在"生殖隔离"现象，即异种之间不能杂交或杂交后代不具有正常的繁殖能力，并由此保持物种的稳定性。

全世界的植物大约有50多万种，其中高等植物有30多万种，隶属300多个科，绝大多数的科中含有园艺植物。这里只介绍一些主要园艺植物的植物学分类（不含茶树、芳香及药用植物）。

（1）十字花科

蔬菜植物有：萝卜、芜菁、结球甘蓝、羽衣甘蓝、抱子甘蓝、花椰菜、青花菜、大白菜、芥菜、小白菜、荠菜、辣根等。

观赏植物有：紫罗兰、羽衣甘蓝、香雪球、桂竹香、二月兰等。

（2）蔷薇科

果树植物有：苹果、梨、李、桃、扁桃、杏、山楂、樱桃、草莓、枇杷、木瓜、沙果、树莓、悬钩子等。

观赏植物有：月季、西府海棠、贴梗海棠、日本樱花、梅、玫瑰、珍珠梅、榆叶梅、棣棠花、木香花、碧桃、紫叶李、多花蔷薇等。

（3）豆科

蔬菜植物有：菜豆、豇豆、大豆、绿豆、蚕豆、豌豆、豆薯、苜蓿菜等。

观赏植物有：紫荆、合欢、香豌豆、含羞草、龙芽花、白三叶、国槐、龙爪槐等。

（4）菊科

蔬菜植物有：茼蒿、莴苣、菊芋、牛蒡、朝鲜蓟、茝荽菜、婆罗门参、甜菊、菊花脑等。

观赏植物有：菊花、万寿菊、雏菊、翠菊、瓜叶菊、大丽花、百日草、熊耳草、紫菀、观赏向日葵、孔雀草等。

（5）茄科

蔬菜植物有：番茄、辣椒、茄子、马铃薯等。

观赏植物有：碧冬茄（矮牵牛）、夜丁香、朝天椒、珊瑚樱、珊瑚豆等。

（6）葫芦科

蔬菜植物有：西瓜、甜瓜、黄瓜、南瓜、西葫芦、冬瓜、苦瓜、丝瓜、佛手瓜、蛇瓜等。

观赏植物有：瓜蒌、葫芦、金瓜等。

（7）芸香科

果树植物有：柑橘、柠檬、柚、葡萄柚等。

观赏植物有：金橘、香橼、枸橘（枳）等。

（8）百合科

蔬菜植物有：石刁柏、金针菜、韭菜、洋葱、葱、大蒜、卷丹百合等。

观赏植物有：文竹、萱草、玉簪、风信子、郁金香、万年青、朱蕉、百合、虎尾兰、丝兰、铃兰、吉祥草、吊兰、芦荟等。

（9）葡萄科

果树植物有：葡萄（包括美洲葡萄、欧洲葡萄）。

观赏植物有：爬山虎、青龙藤等。

（10）唇形科

蔬菜植物有：紫苏、银苗、宝塔菜；菜用鼠尾草等。

观赏植物有：一串红、朱唇、彩叶草、洋薄荷、留兰香、一串蓝、罗勒、岩青蓝、百里香等。

（11）禾本科

蔬菜植物有：茭白、笋竹、笋玉米等。

观赏（包括草坪草）植物有：观赏竹类、早熟禾、梯牧草、狗尾草、紫羊茅、小糠草、结缕草、黑麦草、燕麦草、野牛草、芦苇等。

（12）石蒜科

观赏植物有：君子兰、晚香玉、水仙、龙舌兰、朱顶红、韭菜莲（风雨花）等。

（13）鸢尾科

观赏植物有：小苍兰（香雪兰）、射干、唐菖蒲、鸢尾、蝴蝶花、番红花等。

（14）兰科

观赏植物有：惠兰、春兰、白芨、建兰、石斛、构兰、虎头兰等。

（15）毛茛科

观赏植物有：牡丹、芍药、翠雀、飞燕草、白头翁、铁线莲等。

（16）仙人掌科

观赏植物有：仙人掌、珊瑚树、仙人镜、蟹爪兰、昙花、令箭荷花、量天尺（三棱箭）、鹿角柱、仙人鞭、山影拳、玉翁、八卦掌等。

（17）景天科

观赏植物有：燕子掌、燕子海棠、伽蓝菜、落地生根、瓦松、垂盆草、红景天、景天、树莲花、荷花掌、翠花掌、青锁龙等。

（18）虎耳草科

果树植物有：刺梨、穗醋栗、醋栗等。

观赏植物有：山梅花、虎耳草、溲疏、绣球、岩白菜等。

（19）伞形科

蔬菜植物有：胡萝卜、茴香、芹菜、芫荽、莳萝等。

观赏植物有：刺芹等。

（20）木樨科

观赏植物有：连翘、丁香、桂花、茉莉、素馨花、探春、迎春花、女贞、水蜡树、雪柳、白蜡、流苏树等。

（21）旋花科

蔬菜植物有：雍菜、甘薯等。

观赏植物有：茑萝、大花牵牛、缠枝牡丹、月光花、田旋花等。

（22）芭蕉科

果树植物有：香蕉、芭蕉等。

观赏植物有：鹤望兰等。

（23）天南星科

蔬菜植物有：芋、魔芋等。

观赏植物有：菖蒲、龟背竹、广东万年青、马蹄莲、天南星、独角莲等。

（24）棕榈科

果树植物有：椰子、海枣等。

观赏植物有：棕竹、蒲葵、棕榈、凤尾棕等。

（25）凤梨科

果树植物有：凤梨等。

观赏植物有：水塔花等。

（26）桑科

果树植物有：无花果、木菠萝、果桑等。

观赏植物有：菩提树、柘树等。

（27）藜科

蔬菜植物有：菠菜、地肤、甜菜、碱蓬等。

观赏植物有：地肤、红头菜等。

（28）蓼科

蔬菜植物有：荞麦、酸模等。

（29）苋科

蔬菜植物有：苋菜、千穗谷等。

观赏植物有：鸡冠花、青葙、千日红、锦绣苋等。

（30）石竹科

观赏植物有：香石竹、高雪轮、大蔓樱草、五彩石竹、西洋石竹等。

（31）睡莲科

蔬菜植物有：莲藕、莼菜、芡等。

观赏植物有：荷花、睡莲、芡等。

（32）漆树科

果树植物有：杧果、腰果、阿月浑子等。

观赏植物有：火炬树、黄栌、黄连木等。

（33）无患子科

果树植物有：荔枝、龙眼等。

观赏植物有：文冠果、风船葛等。

（34）锦葵科

蔬菜植物有：秋葵、冬寒菜等。

观赏植物有：锦葵、蜀葵、木槿、朱槿等。

（35）猕猴桃科

果树植物有：猕猴桃等。

（36）报春花科

观赏植物有：仙客来、胭脂花、藏报春、报春花、四季樱草等。

（37）胡桃科

果树植物有：核桃、核桃楸、美国山核桃、野核桃等。

观赏植物有：枫杨等。

（38）鼠李科

果树植物有：枣、酸枣等。

（39）杨柳科

观赏植物有：旱柳、垂柳、杨树等。

（40）木兰科

观赏植物有：玉兰、辛夷、夜合花、含笑花、白兰、鹅掌楸等。

（41）山茶科

观赏植物有：茶花、木荷等。

（42）杜鹃花科

果树植物有：越橘等。

观赏植物有：杜鹃等。

（43）壳斗科

果树植物有：板栗、茅栗等。

蕨类植物、裸子植物、蘑菇和其他食用菌类中，也有一些重要的园艺植物，如卷柏、蕨菜、铁线蕨、银杏、油松、雪松、水杉、桧柏、香菇、草菇、竹荪等，分别归属于不同的科。

植物学分类的优点是园艺植物不同科、属、种之间，在形态、生理、遗传，尤其是系统发育上的亲缘关系十分明确，而且双名法学名世界通用，不易混淆。明确园艺植物亲缘关系的远近，是进行园艺植物育种、提高栽培技术（包括实行轮作防病）的重要依据。如结球甘蓝与花椰菜，虽然前者利用它的叶球，后者利用它的花球，但都是同属于一个种，彼此容易杂交。榨菜、大头菜、雪里蕻，也有类似的情况，形态上虽然相差很大，但都同属于芥菜一种，可以相互杂交。又如番茄、茄子及辣椒都同属于茄科；西瓜、南瓜、甜瓜、黄瓜都属于葫芦科，它们不论在生物学特性上及栽培技术上，都有共同的地方，甚至也有许多可以相互传染的病害，需要采取轮作防治措施。

但是植物学的分类法，也有它的缺点，如番茄和马铃薯同属茄科，而在栽培技术上相差很大。不管怎样，认识每一种园艺植物在植物分类上的地位，对于一个园艺生产者及科学工作者，都是很必要的。

任务二　园艺学分类

2.2.1　果树的分类

果树主要是指能生产供人们食用果实的多年生植物。果树多是木本,也有少数是草本,如草莓、香蕉等。

栽培果树由原始野生植物逐渐演化而成。据统计,全世界的果树(含野生果树)大约有 60 个科,2 800种左右,其中较重要的果树约有 300 种,主要栽培的果树有近 70 种。中国是世界上果树资源最丰富的国家之一,世界上最重要的果树种类在中国几乎都有,约有 50 多科,300 余种,在生产中作为商品性栽培的果树已超过10%。下面介绍几种常用的园艺学类法。

2.2.1.1　果树栽培学分类

果树栽培学分类指按落叶果树和常绿果树,再结合果实的构造以及果树的栽培学特性分类,又称农业生物学分类法。

(1) 落叶果树

落叶果树秋、冬季叶片全部脱落,有明显的休眠期和次年再次萌芽的特性。我国北方地区露地栽培的果树均属于此类。

① 仁果类果树:按植物学概念,这类果树的果实是假果,果实主要由子房及花托膨大而成。食用部分是肉质的花托发育而成的,果心中有多粒种子。如苹果、梨、沙果、木瓜、山楂等。

② 核果类果树:按植物学概念,这类果树的果实是真果,由子房发育而成,有明显的外、中、内三层果皮;外果皮薄,中果皮肉质,是食用部分,内果皮木质化,成为坚硬的核。如桃、杏、李、樱桃、梅等。

③ 坚果类果树:这类果树的果实或种子外部具有坚硬的外壳,可食部分为种子的子叶或胚乳。如核桃、栗、银杏、阿月浑子、榛子、扁桃、银杏等。

④ 浆果类果树:这类果树的果实多粒小而多浆,如葡萄、草莓、醋栗、穗醋栗、猕猴桃、石榴、树莓等。

⑤ 柿枣类果树:这类果树包括柿、君迁子(黑枣)、枣、酸枣等,食用部分为果皮,枣的食用部分为中外果皮,柿的食用部分为中内果皮。

(2) 常绿果树

常绿果树全年叶片常绿,每片叶在树上可保持 2~4 年,一般不会集中落叶。

我国南方栽培的果树大部分属于此类。

① 柑果类果树：这类果树的果实为柑果，主要食用部分为内果皮、汁胞，金柑以食用中外果皮为主，如橘、柑、柚子、橙、柠檬、枳、黄皮、葡萄柚等。

② 浆果类果树：果实多汁液，食用部分包括外果皮、中果皮和内果皮中的一部分。如杨桃、蒲桃、莲雾、人心果、番石榴、番木瓜、枇杷、火龙果等。

③ 荔枝类果树：包括荔枝、龙眼、番荔枝等。主要食用假果皮。

④ 核果类果树：包括橄榄、油橄榄、杧果、杨梅、椰枣、余甘子等。主要食用部分是外果皮，也有的是中果皮或中外果皮。

⑤ 坚果类果树：包括腰果、椰子、香榧、巴西坚果、山竹子（莽吉柿）、榴莲等。多数食用部分为种子、种皮或内含物汁液。

⑥ 荚果类果树：包括酸豆、角豆树、苹婆等。

⑦ 聚复果类果树：多果聚合或心皮合成的复果，如树菠萝、面包果、番荔枝、刺番荔枝等。

⑧ 草本类果树：香蕉、菠萝等。

⑨ 藤本（蔓生）类果树：西番莲、南胡颓子等。

2.2.1.2 按生态适应性分类

（1）寒带果树

一般能耐−40℃以下的低温，只能在高寒地区栽培，如榛、醋栗、穗醋栗、山葡萄、果松、越橘等。

（2）温带果树

多是落叶果树，适宜在温带栽培，休眠期需要一定的低温。如苹果、梨、桃、杏、核桃、柿、樱桃等。

（3）亚热带果树

既有常绿果树，也有落叶果树，这些果树通常在冬季需要短时间的冷凉气候（10℃左右）。如柑橘、荔枝、龙眼、无花果、猕猴桃、枇杷等。枣、梨、李、柿等有的品种也可在亚热带地区栽培。

（4）热带果树

适宜在热带地区栽培的常绿果树，较耐高温、高湿，如香蕉、菠萝、槟榔、杧果、椰子等。

2.2.1.3 按生长习性分类

（1）乔木果树

有明显的主干，树高大或较高大，如苹果、梨、李、杏、荔枝、椰子、核桃、柿、枣等。

(2) 灌木果树

丛生或几个矮小的主干,如石榴、醋栗、穗醋栗、无花果、刺梨、树莓、沙棘等。

(3) 藤本(蔓生)果树

这类果树的枝干称藤或蔓,树不能直立,依靠缠绕或攀缘在支持物体上生长。如葡萄、猕猴桃等。

(4) 草本果树

这类果树具有草质的茎,多年生。如香蕉、菠萝、草莓等。

2.2.2　蔬菜的分类

蔬菜的种质资源十分丰富,世界蔬菜种类有 860 多种,普遍栽培的有 50～60 种,同一种类内又有许多变种和品种。蔬菜分类是指根据蔬菜栽培、育种和利用等需要,对蔬菜植物进行归类排列的方法,现已形成了植物学分类、食用器官分类和农业生物学分类等多个分类系统。

2.2.2.1　按食用器官分类

对于属被子植物门的蔬菜,按照食用器官可分为根、茎、叶、花、果等五类。具体分类如下:

(1) 根菜类

以肥大的肉质根或块根为产品,分为肉质直根类蔬菜(萝卜、芜菁、胡萝卜、根用甜菜、根芥菜、芜菁、芜菁甘蓝、辣根、防风等)和块根类蔬菜(葛、甘薯、豆薯等)。

(2) 茎菜类

以肥大的茎部为产品的一类蔬菜,分为地下茎类蔬菜(块茎类有马铃薯、菊芋、山药;根状茎类有姜、莲藕;球茎类有慈菇、荸荠、芋等)和地上茎类蔬菜(嫩茎类有茭白、石刁柏、竹笋等;肉质茎类有莴笋、球茎甘蓝、茎芥菜等)。

(3) 叶菜类

以叶片或叶球、叶丛、变态叶、叶柄为产品的蔬菜,分为普通叶菜类蔬菜(小白菜、芹菜、苋菜、叶芥菜、菠菜等)、结球叶菜类蔬菜(结球甘蓝、大白菜、结球莴苣、抱子甘蓝等)、叶变态的鳞茎类蔬菜(洋葱、百合、大蒜)以及香辛叶菜类蔬菜(大葱、分葱、韭菜、芫荽、茴香等)。

(4) 花菜类

以花、肥大的花茎或花球为产品器官,有金针菜、花椰菜、朝鲜蓟等蔬菜。

（5）果菜类

以果实或种子为产品,分为瓠果类蔬菜(黄瓜、西瓜、甜瓜、南瓜、西葫芦、冬瓜、苦瓜、丝瓜、瓠瓜、笋瓜等)、浆果类蔬菜(如番茄、茄子、辣椒等)、荚果类蔬菜(菜豆、豇豆、毛豆、蚕豆、豌豆、扁豆、刀豆等)、杂果类蔬菜(甜玉米、菱角等)。

食用器官分类在根据食用和加工的需要安排蔬菜生产方面有一定的意义。多数食用器官相同的蔬菜,其生物学特性及栽培方法大体相同,如根菜类中的萝卜和胡萝卜分别属于十字花科和伞形科,但对环境条件的要求和栽培技术却非常相似。按食用器官分类也有一定的局限性,即不能全面反映同类蔬菜在系统发生上的亲缘关系,部分同类的蔬菜,如根状茎类的莲藕和姜,不论在亲缘关系上还是生物学特性及栽培技术上,均有较大的差异。

2.2.2.2 农业生物学分类

农业生物学分类法是参照植物学分类方法和食用器官分类方法,根据各种蔬菜的主要生物学特性、食用器官的不同,结合栽培技术特点进行分类。该分类法重视同类蔬菜在栽培学上的共性,比较适合生产上的要求。

（1）根菜类

以膨大的肉质直根为食用产品,包括十字花科的萝卜、芜菁、芜菁甘蓝、辣根、根用芥菜,伞形科的胡萝卜、根芹菜、美洲防风,黎科的根用甜菜,菊科的牛蒡、婆罗门参等。其生长要求冷凉气候和疏松的土壤;除辣根用根部不定根繁殖外,其他都用种子繁殖;生长的当年形成肉质直根,秋冬低温通过春化阶段,第二年长日照通过光照阶段,开花结实。

（2）白菜类

包括白菜、芥菜、甘蓝、花椰菜等十字花科芸薹属植物,均用种子繁殖,以柔嫩的叶丛、叶球、花球或未开花的花薹为食用部分。生长期间需要冷凉湿润的气候和松软、深厚、肥沃的土壤。多数为二年生植物,第一年形成产品器官,低温下通过春化阶段,长日照通过光照阶段,到第二年开花结实。异花授粉,同种间极易杂交而引起变异,留种必须注意隔离。

（3）绿叶菜类

以幼嫩叶片、叶柄和嫩茎为产品,包括黎科的菠菜、叶用甜菜,伞形科的芹菜、芫荽,菊科的莴苣、茼蒿,苋科的苋菜,旋花科的蕹菜等。大多植株矮小,生长期较短,生长迅速,适于间套作。除蕹菜、落葵、苋菜等耐炎热外,多数蔬菜好冷凉,以种子繁殖为主,栽培上要求充足的水分和氮肥。

（4）葱蒜类

包括洋葱、大蒜、韭菜、大葱等,以叶、假茎及鳞茎为食用器官,二年生植物,用种子(如洋葱、大葱等)或营养器官繁殖(如大蒜、分葱及韭菜)。在长日照下形成鳞茎,低温通过春化,比较耐寒耐旱,适应性强。

(5) 茄果类

包括番茄、茄子、辣椒、香瓜茄、树番茄等,属茄科植物。食用成熟或幼嫩的果实,要求深厚肥沃的土壤、温暖的气候、充足的阳光,不耐霜冻,对日照长短要求不严,枝叶生长过旺不利开花结果,需常整枝。自花授粉,种子繁殖。早熟栽培多育苗移栽。

(6) 瓜类

包括黄瓜、甜瓜、瓠瓜、南瓜、西葫芦、冬瓜、丝瓜、节瓜、西瓜、苦瓜、佛手瓜等,为葫芦科蔓性植物,食用成熟果或幼嫩果。茎为蔓性,多数雌雄同株异花,开花结果特性种间和品种间有一定的差异。需要温暖的气候和充足的光照,尤其是西瓜和甜瓜。除黄瓜、瓠瓜外,需要较干燥的空气和肥沃疏松的土壤。种子直播或育苗移栽。栽培上宜用摘心整蔓等措施,调节营养生长和生殖生长。

(7) 豆类

包括菜豆、豇豆、豌豆、蚕豆、毛豆、扁豆等,为豆科植物,食用嫩荚或嫩豆粒。豌豆、蚕豆好冷凉,其余为喜温或耐热蔬菜。种子繁殖。根系发达,根瘤菌可固定空气中的氮,故需要氮肥少。

(8) 薯芋类

包括茄科的马铃薯、天南星科的芋、姜科的姜、薯芋科的山药等,以地下根、茎为产品,富含淀粉,耐贮藏。除马铃薯外,生长期均较长,耐热。多无性繁殖。要求深厚、疏松、肥沃、排水良好的土壤。

(9) 水生蔬菜类

包括茭白、藕、慈菇、荸荠、莼菜、芡实、豆瓣菜、菱和水芹菜等。除菱和芡实外,其余都用营养器官繁殖,豆瓣菜可用种子繁殖,也可分株繁殖。要求一定的水生环境,生长期除水芹和豆瓣菜要求凉爽气候外,其他都要求温暖的气候及肥沃的土壤。

(10) 多年生蔬菜类

包括竹笋、金针菜、百合、香椿、石刁柏等,一次繁殖可连续采收多年。除竹笋、香椿植株高大、地上部存活外,其他大多以地下根或茎越冬。

(11) 食用菌类

以子实体为食用器官的真菌类蔬菜,如香菇、蘑菇、草菇、木耳等。

(12) 其他

包括芽苗类蔬菜、草莓和野生蔬菜等。芽苗类蔬菜是一类新开发的蔬菜,它是用植物种子或其他营养贮藏器官,在黑暗、弱光(或不遮光)条件下直接生长出可供食用的芽苗、芽球、嫩芽、幼茎或幼梢的一类蔬菜。芽苗类蔬菜根据其所利用的营养来源,又可分为籽(种)芽菜和体芽菜两类,前者如豌豆芽、荞麦芽、苜蓿芽、萝卜芽等,后者如菊苣(芽球)。

野生蔬菜种类很多,我国约有 100 种,分属 30 余科。野生蔬菜多生于山野荒坡,很少受人为污染。虽然野生蔬菜富含人体所需的营养,但是有些野生蔬菜因含有某种有毒物质,食用时加工处理不当会出现中毒的症状,所以必须选无毒植物作为野生蔬菜利用。现在较大量采集的有蕨菜、马兰、发菜、荠菜等,有些野生蔬菜已渐渐栽培化,如地肤、马兰等。

2.2.3　观赏园艺植物分类

观赏园艺植物种类比蔬菜、果树的种类还多,而且还不断从野生植物中开发出新的种类或品种来。从绿色、红色、黄色等植物色泽的观赏性以及植物的生态效益看,几乎所有植物都可以列为观赏植物;即使有些植物形状、色泽很怪,部分人不喜欢,可能另外一些人喜欢,甚至当成珍品。有人估计,全世界 50 万种植物中有 30 多万种是大家都能接受的观赏植物。这么多种类的观赏园艺植物,进行分类是很必要的。

观赏园艺植物的分类系统很多,常用的是按生物学分类和按原产地及自然分布分类。

2.2.3.1　生物学分类

(1) 草本观赏植物

草本观赏植物植株的茎为草质,木质化程度很低,或柔软多汁。

① 一年生观赏植物:指一个生长季节内完成生活史的观赏植物,即从播种、萌芽、开花结实到衰老乃至枯死均在一个生长季节内完成,如凤仙花、鸡冠花、一串红、千日红、翠菊、万寿菊、花葵、蒲包花、半支莲等。一年生观赏植物多数种类原产于热带或亚热带,故不耐 0℃ 以下的低温,通常在春天播种,夏秋季开花、结实,在冬季到来之前枯死,故一年生观赏植物又称春播观赏植物。

② 二年生观赏植物:指两个生长季节内才能完成生活史的观赏植物,一般较耐寒,常秋天播种,当年只生长营养体,第二年开花结实,故又称秋播观赏植物,如三色堇、雏菊、金鱼草、花棱草、矢车菊、虞美人、石竹、桂竹香、福禄考、瓜叶菊、彩叶草、羽衣甘蓝、美女樱、紫罗兰、秋葵等。

③ 多年生观赏植物:多年生观赏植物其寿命在两年以上,能多次开花结实。多年生观赏植物依地下部分的形态不同,可分为两类:

（a）宿根观赏植物：地下部分形态正常，不发生变态，根宿存于土壤中，冬季可在露地越冬。依其地上部茎叶冬季枯死与否，又分落叶类与常绿类，前者如菊花、芍药、蜀葵、漏斗菜、铃兰、荷兰菊、玉簪等；后者有万年青、萱草、君子兰、非洲菊、铁线蕨等。

（b）球根观赏植物：其地下部分具有肥大的变态根或变态茎，植物学上称为球茎、块茎、鳞茎、块根及根茎等，花卉学总称为球根。其中球茎类地下部分的茎短缩肥大，呈球形或扁球形，顶端着生有主芽和侧芽，如小苍兰、唐菖蒲、番红花等；鳞茎类地下茎极度缩短，并有肥大的鳞片状叶包裹，如水仙、风信子、朱顶红、郁金香、百合等；块茎类地下茎呈根状，具有明显的节，节部有芽和根，如彩叶芋、马蹄莲、晚香玉、球根秋海棠、仙客来、大岩桐等；根茎类地下茎肥大呈根状，具有明显的节，节部有芽和根，如美人蕉、鸢尾、荷花、睡莲等；块根类地下根肥大呈块状，其上部不具芽眼，只在根颈部有发芽点，如大丽花、花毛茛等。

④ 兰科花卉：春兰、惠兰、建兰、墨兰、石斛、兜兰等。

⑤ 水生花卉：生长在水池或沼泽地，如荷花、王莲、睡莲、凤眼莲、慈菇、千屈菜、金鱼藻、泽泻、芡、水葱等。

⑥ 蕨类植物：这是一大类观叶植物，包括很多种的蕨类植物，如铁线蕨、肾蕨、巢蕨、长叶蜈蚣草、卷柏、观音莲座蕨、金毛狗等。

（2）木本观赏植物

木本观赏植物其植株茎部木质化，质地坚硬。根据其形态，又可分为三类：

① 乔木类：主干明显而直立，分枝繁盛，树干和树冠有明显区分，如白玉兰、广玉兰、女贞、樱花、桂花、橡皮树等。

② 灌木类：无明显主干，一般植株较矮小，靠地面处生出许多枝条，呈丛生状，如栀子、牡丹、月季、腊梅、贴梗海棠等。

③ 藤本类：茎木质化，长而细弱，不能直立，需缠绕或攀缘其他物体才能向上生长，如紫藤、凌霄等。

（3）地被植物

① 草坪草：主要是禾本科草和莎草科草，也有豆科草。

草种按地区的适应性分类，有适宜温暖地区（长江流域及以南地区）的，如结缕草、沟叶结缕草、细叶结缕草、中华结缕草、大穗结缕草、狗牙根、双穗雀麦、地毯草、近缘地毯草、假俭草、野牛草、竹节草、多花黑麦草、宿根黑麦草、鸭茅、早熟禾等；适宜寒冷地区的（华北、东北、西北），如绒毛剪股颖、细弱剪股颖、匍匐翦股颖、红顶草（小粮草）、草原看麦娘（狐尾草）、细叶早熟禾、牧场早熟禾、林中早熟禾、加拿大早熟禾、泽的早熟禾、异穗薹、细叶薹、羊胡子草、紫羊茅、梯牧草（猫尾草）、白车轴草（白三叶草）、苜蓿、偃麦草、狼针草、羊草（碱草）、中华草莎（中华沙石蚕）等。

② 地被植物:地被植物一般指低矮的植物群体,用于覆盖地面。地被植物不仅有草本和蕨类植物,也包括小灌木和藤本。草坪草也属地被植物,但通常单列一类。主要的地被植物有白车轴草(白三叶草)、多边小冠花、鸡眼草、葛藤、紫花苜蓿、百脉根、直立黄芪、蛇莓、二月兰、百里香、铺地柏、虎耳草等。

(4) 仙人掌类及多浆植物

仙人掌类及多浆植物多数原产于热带或亚热带的干旱地区或森林中,通常包括仙人掌科以及景天科、番杏科、萝藦科。

2.2.3.2 按植物原产地分类

各种植物的原产地,环境条件千差万别,使得植物的生长发育特性也各有差异。了解植物的原产地及相应的植物特性,栽培中给予需要的环境条件和适宜的技术措施,才能保证栽培的成功和取得最佳经济效益。观赏园艺植物按原产地分类主要有:

(1) 中国气候型

中国气候型又称大陆东岸气候型,气候特点是冬寒夏热、年温差较大。除中国外,日本、北美东部、巴西南部、大洋洲东部、非洲东南部等也属这一气候地区。这一气候型又因冬季气温的高低,分温暖型和冷凉型,各有很多著名的观赏植物。

① 温暖型:中国水仙、石蒜、百合、山茶、杜鹃、南天竹、中国石竹、报春、凤仙、矮牵牛、美女樱、半支莲、福禄考、马蹄莲、唐菖蒲、一串红、麦秆菊、猩猩草等。

② 冷凉型:菊花、芍药、翠菊、荷包牡丹、荷兰菊、随意草、吊钟柳、金光菊、翠雀、花毛茛、乌头、百合、紫菀、铁线莲、鸢尾、醉鱼草、蛇鞭菊、侧金盏、贴梗海棠等。

(2) 欧洲气候型

欧洲气候型又称大陆西岸气候型,气候特点是冬季温暖,夏季也不炎热。欧洲大部分、北美西海岸中部、南美西南角、新西兰南部等属于这一气候地区。著名观赏植物有:三色堇、雏菊、银白草、矢车菊、霞草、喇叭水仙、勿忘草、紫罗兰、羽衣甘蓝、宿根亚麻、毛地黄、铃兰、锦葵、剪秋罗等。

(3) 地中海气候型

地中海气候型的特点是秋季至春季是雨季,夏季少雨为干燥期。地中海沿岸、南非好望角附近、大洋洲东南和西南部、南美智利中部、北美加利福尼亚等地属于这一气候地区。著名观赏植物有:郁金香、小苍兰、水仙、风信子、鸢尾、仙客来、白头翁、花毛茛、番红花、天竺葵、花菱草、酢浆草、羽扇豆、晚春锦、猴面花、唐菖蒲、石竹、金鱼草、金盏菊、麦秆菊、蒲包花、君子兰、鹤望兰、网球花、虎眼万年青等。

(4) 墨西哥气候型

墨西哥气候型又称热带高原气候型,周年温差小,温度在 $14℃\sim17℃$。此气候地区除墨西哥高原外,还有南美安第斯山脉、非洲中部高山地区、中国云南等地。主要观赏植物有:大丽花、晚香玉、老虎花、百日草、波斯菊、一品红、万寿菊、藿香蓟、球根秋海棠、报春、云南山茶、香水月季、常绿杜鹃、月月红等。

(5) 热带气候型

该型气候的特点是周年高温,温差小,雨量大,但分雨季和旱季。亚洲、非洲、大洋洲、中美洲、南美洲的热带地区均属此气候型。

亚洲、非洲和大洋洲热带观赏植物有:虎尾兰、彩叶草、鸡冠花、蟆叶秋海棠、非洲紫罗兰、蝙蝠蕨、猪笼草、变叶木、红桑、万带兰、凤仙花等。

中美洲和南美洲热带观赏植物有:大岩桐、竹芋、紫茉莉、花烛、长春花、美人蕉、胡椒草、牵牛花、秋海棠、水塔花、朱顶红等。

(6) 沙漠气候型

该型气候的特点是雨量少、干旱,多位于不毛之地,如非洲、阿拉伯地区、黑海东北部、大洋洲中部、墨西哥西北部、秘鲁和阿根廷部分地区以及中国海南岛西南部地区。主要观赏植物有:仙人掌、芦荟、伽蓝菜、十二卷、光棍树、龙舌兰、霸王鞭等。

(7) 寒带气候型

这一气候型地区,冬季漫长而严寒,夏季短促而凉爽,多大风,植物矮小,生长期短。此气候型地区包括北美阿拉斯加、亚洲西伯利亚和欧洲最北部的斯堪的纳维亚半岛。代表观赏植物有:细叶百合、绿绒蒿、雪莲、点地梅等。

2.2.3.3　按园林用途分类

观赏园艺植物按园林用途可分为 12 类:

(1) 花坛花卉

指可以用于布置花坛的一二年生露地花卉。比如春天开花的有三色堇、石竹;夏天花坛常栽种凤仙花、雏菊;秋天选用一串红、万寿菊、九月菊等;冬天花坛内可适当布置羽衣甘蓝等。

(2) 盆栽花卉

是以盆栽形式装饰室内及庭园的盆花,如扶桑、文竹、一品红、金橘等。

(3) 切花花卉

① 宿根类:如非洲菊、满天星、鹤望兰等。

② 球根类:如百合、郁金香、马蹄莲、香雪兰等。

③ 木本类切花:如桃花、梅花、牡丹等。

(4) 独赏树类

植于大草坪上最佳,或植于广场中心、道路交叉口或坡路转角处。种植的地点要求比较开阔,不仅要保证树冠有足够的生长空间,而且要有比较适合观赏的视距和观赏点。如雪松、油松、圆柏、冷杉、云杉、银杏等。

（5）庭荫树

以阔叶乔木为主,枝繁叶茂者为佳,常植于庭间、园内、道旁、廊架,遮天蔽日,绿阴如盖。如合欢、槐、槭类、白蜡、梧桐。

（6）行道树

植于道路两旁的绿阴类树木,要求树性健全、抵抗力强、树姿幽美、枝叶荫翳,生长迅速,适应力强。根据道路的类别,可分为街道树、公路树、甬道树和墓道树四种,如法桐、银杏、新疆杨等。

（7）花木类

凡具有美丽的花朵或花序,其花形、花色或芳香有观赏价值的乔木、灌木及藤本植物均称为观花树或花木,如玉兰、樱花、紫荆等。

（8）林丛类

包括树丛和片林。树丛是由两株到十几株同种或异种乔木,或乔、灌木组合而成的种植类型。片林是由多数乔灌木混合成群、成片栽植而成的种植类型。乔灌木、常绿落叶均可作为树丛类栽植。

（9）藤木类

是各种棚架、凉廊、围篱、墙面、拱门、台柱、山石、树桩等立体绿化栽植的观赏树种,主要有紫藤、络石、龙吐珠、凌霄等。

（10）绿篱

① 观赏性分类:依观赏性可分为叶篱、花篱、蔓篱、果篱、竹篱。

② 栽植用途分类:依栽植用途可分为境界篱、隐蔽篱,防护篱,如水腊、小檗、雪柳等。

（11）地被植物

指用于覆盖裸地、坡地,主要起防尘、固土、绿化作用的低矮灌木或匍匐型藤木树种,如铺地柏、紫花地丁、白三叶草等。

（12）屋基种植类

一般选用较耐阴植物,如八角金盘、忍冬、剑花等。

（13）桩景类

桩景类植物有卷柏、团扇蕨、榕树等。

2.2.3.4　按栽培方式分类

观赏植物按栽培方式分类,可分为露地观赏植物和温室观赏植物。

（1）露地观赏植物

指在自然条件下生长发育的观赏植物,如菊花、郁金香、金盏菊、大丽花、一串红及美人蕉等。这类观赏植物适宜栽培于露地的园地。由于园地土壤水分、养分、温度等因素容易达到自然平衡,光照又比较充足,因此,植物枝壮叶茂,花大色艳。露地观赏植物管理比较简便,一般不需要特殊的设备,在常规条件下便可栽培,只要求在其生长发育期间及时浇水和追肥,定期进行中耕、除草。常见的观赏植物配置有露地花坛、花境、花台。

（2）温室观赏植物

指在温室内栽培或越冬养护的观赏植物。温室观赏植物分为盆栽和地栽两种。盆栽温室观赏植物如杜鹃、君子兰、瓜叶菊、仙客来、橡皮树及一品红等。地栽温室观赏植物主要是切花,如香石竹、非洲菊等。栽培这类观赏植物需要有温室设备,对光照、温度及湿度进行调节,浇水和追肥全依赖于人工管理。

2.2.3.5　按栽培目的分类

观赏植物按栽培目的分类,可分为观赏用植物、香料工业用植物、医药用植物三大类。

（1）观赏用植物

① 花坛观赏植物:指用于布置花坛的观赏植物,主要以露地草花为主。如一串红、虞美人、金盏菊、万寿菊、三色堇、福禄考及美人蕉等。

② 盆栽观赏植物:指用容器栽培的观赏植物,常用于装饰室内和庭院。如兰花、君子兰、瓜叶菊、仙客来、菊花、橡皮树、铁树、棕竹、龟背竹及散尾葵等。

③ 切花观赏植物:指以生产切花为主要目的观赏植物。如唐菖蒲、香石竹、马蹄莲、切花月季、切花菊、非洲菊、小苍兰、晚香玉、百合及郁金香等。

④ 园林观赏植物:指适宜露地栽培,以布置园林为主要目的的观赏植物。园林观赏植物又分为两类:

（a）花坛观赏植物:以草本观赏植物为主,用于布置花坛的观赏植物。如一串红、万寿菊、鸡冠花、矮牵牛、三色堇、海棠、芍药及大丽花等。

（b）庭院观赏植物:用以布置庭院的木本观赏植物。如牡丹、梅花、宝巾花、月季、樱花、紫薇及紫藤等。

（2）香料工业用植物

指主要用于香料工业原料的观赏植物。观赏植物在香料工业中占有重要的地位,如玫瑰、茉莉、白兰、代代、栀子等都是重要的香料观赏植物,是制作"花香型"化妆品的高级香料。水仙花可提取高级芳香油,墨红月季花可提取浸膏,从玫瑰花瓣中提取的玫瑰油在国际市场上的售价比黄金还要高,用香叶天竺葵的叶片提取的香精价值更高。

（3）医药用植物

指主要用于药用的观赏植物。自古以来观赏植物就是我国中草药的重要组成部分。李时珍的《本草纲目》记载了近千种植物的性、味功能及临床药效。《中国中草药汇编》一书中所列的2 200多种药物中，以花器入药的约占1/3。桔梗、牡丹、芍药、金银花、连翘、菊花、茉莉及美人蕉等100多种观赏植物均为常用的中药材。此外，有些观赏植物还用于熏制花茶，如白兰、珠兰、茉莉花等；用于生产食品、食品添加剂和花粉食品，如食用百合、食用美人蕉、桂花、梅花等。

2.2.3.6 按开花季节分类

我国根据气候特点，依观赏植物开花的盛花期进行分类，可分为四类：

（1）春季观赏植物

春季观赏植物指2～4月期间花朵盛开的观赏植物，如金盏菊、郁金香、虞美人等。

（2）夏季观赏植物

夏季观赏植物指5～7月期间花朵盛开的观赏植物，如凤仙花、金鱼草、荷花等。

（3）秋季观赏植物

秋季观赏植物指8～10月期间花朵盛开的观赏植物，如菊花、万寿菊、一串红、大丽花等。

（4）冬季观赏植物

冬季观赏植物指11月～翌年1月期间花朵盛开的观赏植物，如仙客来、一品红等。

以上按花期进行分类并不是绝对的，如金盏菊的开花期自3～5月，传统习惯用作春季观赏植物的栽培；石竹开花为4～5月，跨越春夏两季，既可列入春季观赏植物，又可列入夏季观赏植物。此外，因品种的不同习性、不同的地理条件与栽培设施，植物花期也有差异，可各将其纳入相应的季节。

2.2.3.7 按观赏部位分类

按观赏植物可供观赏的花、叶、果、茎等器官进行分类。

（1）观花类

观花类植物主要观赏部位为花朵，以观赏其花色、花形、花香为主。如菊花、牡丹、月季、虞美人、香石竹、大丽花、郁金香、唐菖蒲、杜鹃及山茶等。观花类为观赏植物的主要种类。

（2）观叶类

是以观叶形、叶色为主的观赏植物。观赏植物的叶形、叶色多种多样，色泽艳丽并富于变化，具有很高的观赏价值。

观叶类观赏植物要求耐阴，宜于室内栽培，并且是常绿观赏植物，如龟背竹、花叶芋、彩叶草、变叶木、竹芋、橡皮树、一叶兰及万年青等。观叶类观赏植物越来越受到人们的喜爱。

（3）观果类

是以观赏果实为主的观赏植物，其特点是果实色彩鲜艳，能装点秋冬季节室内外环境，要求挂果时间长，果实艳、干净、光洁，如石榴、代代、金橘、五色椒、冬珊瑚、金银茄及火棘等。

（4）观茎类

是以观赏茎枝为主的观赏植物。这类观赏植物的茎、分枝形态奇特，婀娜多姿，具有独特的观赏价值，如仙人掌、佛肚竹、竹节蓼及光棍树等。

（5）芳香类

是以闻香为主的观赏植物。其特点是花型小，颜色单调，茎叶无特殊观赏价值，但花期长，香味浓郁，可提取芳香油，如米兰、茉莉、桂花、白兰、含笑等。

（6）其他

还有观赏其他部位或器官的观赏植物，如银芽柳主要观赏芽，马蹄莲、火鹤花等主要观赏佛焰苞，一品红、叶子花等主要观赏苞片，海葱等主要观赏鳞茎。

任务三　园艺植物的识别

2.3.1　果树植物的识别

果树植物的识别适宜在果树休眠期和果实成熟时于果园中进行。在果园内供观察的各种果树的代表植株事先要挂牌，注明科、属、种名称。由于季节和条件限制，现场看不到的花、果等内容，可于室内观察标本。

2.3.1.1　形态特征观察

观察比较各种果树主要器官的形态特征，记载以下内容：

（1）植株

① 树性：乔木、灌木、藤本、草本、常绿、落叶。

② 树形：疏层形、圆头形、自然半圆形、扁圆形、纺锤形、圆锥形、倒圆锥形、乱

头形、开心形、丛状形、攀援或匍匐。

③ 树干:主干高度、树皮色泽、裂纹形态、中心干有无。

④ 枝条:密度、成枝力、萌芽力;一年生枝的硬度、颜色、皮孔,茸毛有无、多少,刺有无、多少、长度。

⑤ 叶:叶型、叶片质地、叶片形状、叶缘、叶脉、叶面、叶背(色泽、茸毛有无)。

(2) 花

花单生、花序(总状花序、聚伞花序、伞房花序等),花或花序的着生位置,花的形态。

(3) 果实

① 类型:单果、聚花果、聚合果。

② 形状:圆形、长圆形、卵形、倒卵形、心脏形、方形等。

③ 果皮:色泽、厚薄、光滑、粗糙及其他特征。

④ 果肉:色泽、质地及其他特征。

(4) 种子

种子有无、多少、大小、形状,种皮色泽、厚薄。

2.3.1.2　确定科、属

观察果树形态特征,确定所属科、属等(按植物学分类)。以葡萄为例,描述其形态特征,说明其在植物学中分类地位(所属科、属等)。

(1) 植株

① 树性:落叶蔓生植物,借卷须攀援上升生长。

② 茎:称为枝蔓,分为主干、主蔓、侧蔓、一年生枝、新梢和副梢等。老蔓外皮经常纵裂剥落。新梢细长,节部膨大,节上有叶和芽,对面着生卷须或果穗。芽着生叶腋间。

③ 叶:掌状裂叶,表面有角质层,背面光滑或有茸毛,叶柄较长,叶缘有粗大锯齿。

(2) 花

花芽为混合芽,圆锥花序,花梗短,萼片极小,帽状花冠。

(3) 果实

果穗呈球形、圆柱形或圆锥形,果粒呈圆形、椭圆形、卵圆形、长圆形或鸡心形,有白色、红色、黄绿色和紫色果实,为浆果。

(4) 种子

坚硬而小,有蜡质,具长喙。

经判断,葡萄为葡萄科、葡萄属植物。

2.3.1.3 确定果实类型

按果实形态构造和利用特点确定果实类型(按果树栽培学分类)。

(1) 仁果类

如苹果、梨等。果实由花托和子房等共同发育而成,子房下位,属假果,由 5 个心皮组成,子房内壁呈革质膜状,外、中壁肉质,不易分辨。可食部分主要为花托。

(2) 核果类

如桃、李等。果实由子房发育而成,子房上位,由 1 个心皮组成。子房外壁形成外果皮,子房中壁发育成肉质的中果皮,子房内壁形成木质化的内果皮(果核)。果核内一般有 1 粒种子。可食部分为中果皮。

(3) 浆果类

以葡萄为例。果实由子房发育而成。子房上位,由 1 个心皮组成,外果皮膜质,中、内果皮柔软多汁。浆果类果实因树种不同,果实构造差异较大,可食部分为中、内果皮,草莓的可食部分为花托。

(4) 坚果类

如核桃等。核桃子房上位,由 2 个心皮组成,子房外中壁形成总苞,子房内壁形成坚硬内果皮。可食部分为种子。

(5) 柑果类

如柑、橘等。果实由子房发育而成,子房上位,一般为 8～15 个心皮组成,子房外壁发育成具有油胞的外果皮,中壁发育成白色海绵状的中果皮,内壁发育成囊瓣。果实成熟时,内果皮的表皮毛发育成为多浆的小砂囊。种子多粒或无,食用部分主要是内果皮上的砂囊。

(4) 填表描述

识别当地主要果树树种,描述其形态特征,并按表 2.1 填表。

表 2.1   果树识别

名 称	植物学分类地位	果树栽培学分类地位	食用器官
葡萄	葡萄科、葡萄属	浆果类	中、内果皮

2.3.2　蔬菜植物的识别

2.3.2.1　确定科与种

在生产田或蔬菜标本园观察所给蔬菜的形态特征,确定其所属科、种。以常见科、种为例。

（1）十字花科

草本,十字花冠,四强雄蕊,角果,侧膜胎座,有假隔膜。如白菜、萝卜、甘蓝等。

（2）豆科

羽状或三出复叶,稀单生,蝶形或假蝶形花冠,二体雄蕊,荚果。如菜豆、豇豆等。

（3）茄科

茎直立,单叶互生,花萼合生,宿存,花冠轮状,雄蕊5个,着生在花冠基部,并与之互生,浆果或蒴果。如茄子、辣椒、番茄、马铃薯等。

（4）葫芦科

具卷须的草本藤木,叶掌状分裂,花单性,雌雄同株或异株,下位子房,侧膜胎座,瓠果。如南瓜、西瓜、冬瓜、黄瓜、丝瓜、西葫芦等。

（5）伞形科

草本,叶基成鞘,伞形或复伞形花序,双悬果。如芹菜、胡萝卜。

（6）菊科

常草本,叶互生,头状花序,有总苞,合瓣花冠,聚药雄蕊,瘦果顶端常有冠毛或鳞片。如菊芋等。

（7）百合科

多草本,单叶,具各式地下茎,花被片6,排成2轮,雄蕊6枚与之对生,子房上位,蒴果或浆果。如葱、洋葱、大蒜、金针菜等。

（8）禾本科

多草本,单叶,互生,叶鞘开放,常具叶舌、叶耳,花两性,有内、外稃,雄蕊3枚或6枚,子房上位,颖果。如竹笋等。

2.3.2.2　确定蔬菜种类

结合生活常识,观察所给蔬菜的食用部分,并识别其种类。

（1）根菜类

以肥大的根部为产品的蔬菜,又分为肉质根类、块根类。

① 肉质根类:如萝卜、胡萝卜等。

② 块根类:如甘薯等。

（2）茎菜类

以肥大的茎部(地上茎或地下茎)为产品,包括一些食用假茎的蔬菜,又分为以下六类:

① 肉质茎类:如茭白、茎用芥菜、球茎甘蓝等。

② 嫩茎类:如芦笋、香椿等。

③ 块茎类:如马铃薯、菊芋等。

④ 根茎类:如姜、莲藕等。

⑤ 球茎类:如芋、荸荠等。

⑥ 鳞茎类:如大蒜、洋葱等。

（3）叶菜类

以叶片及叶柄为产品的蔬菜,又分为普通叶菜类、结球叶菜类、香辛叶菜类。

① 普通叶菜类:如小白菜、菠菜、茼蒿等。

② 结球叶菜类:如大白菜、结球甘蓝、结球莴苣等。

③ 香辛叶菜类:如大葱、韭菜、芹菜、芫荽、茴香等。

（4）花菜类

以花器或肥嫩的花枝为产品的蔬菜,又分为花器类、花枝类。

① 花器类:如金针菜、朝鲜蓟等。

② 花枝类:如花椰菜、菜薹等。

（5）果菜类

以果实或种子为产品的蔬菜,又分为瓠果类、浆果类、荚果类。

① 瓠果类:如南瓜、黄瓜、西瓜、甜瓜、冬瓜、丝瓜等。

② 浆果类:如茄子、番茄、辣椒等。

③ 荚果类:如菜豆、豌豆、豇豆等。

2.3.2.3 农业生物学分类

蔬菜按农业生物学分类,可分为以下 12 类:

（1）根菜类

萝卜、胡萝卜、芫荽、根芹菜、牛蒡等。

（2）白菜类

结球白菜、普通白菜、荠菜、甘蓝等。

（3）茄果类

番茄、茄子、辣椒等。

（4）瓜类

黄瓜、南瓜、冬瓜、西瓜、甜瓜、丝瓜、苦瓜等。

（5）豆类

菜豆、豇豆、扁豆、豌豆、蚕豆等。

（6）葱蒜类

洋葱、大蒜、大葱、韭菜等。

（7）薯芋类

马铃薯、姜、芋、山药等。

（8）绿叶蔬菜类

莴苣、芹菜、茼蒿、菠菜、苋菜等。

（9）水生蔬菜

莲藕、茭白、慈菇、荸荠、菱、水芹菜等。

（10）多年生蔬菜

竹笋、金针菜、芦笋、百合、香椿等。

（11）食用菌类

蘑菇、木耳、银耳等。

（12）其他

甜玉米、芽苗菜、野生蔬菜等。

2.3.2.4 比较

在所观察的蔬菜中，表 2.2 中以萝卜、胡萝卜、大白菜、甘蓝、菠菜、芹菜为例说明哪些在植物分类上是属同一科，而食用器官形态也属同一类；又有哪些是不同一类的。

表 2.2 蔬菜分类比较

蔬菜名称	植物学分类	食用器官分类	农业生物学分类
菠菜	藜科	普通叶菜类	绿叶蔬菜
芹菜	伞形科	香辛叶菜类	
胡萝卜		根菜类	根菜类
萝卜	十字花科	根菜类	
大白菜	十字花科	白菜类	白菜类
甘蓝	十字花科	甘蓝类	白菜类

2.3.3　园林树木的识别

2.3.3.1　生长季园林树木的识别

(1) 形态特征观察

观察所给树种的形态特征并记录。

① 性状:乔木、灌木、藤本。

② 叶:叶形、正反面叶色、叶缘、叶脉、叶附属物(毛)。

③ 枝:有无长、短枝,小枝颜色。

④ 皮孔:大小、形状、分布情况。

⑤ 树皮:颜色、开裂方式、光滑度。

⑥ 枝刺(皮刺、卷须、吸盘):着生位置、形状、大小、颜色。

⑦ 芽:种类、颜色、形状。

⑧ 花:花冠类型、花色、花序种类、花味等。

⑨ 果实:种类、形状、颜色、大小。

(2) 毛白杨形态特征观察

以毛白杨为例进行观察:

① 性状:落叶乔木,树冠卵圆形或卵形。

② 叶:阔叶,叶卵形、宽卵形或三角状卵形,叶缘波状缺刻或锯齿,背面密生白绒毛,后期脱落。

③ 枝:无长、短枝之分,小枝灰绿。

④ 皮孔:菱形。

⑤ 树皮:灰绿色至灰白色,光滑。

⑥ 芽:鳞芽,卵形,略有绒毛。

⑦ 花:单性异株,无花被,柔荑花序。

⑧ 果实:蒴果、小。

(3) 确定科、属、种

观察所给树木形态特征,利用检索表,确定所属科、属、种。

根据观察,确认毛白杨为柳科、杨属、毛白杨。

用此方法可识别其他园林树木树种所属的科、属、种。

(4) 确定植物类型

从实际应用出发识别植物,并可按以下分类法确定植物类型。

① 按性状分类:

（a）乔木类：树高 6m 以上，有明显主干。如樟树等。

（b）灌木类：树高 6m 以下，主干低矮或没有明显主干，常自地面不高处发生多处分枝。如大叶黄杨、榆叶梅等。

（c）藤木类：茎不能直立生长，借吸盘、吸附根、卷须、蔓性枝条等缠绕或攀附他物而向上生长。如爬山虎、紫藤等。

② 按观赏特性分类：

（a）观叶树木类：如银杏、枫香、鸡爪槭等。

（b）观花树木类：如月季、白玉兰、杜鹃等。

（c）观果树木类：如柿子、山楂、杨梅等。

（d）观干树木类：如白皮松、梧桐、白桦等。

（e）观姿态树木类：如雪松、龙爪槐、水杉等。

③ 按园林绿化用途分类：

（a）行道树：种植在道路两旁的乔木，成行栽植，排列整齐，规格一致，株间有一定距离。如悬铃木、樟树、银杏等。

（b）绿化林带：一种或几种树种按直线或曲线种植的带状林。

（c）孤植树：单株或 2～3 株栽植在一起形成孤植效果的树木。如雪松、刺槐等。

（d）垂直绿化类：绿化墙面、栏杆、枯树、山石、棚架等处的藤本植物。如爬山虎、紫藤等。

（e）绿篱类：用树木的密集列植代替篱笆、栏杆、围墙等，起隔离、防护、美化作用。如红叶石楠、大叶黄杨等。

（f）灌木丛类：如榆叶梅、丁香、女贞等观叶、观果的灌木树种。

2.3.3.2 园林树木冬态识别

（1）冬性观察

对园林树木进行冬态观察并记录，填写表 2.3。

表 2.3 树种冬态观察记录表

性状：乔木、灌木、藤本 _____	树冠形状 _____
树皮：皮孔形状 _____	外皮质地 _____
厚度 _____　　颜色 _____	内皮颜色 _____
枝条：分枝方式 _____	一年生枝条颜色 _____
二年生枝条 _____	枝条的形状 _____
枝条髓心状态 _____	长短枝 _____
叶痕：长枝上叶痕与叶迹 _____	

(续表)

```
        短枝上叶痕与叶迹 _____
冬芽:类型 _____          形状 _____
颜色 _____               大小 _____
附属物 _____
该种冬态识别要点_____
```

（2）确定树种

对所给树种进行观察记载。以银杏为例进行观察。

① 性状:落叶乔木、树冠宽卵形。

② 树皮:灰褐色、长块状开裂或不规则纵裂。

③ 枝条:一年生小枝淡褐色或带灰色,无毛;二年生小枝深灰色,枝条不规则裂纹;有长、短枝之分,短枝矩形。

④ 叶痕:在短枝上有密集叶痕,叶痕半圆形、棕色,叶痕在长枝上螺旋状互生,叶迹2个。

⑤ 芽:顶芽发达,宽卵形。

银杏冬态识别要点:落叶乔木、树冠宽卵形、树皮纵裂;叶痕在长枝上互生,在短枝上密集着生,叶痕半圆形;顶芽发达,宽卵形。根据冬态特征,可确定银杏为银杏科、银杏属、银杏。

2.3.4　花卉的识别

（1）形态特征观察

观察所给花卉的形态特征并记录。

① 性状:草本、木本(形态记录同园林树木识别,以下为草本花卉特征)。

② 根:是否有变态,变态类型。

③ 茎:分枝方式、形状、颜色、有无附属物、有无变态。

④ 叶:叶形、叶色、叶缘、叶脉、叶附属物、有无变态。

⑤ 花:花冠类型、花色、花序种类、花味等。

⑥ 果实:种类、形状、颜色、大小。

（2）确定科、属、种

根据花卉的形态特征,确定所属的科、属、种。以一串红为例进行观察:

① 性状:多年生草本。

② 茎:直立、光滑、四棱形,幼时绿色,后期呈褐色,基部半木质化。

③ 叶:对生,卵形或三角状卵形,先端渐尖,边缘有锯齿,叶柄较长,绿色。

④ 花:总状花序顶生,遍被红色柔毛,小花 2～6 朵轮生,红色,花萼钟状,与花瓣同色,花冠唇形。

⑤ 果:小坚果,卵形,黑褐色。

根据一串红的形态特征可确定为唇形科、鼠尾草属。

(3) 确定类型

观察所给的花卉,根据不同的分类进行识别。

① 按生物学性状分类:

(a) 草本:茎草质,易折断,如一串红。

(b) 木本:茎木质化,坚硬难折断,如杜鹃。

(c) 多肉、多浆植物:茎、叶变态,肥厚;或叶变成针刺,如仙人掌。

② 按观察部位分类:

(a) 观花花卉:花多,色艳,花型奇特,以观花为主,如大岩桐。

(b) 观叶花卉:叶形奇特,挺拔直立,以观叶为主,如绿巨人。

(c) 观茎花卉:茎奇特,变态,肥厚的掌状或节间短缩连珠状,如龙骨剑。

(d) 观果花卉:果实奇特,色艳,挂果期长,以观果为主,如金橘。

(e) 观根花卉:植株的主根、须根、气生根奇特,呈梳状、流水状或瀑布状,以观根为主,如龟背竹。

③ 按栽培方式分类:

(a) 切花栽培:使用保护地栽培,采收相对集中,如唐菖蒲。

(b) 盆花栽培:栽植于花盆或桶中,如仙客来。

(c) 露地栽培:播种后露天栽培,如美人蕉。

(d) 促成栽培:采用人为的栽培技术进行处理,促使其提前开花的栽培方式,如菊花。

(e) 抑制栽培:采用人为的栽培技术进行处理,能延迟开花的生产栽培方式,如一品红。

(f) 无土栽培:用营养液、水、基质代替土壤栽培的生产方式,如蝴蝶兰。

(4) 填表描述

对所给的花卉,按不同的分类方式进行识别,并填写表 2.4。

表 2.4 花卉识别

花卉名称	所属科、属	按生物学性状分类	按观赏部位分类	按栽培方式分类

练习与思考

1. 植物学分类法的依据是什么?
2. 什么叫"种"?
3. 植物学分类法有什么优缺点?
4. 在果树、蔬菜和观赏园艺植物中,各挑选 5 个较重要的植物"种",并指出其中的植物种类。
5. 什么叫果树? 果树按果树栽培学分类可分成哪几类?
6. 蔬菜按农业生物学分类法可分哪几类? 有什么特点?
7. 观赏植物按生物学分类法可分成哪几类?
8. 观赏植物按生长习性及形态可分成哪几类?

项目三　园艺植物的园地建设

学习目标：

　　本项目通过重点介绍如何进行园地的选择，种植园的规划、设计和建设，园艺植物的种植制度设计，要求能进行园地的选择，能编制园地规划设计书，学会园艺植物生产计划的制定和按计划实施技术措施，了解种植园生产技术档案的建立原则。

任务一　园地的选择

　　园艺植物种植园园地的选择主要依据气候、土壤、水源和社会因素等，其中又以气候为优先考虑的重要条件。园地选择必须以较大范围的生态区划为依据，选择园艺植物最适生长的气候区域，在灾害性天气频繁发生，而且目前又无有效办法防治的地区不宜选择建园。

3.1.1　蔬菜和花卉园地的选择

　　蔬菜和花卉都是对肥水依赖较重的植物，需选择肥沃的平地建园，需有水源条件。同时，平地建园时应考虑地下水位的高低，如果1年中有半个月以上时间地下水位高于0.5~1.0 m，不宜建园。对一些易内涝的地块也不宜建园。同时由于鲜嫩蔬菜、花卉易变质腐烂，不耐运输、贮藏，而城镇居民天天要求新鲜产品，因此，便利的交通条件，对于降低生产成本、促进生产不断发展十分重要。

3.1.2　果园的选择

　　果树为多年生植物，因此，在建立大面积果园时，慎重选择园地，具有极其重要的意义。对果园园地评价的高低，一般以气候、土壤肥力、地下水位以及交通、社会经济、加工工厂、劳力、技术力量等条件为指标。但各种条件中，首先应当考虑的是气候。在有灾害性气候的地方，多年经营的果园，往往毁于一旦，造成巨大损失。例如，在南方年平均温度在18℃以下的省区，种植柑橘也常受冻害。美国柑橘园经过几次大冻害以后，近数十年主要在几个偏南的比较安全的地方发展。至于在土壤不良或地下水位过高或缺乏水源处建园,尚可逐步加以改进。

在我国,根据"人多耕地少"的国情,果树发展的方针是"上山下滩,不与粮棉油争地"。沿海滩涂地、河滩沙荒地建立果园要注意改土治盐(碱),使土壤含盐量在0.2%以下、土壤有机质达到1%以上再建园;丘陵、山地建园,需了解丘陵、山地的自然资源状况,如海拔高度、坡向、坡度。高海拔地区、坡度大的山地或局部丘陵地不宜建园。具备建园条件的山地、丘陵地首先要做好水土保持工程。

3.1.3 园地环境质量要求

在选择园地时,还需要根据绿色食品生产标准,生产地的环境质量要符合《绿色食品产地环境质量标准》。

3.1.3.1 产地空气环境质量要求

产地空气中各项污染物含量不应超过表3.1所列的浓度值。

表3.1 空气中各项污染物的浓度限值(mg/m³)

项 目	浓度限值	
	日平均	1 小时平均
总悬浮颗粒物(TSP)	0.30	—
二氧化硫(SO₂)	0.15	0.50
氮氧化物(NOₓ)	0.10	0.15
氟化物	7(μg/m³) 1.8[μg/(dm².d)] (挂片法)	20(μg/m³)

注:①日平均指任何 1d 的平均浓度;②1 小时平均指任何 1 小时的平均浓度;③连续采样 3d,1 天 3 次,晨、中和夕各 1 次;④氟化物采样可用动力采样滤膜法或用百灰滤纸挂片法,分别按各自规定的浓度限值执行,石灰滤纸挂片法挂置 7d。

3.1.3.2 灌溉水质要求

产地灌溉水中各项污染物含量不应超过表3.2所列的浓度值。

表 3.2 农田灌溉水中各项污染物的浓度(质量)限值 （单位:mg/L）

项　　目	浓度(质量)限值
总汞	0.001
总镉	0.005
总砷	0.05
总铅	0.1
六价铬	0.1
氟化物	2.0
pH 值	5.5～8.5
粪大肠菌群	10 000(个/L)

注:灌溉菜园用的地表水需测粪大肠菌群,其他情况不测粪大肠菌群。

3.1.3.3 土壤环境质量要求

土壤按耕作方式的不同分为旱田和水田两大类,每类又根据土壤 pH 值的高低分为三种情况,即 pH<6.5,pH=6.5～7.5,pH>7.5。绿色食品产地的各种不同土壤中的各项污染含量不应超过表 3.3 所列的限值。

表 3.3 土壤中各项污染物的含量限度

耕作条件	旱田			水田		
pH 值	<6.5	6.5～7.5	>7.5	<6.5	6.5～7.5	>7.5
镉	0.30	0.30	0.40	0.30	0.30	0.40
汞	0.25	0.30	0.35	0.30	0.40	0.40
砷	25	20	20	25	20	15
铅	50	50	50	50	50	50
铬	120	120	120	120	120	120
铜	50	60	60	50	60	60

注：① 果园土壤中的铜限量为旱田中铜限量的一倍；② 水旱轮作用的标准值取严不取宽。

3.1.3.4 土壤肥力要求

为了提高土壤肥力,生产 AA 级绿色食品时,转化后的耕地土壤肥力要达到土壤肥力分级 1～2 级指标（见表 3.4）。生产 A 级绿色食品时,土壤肥力作为参考指标。

表 3.4 土壤肥力分级参考指标

项　　目	级别	旱地	水田	菜地	园地
有机质/(g/kg)	Ⅰ	>15	>25	>30	>20
	Ⅱ	10～15	20～25	20～30	15～20
	Ⅲ	<10	<20	<20	<15
全氮/(g/kg)	Ⅰ	>1.0	>1.2	>1.2	>1.0
	Ⅱ	0.8～1.0	1.0～1.2	1.0～1.2	0.8～1.0
	Ⅲ	<0.8	<1.0	<1.0	<0.8
有效磷/(mg/kg)	Ⅰ	>10	>15	>40	>10
	Ⅱ	5～10	10～15	20～40	5～10
	Ⅲ	<5	<10	<20	<5
有效钾/(mg/kg)	Ⅰ	>120	>100	>150	>100
	Ⅱ	80～120	50～100	100～150	50～100
	Ⅲ	<80	<50	<100	<50
阳离子交换量/(mmol/kg)	Ⅰ	>20	>20	>20	>20
	Ⅱ	15～20	15～20	15～20	15～20
	Ⅲ	<15	<15	<15	<15
质地	Ⅰ	轻壤、中壤	中壤、重壤	轻壤	轻壤
	Ⅱ	砂壤、重壤	砂壤、轻黏土	砂壤、中壤	砂壤、中壤
	Ⅲ	砂土、黏土	砂土、黏土	砂土、黏土	砂土、黏土

注:土壤肥力评价,土壤肥力的各个指标,Ⅰ级为优良、Ⅱ级为尚可、Ⅲ级为较差。

任务二　园地调查

3.2.1　园地环境调查

3.2.1.1　气候条件

首先在图书馆查阅当地的气象资料,初步了解当地的总体情况。然后,收集和查阅园地附近的具体的气象资料。收集和查阅资料的主要内容有年平均气温,最高和最低气温,初霜期和晚霜期并计算年无霜期的天数,年均降水量和主要降水量的时间分布,不同季节的风向和风速以及主要的灾害性气候因素,如冰雹、大风、暴雨、极端低温或高温等出现的频率和时间等。

3.2.1.2　土壤条件

土壤条件包括土层厚度、土壤质地、土壤肥力、土壤酸碱度和地下水位的高低。具体步骤如下:首先在园地附近寻找自然土壤剖面,观察和测量土层厚度和各层的土壤质地。如果无自然剖面,可人工挖掘深 2m 的土壤剖面进行观测。

土壤肥力和酸碱度的观测方法和步骤是:首先在园地中按"之"字形在作物的行间选取取样地点,用土钻分别取出 25 cm,50 cm 和 75 cm 的土壤土样,带回实验室测定土壤有机质和酸碱度。土壤有机质含量及土壤酸碱度的测定方法请参阅相应的实验指导。

3.2.2　生长情况调查

这是指对树体的结构、生长发育状况、结实及品质等方面的调查。目的是了解植株生长发育状况,找出与环境条件和栽培管理的密切关系,从而为因地制宜地制定栽培管理措施提供依据。在调查材料的选择中应注意选择园地中主栽的树种和品种作为主要的调查对象,选择生长发育和结实正常、无病虫害和特殊栽培管理、代表性强的植株。否则,不能完全表现全园作物的生长发育现状和管理水平。调查的重点包括树体结构组成及树势、根系结构和生长状况、开花结果、产量和品质、病虫害及各种自然灾害对树体造成的损伤和园地的经营管理情况。

3.2.2.1　树体结构的组成

调查的首要内容是树形。目前,生产中的各类落叶果树经常采用的树形有疏散分层形、开心形、纺锤形、圆柱形、篱壁形、自然圆头形(南方常绿果树和一些小乔木果树或灌木果树)等。对于一些藤本果树,如葡萄和猕猴桃等需要架材支撑的果树,则首先调查所采用的架式,然后再观察所用的树形。常见的架式有大棚架(包括水平式和倾斜式两种)、各种小棚架(包括水平式、倾斜式、屋脊式和连棚式等)、单壁立架、双壁立架、"T"形架和高、宽、垂的栽培方式。当确定了所采用的架式后,接着进行树体结构的调查。

树体结构调查的内容包括主干高度、周长,树体高度、冠径,主枝和侧枝的数量,抚养枝的多少,结果枝组的数量及分布,结果枝和营养枝的数量和比例,并根据以上调查结果，分析干高、干径与树体高度的关系，主枝与侧枝的从属关系等。

3.2.2.2　树势

树势的强弱水平、树体贮存营养的多少、产量和综合管理水平，对指导园地生产技术措施的制定以及反映园地营养供应都有重要的意义。反应树势的生长指标包括新梢生长量（春梢和秋梢长度的比例）、新梢粗度、节间的长短、芽的饱满程度、新梢成熟度和饱满程度（指新梢垂直相交的两个直径的比例）、叶片颜色、叶片厚度和叶面积等。

3.2.2.3　结果情况及产量调查

结果的总体情况调查内容包括全园的平均结果年龄、最早结果年龄、主要结果部位和结果枝的衰老与更新等。

产量的调查与当年产量的估算内容及方法包括近几年不同树种和品种的平均单位面积产量、最高株产、平均株产和全园总产量。组成产量的因素也是调查的主要内容，包括结果枝和结果枝组的结实率、果实大小、平均单果重等，这些组成产量的因素是估算产量的主要指标。

产量的估算方法因树种、调查时期和栽培方式的不同而不同。常见的方法有：
① 冬季休眠期常见的仁果类和核果类果树的产量估算：
单位面积产量= 单株花芽数量×多年平均坐果率×平均单果重×单位面积株数
② 生长季常见的仁果类和核果类果树的产量估算：
单位面积产量=平均结果枝（组）结实率×平均单株结果枝（组）数×平均单果重×单位面积株数
③ 浆果类果树休眠期的产量估算：
单位面积产量=单株留芽量×平均萌芽率×结果枝百分率×结果系数×平均穗重×单位面积植株数

3.2.2.4　病虫害及主要自然灾害的调查

调查包括危害植物的主要病虫害和主要灾害性气候发生的种类、发生时期、危害程度、对作物生长和产量的影响；园地对病虫害和灾害性气候的防治能力、具体的防治措施和方法。

3.2.2.5　主要栽培技术的应用调查

调查包括土壤施肥和叶面施肥的种类、时期和施用量及浓度，土壤施肥的方法,浇水的时期、方法和总灌溉量,土壤改良情况,耕作制度,间作作物的种类和方法、土壤覆盖情况及使用的材料和效果,植株管理的主要技术和方法,包括整形的方式、修剪技术、夏季修剪的次数和技术应用等。

3.2.2.6　园地的管理和经营状况的调查

园地的管理体制和管理水平直接影响经济效益。因此,管理机构的组成、人员的组成、管理人员的综合素质、技术力量的组成和知识层次,可以直接反映果园的管理水平。对果园的用工数量、主要用工时期、用工的开支,材料消耗,产品的销售渠道和市场、销售方法、价格等情况进行调查,通过成本核算和认真分析,计算园地的经济效益。

3.2.3　调查材料的整理和分析

调查材料的整理和分析是对园地栽培技术实施的效果、存在的问题、经营管理的水平和经济效益的综合评价,是对调查实习的总结。田地调查完成后,将调查材料分门别类地归类、整理和统计,然后,根据统计的结果进行分析:

① 环境条件对作物生长发育的影响和园地经济效益的影响。

② 园地规划设计的优势和缺点,对作物的生长和生产的影响。

③ 栽培技术对各个树种和品种生长发育、产量和品质及园地经济效益的作用;栽培技术实施过程中存在的问题。

④ 园地管理体制和管理方法上存在的问题。

⑤ 病虫害和自然灾害对作物生长发育、产量和品质及园地经济效益的影响,园地在防治病虫害和自然灾害上存在的问题。

通过对以上问题的分析和统计,对园地的栽培管理提出综合性的改进意见和建议,主要包括以下内容:

① 针对园地规划设计上存在的缺陷,提出改进方案和补救措施。

② 对综合栽培技术措施存在的问题提出改进方案。

③ 对园地的管理体制和方法提出综合性建议。

④ 对园地的病虫害和自然灾害的防治提出完整和规范的防治条例。

⑤ 对园地产品的分级、包装、运输、销售等产品增值途径和降低园地生产成本,提高经济效益方面提出综合建议。

任务三　园地的规划设计

园地的规划设计是建园工作的重要环节。园地规划设计的合理与否,将长期影响园地的管理、作物的生长发育和生产与园地的经济效益。

3.3.1　新建园地的实地勘察

在园地规划之前,首先要进行实地勘察。了解园地周围的道路交通情况、周围的村落分布、水源的分布、园地的边界及地形地貌等条件,并对附近的园地进行调查。只有在全面掌握园地的气候、地理、作物生长和生产等条件的基础上,才能设计好新的园地。

3.3.1.1　新建园地的实地勘察

（1）土壤条件

选择适当的自然土壤剖面或挖掘新的土壤剖面,了解土层厚度和表土、心土及底土的土壤质地和类型,土壤酸碱度和地下水位。

（2）气候条件

了解无霜期、年降水量和分布情况、不同季节的风力及风向的变化、全年最高和最低气温及出现的时间、早霜和晚霜出现的时间等。

（3）地理条件

包括园地的坡向、地貌、水源的位置和水质、原有建筑物的分布、植被的种类、园地周围的道路和交通条件、村庄的分布等方面的内容。

3.3.1.2　附近园地的调查

通过对附近园地的调查,进一步了解新建园地周围的作物对当地生态条件的特有反应,对主栽作物种类和品种的选择及栽培管理措施的制订有着重要的参考价值。

（1）作物的生态反应

主要作物种类和品种对当地气候条件的生态反应,如对日照、气温、湿度等气候因素的反应;主要作物对当地流行的病虫害的反应。

（2）防风林的生长状况

了解附近园地防风林树种的生长状况和防风效果,对新建园地防风林树种的选择都有重要的参考价值。

3.3.1.3　当地人、财、物条件的调查

通过调查研究,充分了解当地的人力资源、财政状况和物力条件,对园地在规划中的建园成本的计算、园地的规格和水平都有决定性的意义。

3.3.2　园地测量

用测量仪器测量园地主要地形的高差、边界线、主要建筑物的具体位置和占用土地的面积、水源的位置,并绘制成图,在实验室中按一定的比例进行缩小或放大。

3.3.3　绘制园地规划图

在地形图上,按比例绘制园地规划图,主要内容包括:

3.3.3.1　小区的规划

根据测量结果,详细绘出各个小区及位置,并标明地形和地势、各小区的序号和面积以及主栽作物的种类和品种。小区的规划应根据园地的边界线、面积、栽培作物的种类和主要的功能进行规划。

3.3.3.2　道路和排灌系统的规划

在园地地形图的中央,规划出贯穿全园的主干道路,主干道路的宽度根据园地的大小一般为 6～8 m。支路的规划一般结合小区的规划,分布于各个小区之间。支路的宽度一般为 4m 左右。排灌系统一般结合道路的设计进行规划。常规排灌系统的主干排灌系统分布于主干道路的两侧,分支排灌系统分列在支路的两侧。但如果采用喷灌、滴灌及其他相对先进的灌溉系统,应根据节省材料的原则,尽量减少水管线的消耗,采用最短的直线距离进行设计。

3.3.3.3　防风林系统的规划

根据对气候的调查结果,按照主防风林带与主要灾害性大风的风向垂直的原则进行设计,副防风林带与主要灾害性大风的风向平行。在设计图上,明确标出防风林带的详细位置,绘出栽植方式图并附在园地规划图上。

3.3.3.4　规划图的标注

规划图绘制完毕后,应在图的一角注明小区的区号、面积、主栽作物的种类和

品种、栽植密度,用图例表示道路、排灌系统、防风林系统、建筑物和水源的位置。

3.3.4　编写园地规划设计书

园地规划设计书是对规划设计和施工建设的详细说明。其中包括:

3.3.4.1　总体规划

整个园地建设的背景、总体规划设计的原则、总体思路、应达到的效果。园地的总面积、主栽作物种类和品种的数量以及不同成熟品种栽培面积的比例等。

3.3.4.2　小区规划说明

说明包括小区的数量、各小区的面积、主栽作物的种类和品种、授粉品种的配置、栽植方式和密度以及应采用的耕作制度等。

3.3.4.3　道路和排灌系统规划说明

说明主干道路、支路和小路的宽度,路边行道树的种类、栽植密度和栽植方式。计算出道路占用的土地面积;排灌渠道的高度、宽度和深度、输水量、水源的供水能力;主要管线的用量、各种管线的规格要求、铺设的方法等。

3.3.4.4　防风林系统

说明主林带和副林带栽植树木的行数、树种、栽植方式以及距种植作物的距离,可能抵抗灾害性大风的能力等。

3.3.4.5　附属建筑物

说明建筑物的名称、主要作用和功能、建筑面积和占用的土地面积、建筑物的设计要求等。

3.3.4.6　新建园地的投资估算

详细列出新建园地的生产投入,包括平整土地租用机械的费用、人工费用、能量消耗费用;道路和水利设施的材料消耗费用、人工费用、能源消耗费用和土地占用费用;种子和种苗成本费、生产资料占用费、水电费、人工费;附属建筑建设费等建立新园地的所有投入。

3.3.4.7　估算成本回收的时间

首先估算在园地进入正常的生产阶段前每年的经济效益,并进行累加,再估算进入正常生产阶段后每年的经济效益,然后估算出整个园地的成本回收的时间。

在实际的规划设计中,还应该进行建设项目的可行性论证、产品市场的分析。

任务四　种植园的建设

3.4.1　种植园土壤改造

种植园按小区进行土地平整和土壤改良工作。

种植草本园艺作物的土地要求平整度高,在小区内划分的种植田块要求平整度一致。结合土地平整开设畦的方向,多数采用南北畦向。

木本园艺作物种植畦可采用平畦或稍有坡度的畦。

蔬菜、花卉苗圃地平整度要求最高。林木果树苗圃地可有一定坡度。

土壤改良主要是改善土壤结构,提高土壤水分渗透能力和蓄水能力,减少地表径流,增加土壤肥力。可通过土壤的耕作、晒垡、冻垡、黏土掺沙、砂土掺黏土、增施有机肥料、补充菌肥等措施来改良土壤。对于特殊地块,如酸性土、碱性土,还要通过石灰、碱性或酸性肥料的施用来调整土壤的 pH 值,使其适宜种植园艺作物。在有不透水层(黏层)块,还应加深耕作层深度,以打破不透水层。

3.4.1.1　沙质土壤的改良

沙质土壤的改良办法主要有:

① 在春秋翻耕时大量施用有机肥,使氮素肥料能保存在土壤中不至流失。

② 每年每公顷施河泥、塘泥 750kg,改变沙土过度疏松的状况,使土壤肥力逐年提高。

③ 沙层不厚的土壤通过深翻,使底层的黏土与上面的沙层进行掺和。种植豆类绿肥翻入土壤中增加土壤中的腐殖质。

④ 施用土壤改良剂。

3.4.1.2　低洼盐碱地土壤的改良

盐碱地的主要危害是土壤含盐量高和离子毒害。当土壤的含盐量高于土壤含盐量的临界值 0.2%,土壤溶液浓度过高,植物根系很难从中吸收水分和营养物质,引起"生理干旱"和营养缺乏症。另外盐碱地的土壤酸碱度高,一般 pH 值都在 8 以上,使土壤中各种营养物质的有效性降低。盐碱地土壤改良的技术措施有:

① 适时合理地灌溉,洗盐或以水压盐,使土壤含盐量降低。

② 多施有机肥,种植绿肥植物,促进团粒结构形成,以改善土壤不良结构,提高土壤中营养物质的有效性。

③ 化学改良,施用土壤改良剂,提高土壤的团粒结构和保水性能。

④ 中耕(切断土表的毛细管),地表覆盖,减少地面过度蒸发,防止盐碱度上升。

⑤ 种植耐盐碱蔬菜,如结球甘蓝、球茎甘蓝、莴苣、菠菜、南瓜、芹菜、大葱等。

3.4.1.3 红黄壤黏重土的改良

在我国长江以南的丘陵山区多为红壤土,土质极其黏重,容易板结,有机质含量少,且严重酸性化。红壤土的改良技术措施有:

① 掺沙,一般 1 份黏土+2~3 份沙。

② 增施有机肥和广种绿肥植物,提高土壤肥力和调节酸碱度。但尽量避免施用酸性肥料,可用磷肥和石灰(750~1 050kg/hm²)等。适用的绿肥植物有肥田萝卜、紫云英、金光菊、豇豆、蚕豆、毛叶苕子、油菜等。

③ 合理耕作,实施免耕或少耕,实施生草法等土壤管理措施。

3.4.2 山地改造

山地建园要做好水土保持工程,以防止水土流失,可利用修筑梯田,开撩壕、鱼鳞坑等方式来改造山地。

3.4.2.1 梯田

梯田包括阶面、梯壁、背沟、边埂。

(1)阶面

分为水平式、内斜式、外斜式。梯田的阶面不能水平,要保持一定的坡度,才有利于及时排出地表径流。阶面宽度根据坡度来决定,一般 5°坡阶面宽 10~25 m, 10°坡阶面宽 5~15m,坡度越大阶面越窄。

阶面的土来源于上方削面的土和下方垒面的土,垒面土(外侧)肥力高于削面的土(内侧),土壤改造重点应是削面的土。

(2)梯壁

分为直壁式或斜壁式(指与梯面角度)。梯壁一般采用石壁、土壁或草壁。石壁可修成直壁式,有利于扩大梯面。土壁或草壁为斜壁式,寿命较长。通常石壁高度不超过 3.5 m,土壁高度不超过 2.5 m。

（3）背沟

在内斜式或梯田靠削面处开挖排水沟称为背沟,与总排水沟相连,用于沉积泥沙、缓冲流速、排出地表径流水。

（4）边埂

外斜式梯田在梯田外侧修筑边埂以拦截梯田阶面的径流,通常埂顶高度和宽度均为 20～30 cm。

3.4.2.2　撩壕

撩壕按等高修筑,按等高开沟,将沟内土壤堆在沟外沿筑壕,作物种在壕的外坡,常用于山地木本园艺作物种植。由于壕土层较厚,沟内又易蓄水,在土壤瘠薄的山地可以应用。

3.4.2.3　鱼鳞坑

在坡面较陡不易做梯田的地方,可以沿山开挖半圆形的土坑,坑的外沿修成土坡,在坑内填土,树种在坑内侧。

撩壕、鱼鳞坑不适于建种植园,主要在木本园艺作物绿化荒山时和山地种植园上部防止冲刷时种树时采用。

任务五　园艺植物轮作、间作、套作、复种设计

种植制度,是指一个地区或一个种植单位在一年或几年内所采用的植物种植结构、配置、熟制和种植方式的综合体系。植物的种植结构、配置和熟制又泛称为植物布局,是种植制度的基础。种植方式包括单作、间作、混作、套作、连作、轮作等。

合理的种植制度,应有利于土地、阳光和空气、劳力、能源、水等各种资源的最有效利用,取得当时条件下植物生产的最佳社会、经济、环境效益,并能可持续地发展生产。参照大农业中粮棉油植物种植制度的划分,园艺植物种植制度可分为旱作种植制度、灌溉种植制度和水田种植制度等;而按栽培的季节连续性,园艺植物的种植制度又可划分为露地种植制和设施栽培(反季节栽培)。熟制是指一个地区或一个种植单位一年内植物种植茬口(次)的数量和类型。如一年一熟制,即一年只种植和收获 1 次;两熟制,即一年种植和收获 2 次。蔬菜生产上常以种植系数或复种指数表述熟制,如种植系数 2.0,即一年种植和收获 2 次;种植系数 1.6,即一

年中种植园整个面积上各种植物种植和收获的次数平均数是 1.6。蔬菜生产、花卉栽培,还有立体种植,也是一种种植制度,花样更多。

3.5.1　连作

连作是指一年内或连续几年内,在同一田地上种植同一种植物的种植方式。连作有一定好处:有利于充分利用同一地块的气候、土壤等自然资源;大量种植生态上适应且具有较高经济效益的植物,没有倒茬的麻烦;产品较单一,管理上简便。但是许多园艺植物不能连作,连作时病虫害加重、土壤理化性状及土壤肥力退化,土壤某些营养元素偏缺,而另一些有害于植物营养的有毒物质累积超量。这种同一田地上连续栽培同一种植物而导致植物机体生理机能失调、出现许多影响产量和品质的异常现象,称之连作障碍。蔬菜,西瓜、甜瓜、花卉植物,栽培茬次多,尤其是温室、塑料大棚中,很容易发生连作障碍。

园艺植物种类繁多,不同植物忍耐连作的能力有很大差别。蔬菜中番茄、黄瓜、西瓜、甜瓜、甜椒、韭菜、大葱、大蒜、花椰菜、结球甘蓝、苦瓜等不宜连作;花卉中翠菊、郁金香、金鱼草、香石竹等不宜连作或只耐一次连作;果树中最不宜连作的是桃、樱桃、杨梅、果桑和番木瓜等,苹果、葡萄、柑橘等连作也不好,这些果树一茬几十年,绝对不能在衰老更新时再连作。重茬植物,不仅产量品质严重下降,而且植株死亡的情况很普遍,生产上是不允许的。白菜、洋葱、豇豆和萝卜等蔬菜植物,在施用大量有机肥和良好的灌溉制度下能适量连作,但病虫害防治上要格外注意。所以不管植物是否能忍耐连作,或连作障碍不显著,从生产效益上考虑应尽量避免连作。一块田地种植西瓜,应在此后 5 年不种西瓜;番茄应避免 3 年,至少 2 年;而白菜、萝卜要隔一年。

3.5.2　轮作

轮作是指同一田地里有顺序地在季节间或年度间轮换种植不同类型植物的种植制度。轮作是克服连作的最佳途径。合理轮作有利于防治病虫害,有利于均衡地利用土壤养分、改善土壤理化性状、调节土壤肥力,是开发土壤资源的生物学措施。

3.5.2.1　轮作的茬口安排

(1) 轮作设计要求

在确定作物轮换顺序时,首先应当使轮作中的前作与后作搭配合适,根据作物的茬口特性,安排适宜的前后作。

第一种是前作能为后作创造良好的条件,后作利用前作所形成的好条件以补后作之短,使后作有一个良好的土壤环境(土壤肥力高,杂草少,耕层土壤紧密度合适等),可以收到较大的经济效益。如在豆茬地种葱蒜就是这种情况。

第二种是前作虽没有给后作创造显著好的土壤环境,但是也没有不良的影响,如玉米茬种马铃薯;马铃薯茬种瓜类蔬菜。

第三种是后作之长能克服前作之短,如胡萝卜(易于草荒)茬后种茄果类(易于除草)。

深根性的瓜类(除黄瓜)、豆类、茄果类与浅根性的白菜类、葱蒜类在田间轮换种植;需氮多的叶菜类、需磷较多的果菜类、需钾较多的根菜类、茎菜类合理安排轮作。

(2) 轮作设计程序

先确定参与轮作的作物,然后划区制订轮作计划。薯芋类、葱蒜类宜实行 2～3 年轮作;茄果类、瓜类(除西瓜)、豆类需要 3～4 年轮作;西瓜种植轮作的年限多在 6～7 年以上。

(3) 轮作实例

轮作茬口,第 1 年白菜类,第 2 年根菜类、葱蒜类、茄果类和瓜类,第 3 年种植薯芋类、豆类及白菜类,伞形科植物等,在无严重病虫害的地块,可适当连作。

3.5.2.2　轮作、连作病虫害调查

同科、属、变种的蔬菜,亲缘关系越近,越容易遭受相同的病虫侵染危害。轮作、连作病虫害调查见表 3.5。

表 3.5　轮作、连作病虫调查表

蔬菜	轮作			连作		
	年限	面积/m²	病虫害种类	年限	面积/m²	病虫害种类
茄科						
豆科						
十字花科						
葱蒜类						
葫芦科						

3.5.2.3 轮作、连作土壤营养状况调查

轮作、连作土壤营养状况调查,按相关的测定方法取得相应的数据填表入表3.6。

表3.6 轮作、连作土壤营养状况调查表

蔬菜	轮作							连作						
	N	P	K	Ca	Fe	Cu	Zn	N	P	K	Ca	Fe	Cu	Zn
茄科														
豆科														
十字花科														
葱蒜类														
葫芦科														

3.5.2.4 轮作、连作蔬菜生长、产量调查

采用对角线调查法,采样点5~15个,每个样点面积为1 m²。调查结果填入表3.7和表3.8。

表3.7 轮作、连作蔬菜生长状况调查表

蔬菜	轮作				连作			
	时间(a)	生长状况			时间(a)	生长状况		
		株高/cm	株幅/cm	根重/g		株高/cm	株幅/cm	根重/g
茄科								
豆科								
十字花科								
葱蒜类								
葫芦科								

表 3.8　轮作、连作蔬菜产量调查表

表 3.8　轮作、连作蔬菜产量调查表

蔬菜	轮作			连作		
	年限	面积/m²	产量/kg	年限	面积/m²	产量/kg
茄科						
豆科						
十字花科						
葱蒜类						
葫芦科						

3.5.3　间作

间作是指同一田地里按一定次序同时种植两种或几种植物,一种为主栽植物,另外一种或几种为间栽植物的种植制度。主栽植物、间栽植物可能都是园艺植物,也可能有的是园艺植物,有的不是园艺植物。如玉米地间作马铃薯,枣树行间间作小麦,菜豆与甜椒间作等。间作能充分利用空间,高矮不同的植物间作,各自能在上下空间充分利用光照,相互提供良好的生态条件,促进主栽与间栽植物的生长发育,取得良好的经济效益。

间作种植有一定好处,但也有一些缺点,主要是管理上比单一植物要复杂一些,用工多,应用机械作业困难较多。因此,应当根据主栽植物有选择地确定间栽植物种类,如间栽植物应尽可能低矮、与主栽植物无共同病虫害、较耐阴、生长期短、收获较早等。如种植间栽植物,主栽植物的行距应适当加大,主栽植物还应讲究株形较直立、冠幅较小的品种等。

园艺生产中较著名的果粮间作、林粮间作、菜粮间作、菜菜间作的例子如:

玉米间作香椿苗或核桃苗。香椿、核桃苗的发芽至幼苗期,不需要强光照,需要有较稳定的湿度环境,间作在玉米地有一定好处。玉米株距 0.4～0.6m,行距 2.0～3.5m,行间间作香椿或核桃苗,炎夏过后,早收获玉米。

菜豆间作甜椒。菜豆架间或双行架的架下间甜椒,可减小甜椒的蚜虫危害,使甜椒产量与品质提高。

香椿间作矮生菜豆、豇豆、西葫芦、四季萝卜、蒜苗等。因为香椿早春不断采收枝芽,地区遮荫少,间作植物受香椿树的影响小。

在设施园艺生产中,为了提高设施生产效益,在温室、塑料大棚中的园艺植物,更有必要实施种植间栽植物,如葡萄架下栽草莓或叶菜类蔬菜等。

间作种植,应当始终和确实地体现主栽植物为主,间栽植物服从主栽植物的原则。一些地方果粮间作中,一时因果品滞销,果园中种植的间物株形高、密度大,大有重粮弃果之势,这样对多年生的果树而言,不良影响很大。

3.5.4　套作和混作

3.5.4.1　套作

套作,是指在前季植物生长后期的株、行或畦间或架下栽植后季植物的一种种植方式。不同植物的共生期只占生育期的一小部分,套作能更充分地利用生长季节、提高复种指数。

套作设计实例:以前茬蔬菜作物为主,如覆膜洋葱于5月初~5月中旬定植,7月中下旬播种大白菜或萝卜,洋葱8月中下旬收获后,大白菜或萝卜继续生长;大蒜3月末~4月初种植,7月中下旬收获大蒜之前套种大白菜;大豆与大蒜套种,4月初种植大蒜,5月上旬种植大豆,大蒜收获后大豆继续生长。

设施栽培可利用冬春季大棚或温室内温度和光照条件,以及土壤温度状况,育苗定植叶菜类,大棚3月中下旬定植芹菜、油菜,或在秋季播种白露菠菜,4月中下旬定植果菜类;温室2月上中旬定植绿叶菜类,3月初定植果菜类。

3.5.4.2　混作

混作是指两种或多种生育季节相近的植物按一定比例混合种植于同一田地上的种植方式。混作一般不分行,或在同行内混播,或在株间点播。合适的混作可提高光能和土地利用效率,一些非收获性植物混作并不增加人工管理的费用。

混作设计实例:大蒜、菠菜混种,3月下旬~4月初,按16~20 cm行距种大蒜,同时撒菠菜籽,先收菠菜;也可将马铃薯、小白菜混种。

3.5.5　复种

复种可以前后茬作物单作接茬复种;也可以前后茬作物套播复种。一般用复种指数来判断土地利用率的高低。复种指数是指播种面积占耕地面积的百分数,即:

$$复种指数(\%)=全年播种面积/耕地面积×100$$

复种设计实例:露地种植早马铃薯收获后复种白菜,压霜菠菜收获后复种西红柿、菜豆等。大棚、温室等设施种植指数高,叶菜类、果菜类、根菜类、茎菜类等根据上市的时间、产品形成时间、种植方式和管理等计划安排生产。如11月份育果菜类蔬菜幼苗的同时播种叶菜类。

3.5.6 立体种植

立体种植即立体农业，又称层状种植，是指同一田地上多层次地生长着各种植物的种植方式。最初的立体种植是各种植物都不离开地面，即都在同一地块土壤中扎根生长，后来发展到棚架、温室栽培中利用吊盆、山石的多种形式的立体种植，各种植物不一定在同一地块土壤中扎根生长。现代立体种植在园艺生产中，更多的是应用于公园绿化、社区或室内外装饰及家庭室内、阳台、屋顶等处。也有小型或微型的立体种植，花样多得目不暇接。立体农业的发展还不只是植物的不同层次，甚至还包括植物层间或下面的动物和微生物。这种种植方式，即在单位土地面积上，利用生物的特性及其对外界条件的不同要求，通过种植业、养殖业和加工业的有机结合，建立多个物种共栖、质能多级利用的生态系统。

从地理学的角度讲，不同海拔、地形、地貌条件下呈现出农业种植和畜牧业布局的差异，也是立体农业，称为异基面立体农业。如高山上植景观林，山中部的梯田是果园、桑园，山下种植蔬菜、花卉，或山坡轮流植草放牧等等。与异基面立体农业相对应的是同基面立体农业，如南方芋田中养殖鱼、蟹，藕（荷花）池中植萍又养牛蛙等；柑橘、枇杷园中树下春季栽植一季油菜，夏、秋季种植绿肥植物等。

3.5.7 园艺植物种植制度的多样性

以上种植制度主要是袭用或顺延大田植物的种植制度。在园艺生产中还有一些其他栽培方式或种植方式，尤其在设施园艺非常普遍以及设施园艺与常规园艺已经难以截然分开的情况下，这些栽培方式或种植方式已经得到了很迅速的发展和普及，在此专门介绍。

3.5.7.1 促成栽培

促成栽培是指在冬季或早春严寒时节利用有加温设备的温室或塑料大棚栽培蔬菜、花卉或果树，产品比露地常规生产早上市。

花卉中有些需要改变（提早）观赏时令的种类，如菊花，用适度遮光减少日照时数可以促其早分化花芽、早开花；使原来的深秋开花，提早到国庆节前或夏季开花。

草莓的促成栽培又分半促成栽培、促成栽培。半促成栽培是让草莓在秋冬自然低温下通过休眠后于冬末或春初进行扣棚（或入温室）升温的栽培，果实于2~4

月成熟上市。促成栽培是草莓经过自然休眠期之前扣棚(或入温室)升温的栽培,使其继续生长发育,早开花、早结果,果实于12月～翌年1月成熟上市。

3.5.7.2 延后栽培

延后栽培,又称抑制栽培或晚熟栽培,是延长收获期和产品供应期的栽培方式。用晚熟品种的种子播种、晚期播种、温室和塑料大棚内栽培,均可以达到延后栽培的目的。应用植物生长调节剂也可以延迟开花或果实的成熟。

3.5.7.3 黄化栽培

黄化栽培即黄化处理,又称软化处理,是将某一生长阶段的园艺植物(主要是蔬菜)栽培在黑暗和温暖潮湿的环境中,使其长出具有独特风味、柔软、脆嫩或黄化产品的栽培方式。中国早在2 000多年前就有利用原始温室进行大葱、韭菜软化栽培的记载。软化栽培主要有韭黄、蒜黄、菊苣和芹菜等,最常用的方法是培土、覆盖、缚叶或将植株放入暗室、地窖等。

3.5.7.4 微型栽培

微型栽培又称案头栽培,是指在极小的容器上(或之中)栽培观赏性植物的一种种植方式。如栽植案头菊、朝天椒、仙人球、番红花、微型月季等,在栽植箱、封闭的玻璃瓶袋中栽植水生植物等。现在微型栽培已经成为时尚的室内或案头装饰。随着微型植物种类与品种的不断开发,微型栽培进入城乡百姓之家,其花样定会千姿万态,式样繁多。

任务六 园艺生产计划的制定和实施

园艺种植园,不论其植物是多年生的还是一年生的,甚至是极短生长期的(如菇类、芽菜类),生产计划的制定和按计划实施技术措施,使生产有序合理、科学地进行,是管理者所必需的,也是产生高效益的一个保证条件。

确定种植园的规模、栽植植物种类品种、栽植方式以及种植园的基本生产条件(排灌系统、道路、防护林、水土保持工程等)是由种植园规划设计决定的,年度或季节或植物茬次的生产计划,是在种植园规划设计范围内的作业计划和管理计划。但是生产计划仍有可能随着社会发展、自然条件、消费市场、资源状况和管理条件的变化而有所改变。例如蔬菜、花卉轮作种植中,某种植物可以改换为符合轮作原则的另外一种植物;临时增建设施生产等。这并不否定生产计划的重要性,反而更说明生产计划的制定绝离不开正确的决策,要讲究科学性,即充分的依据。

3.6.1　种植计划的制定

种植计划主要指一二年生园艺植物或短季节栽培的园艺植物的播种、栽植计划。种植计划的主要依据是产品消费市场的信息,特别是市场价格变化信息或滞销与畅销的信息。依照这些信息,决定某种或某一些植物的播种、栽植数量(面积)和所占比例,并由此修订连锁性的一些生产计划。如发现市场积压油菜,售价很低,不能再安排油菜播种和移栽苗,可以改为菠菜、芹菜或其他蔬菜,并相应改变技术措施、生产资料购进等计划。社会发展变化,如某城市要举办大型体育运动会,城市绿化美化和公共设施建设要迅速配合,需要大量的林木、花卉和丰富的蔬菜、瓜果供应,园艺种植应及时改变规定的生产计划,这既是对政府、对社会的支持和响应,也是有利于生产者获得好的经济效益的难得机会。

水及重要的生产资料(如肥料、农药)的变化影响种植计划时,也必须修订原种植计划,否则会使生产不能正常进行。

3.6.2　技术管理计划的制定

技术管理是园艺生产企业或单位对生产过程中的一切技术活动实行计划、组织、指挥、调节和控制等工作的总称。园艺生产上技术管理的内容包括:技术措施项目与程序、技术革新、科研和新技术推广、制定技术规程与标准、产品采收标准与日程安排、生产设备运行与养护、技术管理制度等。这些内容也可以按施肥、灌溉、植株管理、产品器官管理、采收等生产环节制定计划。因此技术管理及计划的制定,应依据播种计划并参照自然条件、资源状况的变化而相应进行修改。如干旱、雨涝、土壤肥力、重要生产资料的变化。这些年设施园艺发展很快,设施园艺对自然条件、能源保障等依赖程度很大,这些条件一旦有变动,设施园艺的生产仍按原计划进行,很有可能遇到克服不了的困难。

技术管理计划中,植物保护应当列为很重要的项目和内容。防治病虫害、控制杂草有害地旺长、防止自然灾害的发生和减灾救灾,是园艺生产中一定要投入大量人力、物力的工作。提倡根据多年的经验和中长期的病虫情报、天气预报,及早制定切实可行的技术措施,做到预防为主、综合治理。目前我国园艺生产中病虫害防治措施过于偏重化学药剂的防治。化学防治在各种防治措施中占到较大的比例,这是不合理的现象,应该实施科学的综合防治,生物防治应占到20%~35%,农业防治占30%以上,而化学防治应降低到30%以下。只有年初计划好,预先落实各项准备工作,才不至于临时采用虫来治虫、病来治病的化学防治措施。

植物保护的一个重要目标是实现园艺产品的"绿色食品制"。所谓"绿色食品",简而言之即"安全的、营养的"食品,植物保护中减少使用化学农药,合理用药是实现绿色食品生产最重要的技术措施之一。

3.6.3 采收及采后管理计划的制定

园艺植物的采收产品是多种多样的,既有果实,也有茎(枝);既有地上部分,也有地下部分;既有一次性采收,也有分批分次采收;既有定期采收,也有临时决定提早或延后的采收,都应当有一定的计划。园艺生产的目标就是采收上市场,用产品换货币,取得经济效益,所以是非常重要的作业,必须计划好。

采收及采后管理计划的主要内容和依据是:

① 每个种或每个品种植物的采收时间、采收量,应按小区(生产队、组)落实,依年度播种和移栽计划与技术管理计划而定。多年生果树和观赏植物,参照前一两年的产量情况决定。果树生产,特别是苹果、梨,"大小年"(或称"隔年结果")现象较普遍,制定采收计划时应充分注意。

② 每个种或每个品种植物采后的分级、立即上市或就地贮藏的计划,应按市场需要情况制定。可根据多年经验,做出两种或几种准备。如早春菠菜,上市时间早晚可能相差 20d;苹果晚熟品种,有的年份采后即上市,售价好,有的年份需贮藏一段时间再上市,售价好。产品需要贮藏的,应有一定贮藏保鲜条件。

③ 采收劳力、物力的安排计划。有些蔬菜、瓜类、果品,特别是其中的某些品种,如果栽植量大,成熟期集中,采收工作量很大,应预先有计划调度人力、物力,集中进行突击性采收和采后处理。如一个大型果园,两个小区($30 \sim 50 hm^2$)生产中熟的水蜜桃,产量约 80 万 kg,平时生产管理只需 $15 \sim 20$ 人,而在 5d 内采收完毕,需要 $60 \sim 100$ 人。

④ 各种采收必需的物资、运输工具计划。例如菜篮、果篮;包装用的筐、箱、包、袋、纸袋、纸片、扎捆绳、薄膜袋等;田间推运小车、分级包装场所,甚至包装分级的台秤、计数器等;运输工具,特别是急需上市、远销的产品,必须有落实的车辆运输,甚至订好火车、飞机班次。

3.6.4 其他几项生产计划

其他生产计划包括物资供应计划(肥料、农药、水电煤动力保障、机械、车辆等)、劳力及人员管理计划(应包括技术培训、技术考核等)、财务计划(包括各项收支计划、成本核算等)等。这些都是重要的,应当与前面提到的计划一样,制定得较全面、详尽和具有可操作性,既具体、能实施、便于检查,也便于修正,具有一定的规约性,又有一定的灵活性。

生产计划的最终表述形式,应是文字和图表都具备的"计划说明书"。为了随时查阅的方便,可以有一份摘要列在前面;或者用表格表述植物的播种、生产计划。

3.6.5　园艺生产技术档案的建立和利用

技术档案是园艺产业的各种档案中的一种,是记述和反映种植园的规划设计、各项生产技术、农田基本建设和科学实验等活动,具有保存价值,并按一定归档制度保管的技术文件资料。这种档案是技术资源贮备的重要形式,也是从事生产和科学实验的重要条件和工具。技术档案可分为几大类:建园档案(含规划设计、建园苗木等)、基本建设(含农田基本建设)档案、机械设备和仪器档案、生产技术档案(含生产技术方案、计划、技术实施及结果、新经验及事故等)、科学实验档案(含新品种引进、新技术和创新技术的记载、结果等)、技术人员及职工技术进步和考核等档案。

3.6.5.1　建园档案

建园档案从园艺种植园或产业的策划开始,经过规划设计到栽植施工、种子与苗木的准备、播种或栽植苗木,可以按施工进程记载,也可一次性记载,基本上按整个种植园区设档和记载,内容应包括:

① 上级政府或职能部门有关建园的决定、指令或批示文件,或原始记录性文字材料。有关建园的方针和策划依据、发展方向、经营规模、建园进程、产品预期产量及销路等方面的原则性意见,应原原本本记录下来,有摘要和原始材料。

凡文字材料、图表都要做记录、书写、誊写、整理,应录入有关人员名字,最好有亲笔签字,并注明日期。一些人员的流水账式日记、笔记,也是入档材料,但以一定时期整理成文入档为好一些。以下各项类同。

② 为建园所调查的有关资料,包括本地区已有果树生产、蔬菜和花卉生产的经营与市场前景,农业种植业基本情况,农业劳力资源情况,当地气象条件,土壤和自然植被情况,水利资源和水土保持状况,动力资源和交通状况等,并不断积累新的资料。

③ 种植园规划设计书、说明书以及全套应附有的图表材料,种植园各项分项规划设计细则与说明书、图纸,应有原件,特别是有权威机构或负责人批示、签名盖章的批示件,以及规划设计时的未入选方案及规划设计现场有关材料和进展情况记录等。

④ 建园初期种子、苗木、其他生产资料的来源、数量、质量状况,播种与栽植中执行规划设计的情况、技术保障等。引入的种子、苗木应有鉴定书、检疫证书及有关资料。

⑤ 建园前、建园时园区土壤改良、水土保持状况,播种、栽植时的天气、气候、土壤墒情和肥力的数据,施肥、植保等措施执行情况及结果,也要有详尽记录的原件或整理后的资料。

⑥ 建园初期的生产运作秩序及技术管理成果,如播种出苗率、栽植成活率、排灌设施效率、病虫发生状况等,第1年雨季、冬季自然灾害情况等,均应有记载及分析结果。

⑦ 规划设计、建园、技术管理等各项技术人员、第一线管理人员的配置,技术负责制或技术承包合同的文件(签字有效和原始文字材料),劳力的各项支出记录,各项技术措施的实施检查记录、评定结果、奖惩等的文字或照片、录像原件。

⑧ 异常天气、人为灾害、突发事件对技术管理和生产造成的影响,如严重的水土流失、洪涝灾害、雨雹霜冻、火灾等,应记载发生情况、生产损失、补救措施及善后处理等。

3.6.5.2 技术管理档案

按种植作业区、小区或生产队(班)记载,更详尽者应再按植物种类、品种、生产方式的类别记载;果树还可以按同树种不同树龄记载。主要内容是:

① 年度、季度或细至月份、星期的技术管理计划、指标要求,要量化具体,有文字或图表材料。

② 各项技术措施,如施肥、灌溉、喷洒农药、修剪或支架等的日期、方式方法、计量、执行情况及施后反应、异常情况(如农药副反应是药害,还是无效等)的随时记录。

③ 各项技术措施执行前后的有关天气、动力、劳力条件,如风雨、洪涝、干旱、高温、电力提供、水源暂时断流、劳力调动暂缺等。这些影响作业进程和质量的条件,一定要有记载,由有关生产队(班)负责人签字入档。

④ 记录新技术实施情况与结果,科学实验的情况及结果;记载一些植物新品种的风土适应性、技术措施及反应状况;多年生植物连续多年的观察记录;一些农药、生长调节剂施用后一段时期还要看"反弹"反应,并切实记载。每项新技术试验、引种和其他实验,都应有最后的、完整的总结报告。

⑤ 各项技术管理的负责人、技术执行责任人的技术素质状况、技术进步考评,所负责技术的执行检查评定成绩及奖惩,有关人员技术培训成绩等等,也应列入存档文件中。

3.6.5.3　植物生长发育状况及物候档案

可以按园艺植物的种类或主要品种记载,观察记载的作业区、小区及观察植株对象,应有代表性、典型性。最好是专人、定期观察记载,并分原始记录和整理后资料入档。档案的主要内容是:

(1) 物候期

果树的主要物候期是萌芽展叶、开花和坐果、新梢旺长、果实膨大、生理落果、花芽形态分化、果实成熟、落叶和冬季休眠期。以落叶果树的苹果和梨(同是仁果类果树,物候项目相似)为例,开花坐果物候期、新梢和叶片生长物候期的记载,可参考表3.9和表3.10,记载物候的开始日期或开始至结果日期。观察记载物候期,应多年连续记载,一定时期(如10年)有各年度的比较、规律性总结,用图表或文字表述并入档。

表3.9　_____年苹果、梨开花和结果物候期记载表(日/月)

植物种类品种作业区号	▲花芽膨大期	花芽开绽期	花序露出期	花蕾分离期	▲初花期	▲盛花期	落花期	▲生理落果期	果实着色初期	▲果实成熟期	备注

注:有"▲"者为重要、必须记载的物候期。下表同。

表3.10　_____年落叶果树萌芽与新梢、叶片生长物候期记载表(日/月)

植物种类品种作业区号	▲叶芽膨大期	花芽开绽期	▲展叶期	▲新梢始长期	▲新梢停长期	2次梢始长期	2次梢停长期	叶片变色期	▲落叶期	备注

蔬菜植物中多一二年生草本植物,主要物候期是种子萌芽出土、幼苗期、生长旺盛期、花芽分化期、开花坐果期、种子成熟期、茎叶枯萎期等。以2年生的大白菜为例,生长发育的物候期记载见表3.11。

表3.11　_____年大白菜生长发育物候期记载表(日/月)

种类品种作业区号	第1年(秋季)					休眠期	第2年(春季)					备注
	种子萌动、拱土	子叶展开	▲幼苗期	▲莲座期	▲结球期		▲抽薹期	▲开花期	▲结荚期	▲种子成熟期	茎叶枯黄期	

花卉植物物候观察记载,木本的可以参照果树,草本的可以参照蔬菜。观赏的花卉植物物候期,应特别关注观赏器官具有最佳观赏效果的物候日期,当然是时间

长好,观赏器官的生长发育体积大、醒目艳丽好。虽然许多花卉是一二年生的,但物候记载也应当多年和有连续性,特别是在不同栽培条件下,物候可能的变化应当有记载。

(2) 生长势

园艺植物的生长势,主要指营养生长的强弱,既看单株的生长状况,也看群体的生长状况,如生长强弱的整齐性等。果树的生长势常以新梢生长粗度和长度表示,也用树的高度和树干干周或直径表示;蔬菜和花卉的生长势常以植株高度和叶面积表示,群体则以总覆盖率表示。

3.6.5.4 产品产量、质量、售价档案

无疑,园艺生产最终目的是获得产品,要有一定产量和优良的品质,并能销售获得好的价格。连年记载这些数据资料,对生产管理有重要的意义。产量、质量均以田间记录为准,贮藏或初加工后的产量、质量另外分别记载。产量、质量的记载以生产队或作业区为单位,最好分别记载地块、品种、作业茬次,更详尽者应当记载不同日期、分批采收的产量、质量。较具体的记载可参照表 3.12。

表 3.12 园艺生产产品产量、质量记载表

时间 (日期)	地块 队区	种类	▲ 品种	▲ 面积	栽培 方式*	▲总 产量	平均产量**		与上 年比 较/%	销售 单价/ (元/ kg)	质量 评语 ***	备注
							株产 /kg	每公顷 产量/kg				

注:* 设施条件或大田栽培、套作或间作等;** 温室、大棚可以按每平方米计;*** 按优、良、中、差记。

无论是果品、瓜类、蔬菜,或是鲜切花,质量的评定各有主要指标,有外观指标,如色泽、形状、大小、整齐度等;有风味指标,如酸甜可口性、脆嫩汁的口感性,糖和酸含量等;有硬度、皮厚薄及耐贮藏的特性等。这些性状在某年度、季节可能由于天气的原因、栽培技术的原因、肥料或农药变化的原因而有所改变,应当特别注意记载。

园艺种植园的植物保护、设备管理、物资管理、财务管理包括成本管理等都很重要,都有必要分别记载和入档。这里不一一列举。

3.6.5.5 园艺生产档案的开发和利用

一个相当规模的园艺生产企业或种植园,具备较完善的、多年连续的生产档案,是与土地、栽培植物、设备和建筑物等同样重要的财富。生产档案是进一步发展生产的决策参谋和基本依据。历史是不会消失的,但只有存在着文字、图表(包括存储在计算机中的资料)记载的历史才是永存的、有意义的。在现代文明条件

下,计算机建立档案可以使之简练、方便。档案不能只存不用,要积极利用才是建档的目的。园艺生产档案主要应用在:

①　编制园艺生产历年发展状况、现状的说明书、图表,从中总结经验教训。

②　帮助制定新的生产发展规划和设计,提供改进技术管理的意见、建议,提高今后生产管理水平。

③　总结各项技术管理、推广新技术、科学实验的经验,以系统的历史资料为科学依据,评估以往各项技术措施的利弊、效益,并对即将改进或引入的新技术的可行性做出客观的预测与评定。

④　对外作为园艺生产技术咨询的资料。

"档案"是一门专业性很强的学问和技术。园艺生产档案在我国尚无人进行深入细致地研究,但它的作用是毋庸置疑的。我国许多重要的果树、蔬菜、花卉或其他园艺生产基地,特别是生产职能管理部门、生产企业,应当积极建立和完善园艺生产档案,并不断开发和利用其对发展生产的指导作用,肯定是很有意义的。

任务七　果园管理工作历的制定

3.7.1　制订生产计划的要求

3.7.1.1　制订每项管理的技术措施,必须有的放矢

制定管理措施一定要在总结过去果园管理经验的基础上,结合当年的生育情况和存在的问题,找出矛盾,提出解决途径并制订出既有先进指标的管理技术水平、又切实可行的周年果园管理工作历。工作历可按月按旬或按周制订。

3.7.1.2　技术措施的应用

一个大果园,树种多,树龄、树势、株产均不一致,因此,必须根据不同情况,按区、片制订不同的技术措施。

3.7.1.3　对结果树提出产量和质量指标

对结果树的产量和质量指标应该要有技术要求、保证措施和检查制度。

3.7.1.4　其他要求

工作历是果园管理的计划和目标,因此,制订工作历要求具体、详细,并有成本

核算,包括每项技术措施的具体要求,用工、用料要订出数量,以便做好准备。

3.7.2 果园管理工作历的主要内容

3.7.2.1 土壤管理

土壤管理包括:

① 施肥,包括施基肥、追肥的时期,肥料种类,施肥量,施肥方法。

② 灌水排水时期、方法、要求。

③ 中耕除草时期、深度,使用除草剂的种类、时期和方法。

④ 深翻和改良土壤的时期和方法。

⑤ 修整渠道,包括修整主渠、支渠、毛渠的时期和要求。

⑥ 修树盘的时期和要求。

⑦ 种植绿肥种类、播种和翻耕的时期和方法要求。

3.7.2.2 树体管理

树体管理包括:

① 整形修剪,包括冬季修剪和夏季修剪的时期和重点要求,并附修剪方案。

② 人工授粉的时期和方法。

③ 疏花和疏果,包括人工疏花疏果的时期和要求,药剂疏花疏果的时期、种类、浓度、喷布要领。

④ 刮树皮和涂白的时期和要求。

⑤ 补树洞和伤口治疗的时期、方法和要求。

⑥ 葡萄出土上架的时期和要求。

⑦ 葡萄抹芽、疏枝、绑蔓的时期和要求。

⑧ 葡萄下架培土防寒的时期和要求。

⑨ 果树防寒的时期、方法和要求。

⑩ 防晚霜的时期和方法,预测预报和措施。

3.7.2.3 采收、分级包装和贮藏

① 采收,包括不同树种、品种采收的时期和要求,预计产量和对品质的要求。

② 分级,包括确定不同树种和品种的分级标准。

③ 包装,包括器材的准备、数量、包装方法和要求。

④ 贮藏,贮藏时期和要求。

3.7.2.4　病虫害防治

病虫害防治包括：
① 配制波尔多液或石硫合剂原液计划用量、配制方法和原液的要求浓度。
② 防治病虫害的对象、发生时期、防治方法,喷药种类和浓度。

3.7.2.5　其他管理工作

其他管理工作主要有:检修农具和机械的时期和数量;清洁果园的时期和要求;果园补栽,包括树种和品种数量、补栽方法和要求;防护林的管理,包括修剪、灌水、病虫害防治和补栽等。

3.7.3　果园管理工作历

果园管理工作历可按表 3.13 的形式制订。

表 3.13　果园管理工作历

树种 _____　　树龄 _____　　小区 _____

时间	工作项目	技术措施要求	用工	用料	备注
月旬					
月旬					
月旬					
月旬					

练习与思考

1. 通过对园地环境条件的调查,说明环境条件对园艺作物生长发育及产量和品质的影响。

2. 通过调查,结合所学的相关知识,说明园地病虫害防治的关键时期,制订园地病虫害防治年工作条例。

3. 通过对园地环境条件的分析,指出建地过程中在作物种类和品种配置上应注意的事项。

4. 简述土壤管理对植株生长发育及产量和品质的影响。

5. 绘制一份完整的园艺作物生产园田建设的规划设计图,同时写出园田规划设计说明书。

6. 园艺种植制度主要有哪些类型？

7. 连作种植制度的不利之处有哪些？怎样克服？

8. 轮作的主要依据和原则是什么？

9. 间作为什么能够使作物增产？

10. 间、混、套、复种应注意哪些事项？

11. 园艺植物轮作有什么作用？

12. 为什么实行合理轮作可以使土壤养分得到合理利用？

13. 生产计划的主要内容有哪些？

14. 生产技术档案包括哪些内容或分类？

15. 技术管理档案、植物生长发育和物候档案应怎样记载？

16. 生产档案有哪些用途？

17. 请制定一份葡萄园的管理工作历。

项目四　园艺植物的环境调控

学习目标：

　　本项目通过对温度、光照、水分、土壤等环境因子的分析，掌握环境调控技术，要求能根据园艺植物对环境条件的不同要求，为园艺植物创造最合适的环境条件，使植物的生长发育向着人们期待的方向发展。

　　园艺植物的生长发育，一方面取决于植物本身的遗传特性，另一方面取决于外界环境条件。因此，生产上通过育种技术获得具有新的遗传性状的新品种的同时，也要对环境因素进行控制和调节，为园艺植物的生长发育创造适宜的环境条件，从而达到优质高产的目标。

　　园艺植物的环境是指其生存地点周围空间的一切因素的总和。就单株园艺植物而言，它们相互之间也互为环境。在环境与园艺植物之间，环境起主导作用。在环境因子中对园艺植物起作用的称为生态因子，包括：

① 气候因子：温度、光照、水分、空气、雷电、风雨和霜雪等。

② 土壤因子：土壤质地、土壤的理化性质等。

③ 生物因子：动物、植物、微生物等。

④ 地形因子：地形类型、坡度、坡向和海拔等。

　　这些因子综合构成了园艺植物生长的生存环境。园艺植物和生态环境是一个相互紧密联系的辩证统一体，所有的生态因子综合在一起对园艺植物发生着影响作用。

任务一　园艺植物温度环境调控

4.1.1　园艺植物温度环境分析

　　温度是园艺植物最重要和最基本的环境因子。植物的各种生理代谢活动和生长发育都必须在一定的温度条件下才能进行。否则，其正常生长发育就受到抑制，甚至死亡。温度不仅影响生长，而且对果实质量也有重要影响。

4.1.1.1　园艺植物对温度的要求

各种园艺植物对温度都有一定的要求,即最低温度、最适温度及最高温度,称为三基点温度。最适温度下植物表现生长发育正常、速度最快、效率最高。最低温度和最高温度是生命活动与生长发育终止时的下限与上限温度。超出了最高或最低的范围,植物的生理活性停止,甚至全株死亡。了解每一种园艺植物对温度适应的范围及其生长发育的关系,是合理安排生产季节的基础。

根据园艺植物对温度的不同要求,一般可分为以下五类。

(1) 耐寒性多年生园艺植物

包括大多数木本园艺植物,部分宿根和球根植物等。此类园艺植物抗寒力强,如多数落叶果树冬季地上部枯黄脱落,进入休眠期,此时地下部可耐−20℃以下的低温。而大多数常绿果树、常绿观赏树木能忍耐−7℃～−5℃的低温。金针菜、芦笋、茭白、蜀葵、蕨葵、玉簪、金光菊及一枝黄花等宿根草本园艺植物,生长最适温度为12℃～24℃,地上部能够耐高温,冬季地上部枯死,以地下的宿根越冬,能耐−10℃～−15℃的低温。

(2) 耐寒性园艺植物

如金鱼草、蛇目菊、三色堇、倒挂金钟、新几内亚凤仙、醋栗、越橘、树莓、菠菜、大葱、大蒜等园艺植物,耐寒性很强,但不耐热,生长期能耐−2℃～−1℃的低温,短期内可以忍耐−10℃～−5℃的低温,在我国除高寒地区以外的地带可以露地越冬。

(3) 半耐寒性园艺植物

金盏花、紫罗兰、桂竹香、根菜类、白菜类、甘蓝类、芹菜、莴苣、豌豆、蚕豆、荸荠、莲藕等,生长最适温度为17℃～20℃,不能耐受长期−1℃～−2℃的低温,在长江以南均能露地越冬,在北方冬季需采用防寒保温措施才可安全越冬。

(4) 喜温性园艺植物

如热带睡莲、筒凤梨、变叶木、黄瓜、番茄、茄子、甜椒、菜豆、黄瓜等均属此类。该类植物生育最适温度为20℃～30℃,超过40℃,生长几乎停止;低于10℃,授粉不良,易发生落花,不耐0℃以下低温,因此在长江以南可以春播或秋播,使结果时期安排在不热或不冷的季节里。其中茄子、辣椒比番茄较耐热。

(5) 耐热性园艺植物

如冬瓜、西瓜、甜瓜、丝瓜、南瓜、豇豆、苋菜、芋芳和部分水生蔬菜等,它们生长要求高温,并有较强的耐热力,生长最适温度为30℃左右,其中西瓜、甜瓜及豇豆等,在40℃的高温下仍能生长,可安排在当地温度最高的季节种植。

4.1.1.2 温度对园艺植物生长发育的影响

（1）温度对生长的影响

园艺植物生长的温度范围一般为4℃～36℃，但因植物种类不同对温度的要求差异很大。在一定范围内，温度愈高，呼吸及光合作用愈旺盛，营养生长愈快。在10℃～35℃之间，每增加10℃，生命活动的强度增加1～2倍。

（2）温度对花芽分化的影响

不同园艺植物花芽分化对温度的要求不同。许多植物如落叶果树的花芽分化是在开花前一年生长期中夏季温度较高时开始，因此，花芽分化与夏季的气温有直接关系。葡萄成花在花序原基形成阶段对高温有特殊要求，花芽数与诱导期的气温呈正相关，较高温度有利于未分化原基形成花序原基，较低温度有利于未分化原基形成卷须。对于有些植物来说，一定范围内的低温有促进花芽分化的作用。例如紫罗兰只有通过10℃以下的低温才能完成花芽分化。此外，郁金香花芽分化也要求低温。许多花卉在高温下进行花芽分化如杜鹃、山茶、梅、樱花和紫藤等。它们在6～8月气温高至25℃以上时进入花芽分化，入秋后，植物进入休眠，经过一定的低温后结束或打破休眠而开花。许多原产在温带中北部及各地的高山花卉，其花芽分化在20℃以下较凉爽的条件下进行，如八仙花在13℃左右和短日照下促进花芽分化。

（3）温度对开花结实的影响

气温的高低对开花期的早晚有很大影响。在温带和亚热带地区，果树春季萌芽和开花期的早晚，主要与早春气温高低有关。落叶果树通过自然休眠后，遇到适宜的温度就能萌芽开花。温度愈高，萌芽开花期愈早。但开花期早时则易导致花的性器官发育不完全。设施栽培诱导园艺植物比自然条件下提前开花，花器官发育过快而不充实，无效花增多。

开花期间的温度与授粉受精和坐果情况有密切关系。花期较高的气温有利于花粉萌发和花粉管的生长。花粉需要在一个较适宜的温度范围内，才能及早发芽。如果花期温度较低，使花粉管在有效授粉期之后才达到胚珠，则不可能正常受精，从而导致落花落果，坐果率降低。另外，蜜蜂等传粉昆虫的活动受气温的影响十分显著。

（4）温度对果实生长和品质的影响

温度对果实生长和品质有多方面的影响。每种果实的生长都有其最适的温度。玫瑰露葡萄的果粒生长与6月上旬至7月上旬的夜温关系密切，果粒重量以22℃处理的最高，其次是27℃和15℃，以35℃处理的果粒最小。着色期的气温影响果实着色，如巨峰葡萄的着色期气温为20℃～25℃时是其花青甙形成的最适宜温度，气温达30℃或以上时，着色不良。温度对果实的成分与风味有明显影响。

如锦橙果实的总含糖量、糖酸比、固酸比与成熟时的气温呈极显著的正相关,随着气温升高,果实的风味与品质变佳。

4.1.1.3 节律性变温与园艺植物的生长发育

（1）节律性季节变温

温度在一年中随季节变化,而呈现周期的节律性变化。园艺植物在生长发育过程中,长期适应这种节律性变温的结果,要求一年中不同季节具有不同的温度条件,这种现象称为年周期现象。如落叶果树开花期要实现开花,首先需要达到一定的积温量,夏秋季高温对花芽分化、产量形成和品质好坏等都有很大影响;冬季则需要一定的低温才能打破休眠等。

（2）节律性昼夜变温

植物昼夜生长要求不同温度条件的现象,称为日温周期。在生命活动适宜的温度范围内,昼夜温差大使白天光合作用增强,夜间呼吸消耗降低,有利于营养物质的积累。昼夜温差是影响果实品质的一个重要因素。较大的昼夜温差可促进果实色泽的发育和糖分的积累。如西北黄土高原由于昼夜温差较大,果品和瓜类含糖量高,品质优良,是我国著名的瓜果生产基地。

4.1.1.4 春化作用

春化作用指低温促进植物发育的现象。感受低温影响的部位是茎顶端的生长点。春化过程是一种诱导现象,本身并不直接引起开花,在春化过程完成以后,植株处于较高温度下才分化花原基。如果人工施加低温处理,代替自然界的低温而促进植物通过春化,这种处理称为春化处理。

按春化作用进行的时期和部位不同,春化作用类型可分为两大类。一是种子春化类型:如白菜、萝卜、菠菜、莴苣等种子处在萌动状态（1/3～1/2种子露胚根）时,放入一定的低温下处理10～30d就能感受低温的诱导而通过春化阶段。如白菜在0℃～8℃就有春化效果,萝卜在5℃左右效果最好,处理时间为10～30d,菜薹春化5d就有效果。种子春化型的植物在幼苗时往往对低温非常敏感。二是绿体春化类型,如甘蓝、洋葱、大蒜、大葱、芹菜等,要求植株长到一定大小时,才能感受低温的诱导,通过春化阶段。植株大小可以用日历年龄或生理年龄表示。甘蓝必须达到一定生理年龄,即茎粗0.6cm,叶宽5cm以上,才能通过春化。而芹菜则与甘蓝不同,其日历年龄比低温处理时植株的大小,对花芽分化与成花的影响更大。即如果植株日历年龄相同,而植株大小不同,对花芽分化及成花的影响没有影响。

生产上根据不同的植物,同一种类不同品种完成春化所要求的温度、时间长短和植株大小不同,有效调整花芽分化和成花进程,可实现高产优质的生产目的。如甘蓝属绿体春化植物,当达到一定大小,遇到 0℃～15℃ 的低温,经过 50～90d,就能通过春化阶段发生"先期抽薹"现象,造成减产,降低商品率。特别是在 0℃～4℃ 的低温条件下,更容易通过春化而"先期抽薹"。其与早春气候条件、品种、播种期、苗床管理、幼苗大小、定植时期及栽培管理等有密切关系。生产上应选用冬性较强的优良品种,适时播种,控制苗床最高气温不超过 15℃,防止幼苗徒长,注意前期适度蹲苗,包心时加强肥水供应,可有效防止春甘蓝的"先期抽薹"现象,从而达到早熟丰产的目的。

一些球根(茎)植物和多年生花卉,可利用低温处理促进花芽分化,然后在低温下保存,达到控制花期的目的,如牡丹、八仙花等。

4.1.1.5　地温

地温即土壤温度,也对园艺植物的生长发育有重大影响,因为地温的高低,直接影响园艺植物根系吸收矿质营养和水分。地温还影响土壤微生物的活动,土壤微生物活跃与否影响有机肥的分解及肥料的转化,间接影响园艺植物的生长。地温过低时,如蔬菜根系的根毛不能发生,而这是根系吸收水分、养分最活跃的部分。春季大棚早熟栽培定植过早时,即使气温达到要求,地温不够也影响缓苗;一般最低地温要求 10℃～12℃ 以上,才能保证喜温园艺植物根系正常生长。

4.1.1.6　高温和低温障碍

(1) 高温与热害

当园艺植物所处的环境温度超过各器官正常生长发育所需温度的上限时,会引起光合作用下降而呼吸作用增强,同化物积累减少,蒸腾作用加强,引起水分平衡失调,植物发生萎蔫。持续高温会造成园艺植物的永久性萎蔫。气温过高导致果实着色不良,果肉松绵,成熟提前,贮藏性能降低。高温和强光同时出现时会导致一些果实和瓜类发生"日灼"现象,有时会引起果实表面产生裂纹、锈斑等,影响果实外观。花期高温还会影响花粉的发芽与花粉管的伸长,导致落花落果。土壤高温造成根系木栓化速度加快,根系有效吸收面积大幅度降低,正常代谢活动减缓甚至停止,进而影响整株的正常生长发育。

(2) 低温伤害

低温伤害是在秋、冬和春季,或遇非节律性变温所引起的危害。常见的低温伤害主要有:

① 冻害:是指冰点以下的低温引起的冰冻伤害。植物在越冬休眠和生长期都可能发生冻害。不同植物器官在不同时期抗寒力不同,休眠期植物可以忍受较低的气温,如落叶果树地上部一般可耐 −30℃～−25℃ 的低温,地下部一般只

耐−12℃～−10℃的低温。受冻程度与极端最低气温和低温持续时间密切相关，并受低温出现时期、降温强度、光、水、风等气候因子、植株生育时期以及立地条件和栽培条件等综合作用的影响。

② 霜害：是指一年中日平均温度为正值的时候，地面或近地面空气层温度短时间降到 0℃ 以下对植物造成的伤害。主要有秋季的早霜和春季的晚霜。园艺植物主要受春季晚霜的危害，特别是开花期早的植物的花期霜冻对生产的危害最大。

③ 冷害：是指 0℃ 以上的低温对喜温园艺植物所造成的伤害。如热带和亚热带果树、黄瓜、番茄、甜椒等喜温蔬菜及筒凤梨、变叶木等喜温观赏植物在 10℃ 以下时，就会受到冷害。近几年，我国北方日光温室在冬春遭遇连续阴雨天气时，夜间最低温常降至 6℃～8℃ 以下，导致黄瓜、番茄等喜温园艺植物大幅度减产甚至绝收，成为设施栽培中的一个突出问题。

④ 抽条：早春气温升高后植物地上部开始活动，但由于土壤温度上升晚，根系不能吸收水分，如果幼树越冬准备不充分，则枝条会失水，引发的一种生理干旱现象，称为"抽条"。苹果、核桃等果树和一些木本观赏植物幼树的越冬抽条，是生长方面的重要问题。"抽条"与低温有关，但并非冻害。

4.1.2 温度的调控技术

温度对植物的生长发育、产量及品质影响极大，尤其设施栽培是在露地不适宜栽培植物期间，在设施内以保温、加温或冷却等人工方法，创造植物适宜的温度环境中进行生产，故设施内温度调节控制是很重要的一环。温度管理的目的是维持植物生长发育过程的动态适温，以及温度的空间分布均匀与时间变化平缓。

4.1.2.1 保温

（1）保温原理

不加温的设施夜间热量来源是土壤蓄热，热量失散是贯流放热（指透过覆盖材料或围护结构的热量）和换气放热。夜间设施内土壤蓄热的大小取决于白天射入设施内的太阳辐射能、土壤吸热量和土壤面积，土壤对太阳辐射能吸收率和射入温室的太阳辐射能有关。

设施园艺内热量的散失有三种途径，即透过覆盖材料的透射传热、通过缝隙的换气传热与土壤热交换的地中传热，其中透射传热量占总散射量的 70%～80%，换气传热量占 10%～20%，地中传热占 10% 以下，主要热损失是通过设施的结构和覆盖物散失到外界去。

设施内贯流放热和换气放热，主要取决于热贯流率和通风换气量。

由上述可知,保温的途径有三方面:减少贯流放热和通风换气量;增大保温比;增大地表热流量。

(2)保温措施

① 减少贯流放热和通风换气量。设施园艺作为一个整体,各种传热方式往往是同时发生的,即使气密性很高的设施,其夜间气温最多也只比外界气温高2℃～3℃。在有风的暗夜,有时还会出现室内气温低于外界气温的逆温现象。在设计施工中除了要尽可能使门窗闭缝,防止设施内热量流失之外,最重要的措施是采用覆盖减少贯流放热。多层覆盖能有效地抑制各种散热,如不加温的大棚,当外界气温为－3℃时,加盖草帘比单层薄膜提高5℃～7℃,双层薄膜比单层提高3℃～5℃,三层的提高5℃～6℃。各种散热作用的结果,使单层不加温温室和塑料大棚的保温能力比较差。

② 增大保温比。由于设施园艺主要的热量损失是通过设施的结构与覆盖物的失热,所以适当减低园艺设施的高度,缩小夜间保护设施的散热面积,增大保温比,有利于提高设施内昼夜的气温和地温。

③ 增大设施内土壤蓄热量。首先要设计合理的设施方位和屋面坡度,尽量减少建材的阴影,使用透光率高的覆盖材料,增大保护设施的透光率,提高土壤蓄热量。其次是减少土壤蒸发和植物蒸腾量以降低潜热损失,提高设施内白天土壤蓄热量,设置防寒沟,防止地里热量横向流出。

4.1.2.2 加温

根据地区、纬度的不同,温室加温分为完全加温和临时加温。完全加温用于周年生产的大棚;临时加温则根据具体条件采取临时增温。大棚的加温方法有酿热、火热、电热、水暖、汽暖、暖风加温等,应根据植物的种类、大棚利用时期,以及大棚规模类型选用。选用标准有三条:燃料易得、便宜,不污染塑料薄膜和棚栽植物,不产生有毒气体;设备价格低廉,安装简单,没有危险;节省劳动力。

4.1.2.3 降温

设施内降温最简单的途径是通风,但在温度过高、依靠自然通风不能满足园艺植物生育要求时,必须进行人工降温。根据设施的热收支,降温措施可从三方面考虑:减少进入设施中的太阳辐射能;增大设施的潜热消耗;增大设施的通风换气量。

(1)遮光降温法

遮光20％～30％时,室温相应可降低4℃～6℃。在与温室大棚屋顶部相距40cm左右处张挂遮光幕,对温室降温很有效。遮光幕的质地以温度辐射率越小越好。考虑塑料制品的耐候性,一般塑料遮阳网都做成黑色或墨绿色,也有的做成银灰色。室内用的白色无纺布保温幕透光率 70％左右,也可兼做遮光幕,可降低棚温 2℃～3℃。另外,也可在屋顶表面及立面玻璃上喷涂白色遮光物,但遮光、降温效果略差。在室内挂遮光幕,降温效果比挂在室外差。

（2）屋面流水降温法

流水层可吸收投射到屋面的太阳辐射 8％左右,并能用水吸热冷却屋面,室温可降低 3℃～4℃。采用此方法时需考虑安装费和清除玻璃表面的水垢污染问题。水质硬的地区需对水质作软化处理再用。

（3）蒸发冷却法

使空气先经过水的蒸发冷却降温后再送入室内,达到降温目的。

① 湿帘—风机降温。湿帘—风机降温系统由湿帘、循环水、轴流风机等部分组成,安装在温室的侧墙,其降温效果取决于湿帘性能。湿帘必须保证有圈套的湿表面与流动的空气接触,要有吸附水的能力、通气性、多孔性、抗腐烂性。目前使用的材料有杨木刨花、聚氯乙烯、甘蔗渣等,这些材料压制成约 10cm 厚的蜂窝状的结构。

② 微雾降温法。在室内高处喷以直径小于 0.05 mm 的浮游性细雾,用强制通风气流使细雾蒸发达到全室降温的目的,喷雾适当时室内可均匀降温。

③ 屋顶喷雾法。在整个屋顶外面不断喷雾湿润,使屋面下冷却了的空气向下对流。降温效果不如上述通风换气与蒸发冷却相配合的好。

④ 强制通风。强制通风的设施是由电机带动的排风扇,安装在温室的侧窗。强制通风是利用风机将电能或机械能转化为风能,强迫空气流动进行通风以降低室内温度,一般能达到室内外温差 5℃的效果。

4.1.2.4　变温管理

（1）变温管理的依据

随着昼夜光照时间的变化,植物的生理活动中心将不断地转移。依据植物生理活动中心将 1 天分成若干时段,并设计出各时段适宜的管理温度,以促进同化产物的制造、运转和合理分配,同时降低呼吸消耗,这样的温度管理方法叫变温管理。变温管理符合植物本身的生理节奏,可保证植物的各种生理活动在适温下进行,因而比恒温管理增产、节能。把 1 天分成几个时段进行变温管理,就叫做几段变温管理,例如 3 段变温管理、4 段变温管理、5 段变温管理等,其中以 4 段变温管理居多。

（2）变温管理的方法设计

变温管理的目标温度,一般以白天适温上限作为上午和中午增进光合作用时间带的适宜温度,下限作为下午的目标气温,傍晚 4、5 点比夜间适温上限提高 1℃～2℃以促进转运,之后以下限温度作为通常的夜温,尚能正常生育的最低界限

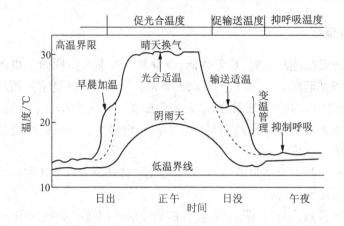

图 4.1 黄瓜变温管理模式

温度作为后半夜抑制呼吸消耗时间带的目标温度。适温的具体指标应根据植物种类、品种、发育阶段和白天光照强弱等情况确定。由于目前的温室大棚多数缺乏按照植物需要适时、适度地进行温度调节的能力，所以应当尽可能地使温度接近各时段所要求的适温而不超越最高或界限温度。其次，应当注意地温和气温的配合，在严寒季节进行生产或育苗地温不足时，应适当提高最低空气温度的界限。

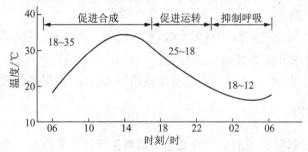

图 4.2 温室西瓜结果期 3 段变温示意图

任务二 园艺植物光环境调控

4.2.1 园艺植物光照环境分析

光照是园艺植物生长发育的重要环境条件。通过光强、日照时间长短和光质，影响光合作用及光合产物，从而制约着植物的生长发育、产量和品质。

4.2.1.1 光照强度

光照强度常依地理位置、地势高低、云量及雨量等的不同而呈规律性的变化，即随纬度的增加而减弱，随海拔的升高而增强。1 年之中以夏季光照最强，冬季光照最弱；1 天之中以中午光照最强，早晚光照最弱。我国长江中下游及东南沿海一带冬季和夏季的光照强度比西北及华北弱。栽植密度、行向、植株调整和间、套作等也会影响光照强度。

不同园艺植物对光照强度反应不一，据此可将其分为以下几类：

（1）阳生植物

该类植物喜强光，不耐阴，具有较高的光补偿点，在较强的光照下生长良好，这包括绝大多数落叶果树，多数露地一二年生花卉及宿根花卉、仙人掌科、景天科等多浆植物以及瓜类、茄果类和某些耐热的薯芋类蔬菜。

（2）中生植物

此类植物对光照要求中等光照，通常喜欢日光充足，但在微阴下也能正常生长，包括部分常绿果树，白菜类、根菜类和葱蒜类蔬菜，杜鹃、山茶、白兰花、倒挂金钟等观赏植物。

（3）阴生植物

此类植物不能忍受强烈的直射光线，要求较弱光照，须在适度荫蔽下才能生长良好，主要包括绿叶菜类和蕨类植物、兰科、凤梨科、姜科、天南星科等观赏植物。生产上栽培此类植物，常常采用合理密植或适当间套作，以提高产量，改善品质。

4.2.1.2 光周期

光周期是指日照长短的周期性变化对植物生长发育的影响。光周期对园艺植物生长发育的影响主要集中在两个方面：一是影响植物花芽分化和生殖生长；二是影响园艺植物产品器官的形成。马铃薯、芋、菊芋及许多水生蔬菜，都要求在较短的日照下形成贮藏器官，而洋葱、大蒜等鳞茎类蔬菜则要求较长的日照时数和一定的温度条件形成鳞茎。不同品种对光周期的反应差异很大。一般早熟品种对日照时数要求不严，南方品种要求较短日照，而北方品种则要求较长日照。

按对日照长短反应的不同，可将园艺植物分为三类：

（1）长光性植物（长日照植物）

在较长的光照条件（一般为 12～14h 以上）下，才能开花；而在较短的日照下，不开花或延迟开花，包括白菜类、甘蓝类、芥菜类、萝卜、胡萝卜、芹菜、菠菜、莴苣、蚕豆、豌豆、大葱、大蒜及唐菖蒲等，都在春季长日照下抽薹开花。

（2）短光性植物（短日照植物）

在较短的光照条件下（一般为 12~14h 以下），才能开花结实；而在较长的日照下，不开花或延迟开花。如秋豇豆、扁豆、茼蒿、苋菜、蕹菜、草莓、菊花、一品红等，它们大多在秋季短日照下开花结实。

（3）中光性植物

开花结果对日照长短的选择不严，在长短不同的日照环境中均能正常孕蕾开花。如番茄、甜椒、黄瓜、菜豆、月季、扶桑、天竺葵及美人蕉等只要温度适宜，一年四季均可开花结实。

4.2.1.3　光质

光质即光的组成，是指具有不同波长的太阳光谱成分，其中波长为 380~760nm 之间的光（即红、橙、黄、绿、蓝、紫）是太阳辐射光谱中具有生理活性的波段，称为光合有效辐射。而在此范围内的光对植物生长发育的作用也不尽相同。植物吸收最多的是红光，其次为黄光，蓝紫光的同化效率仅为红光的 14%。红光不仅有利于植物碳水化合物的合成，还能促进长日照植物的发育；相反蓝紫光则有利于短日植物发育，并促进蛋白质和有机酸的合成。

660nm（红光 R）和 730nm（远红外 FR）为中心的两个波带光通量比值大时，茎、叶有缩小和矮化的倾向；比值小时，有伸长的倾向。除了白炽灯，所有照明光源的 R/FR 都比自然光的大，若作为补充光源，易引起植株矮化；而白炽灯的 R/FR 比自然光的小，作为补充光源，易引起茎的伸长。我国已制造出类似于自然光、适合设施栽培的 4 波长荧光灯。紫外光和红光组合有利于茄子、草莓等蔬菜的花色素形成；紫外光有利于维生素 C 的形成；红光（600~700nm）促进生菜种子发芽，远红外（700~800nm）则抑制发芽。

4.2.2　光环境的调控技术

光照调节包括光照强度和光照时间的调节。设施内光环境的调节措施主要包括三个方面：一是增加设施内的自然光照；二是在光照强的夏季或进行软化等特殊栽培时实施遮光；三是在冬季弱光期或光照时数少的季节和地区进行人工补光。

4.2.2.1　改进园艺设施结构提高透光率

（1）选择适宜的建筑场地及合理的建筑方位

确定的原则是根据设施生产的季节、当地的自然环境，如地理纬度、海拔高度、主要风向、周边环境（有否建筑物、有否水面、地面平整与否等）。

（2）设计合理的屋面坡度

单屋面温室主要设计好后屋面仰角、前屋面与地面交角、后坡长度，既保证透光率高也兼顾保温好。连接屋面温室屋面角要保证尽量多进光，还要防风、防雨（雪），使排雨（雪）水顺畅。

（3）合理的透明屋面形状

从生产实践证明，拱圆形屋面采光效果好。

（4）骨架材料

在保证温室结构强度的前提下尽量用细材，以减少骨架遮荫，梁柱等材料也应尽可能少用。如果是钢材骨架，可取消立柱，对改善光环境很有利。

（5）选用透光率高且透光保持率高的透明覆盖材料

我国以塑料薄膜为主，应选用防雾滴且持效期长、耐候性强、耐老化性强等优质多功能薄膜，漫反射节能膜、防尘膜、光转换膜。大型连栋温室，有条件的可选用PC板材。

4.2.2.2　改进管理措施

（1）保持透明屋面干洁

使塑料薄膜屋面的外表面少染尘，经常清扫以增加透光；内表面应通过放风等措施减少结露（水珠凝结），防止光的折射，提高透光率。

（2）在保温前提下，尽可能早揭晚盖外保温和内保温覆盖物，增加光照时间

在阴天或雪天，同样也要在防寒保温的前提下，揭开不透明的覆盖物，时间越长越好，以增加散射光的透光率。双层膜温室，可将内层改为白天能拉开的活动膜，以利光照。

（3）合理密植

合理安排种植行向的目的是为减少植物间的遮荫，但密度不可过大，否则植物在设施内会因高温、弱光发生徒长。植物行向以南北行向较好，没有死阴影。若是东西行向，则行距要加大。单屋面温室的栽培床高度要南低北高、防止前后遮荫。

（4）加强植株管理

黄瓜、番茄等高秧植物及时整枝打杈，及时吊蔓或插架。进入盛产期时还应及时将植物下部老化的或过多的叶片摘除，以防止上下叶片互相遮荫。

（5）选用耐弱光品种

（6）地膜覆盖

有利地面反光以增加植株下层光照。

（7）利用反光

在单屋面温室北墙张挂反光幕（板），可使反光幕前光照增加40%～44%，有

效范围达 3 m。

（8）采用有色薄膜

目的在于人为地创造某种光质，以满足某种植物或某个发育时期对该光质的需要，达到高产、优质的目的。但有色覆盖材料透光率偏低，只有在光照充足的前提下改变光质才能收到较好的效果。

4.2.2.3　遮光

遮光主要有两个目的：一是缩短光照时间和减弱设施内的光照强度；二是降低设施园艺内的温度。

设施园艺内遮光 20%～40%能使室内温度下降 2℃～4℃。初夏中午前后，光照过强，温度过高，超过植物光饱和点，对植物生长发育有影响时应进行遮光；在育苗过程中移栽后为了促进缓苗，通常也需要进行遮光。遮光材料要求有一定的透光率、较高的反射率和较低的吸收率。遮光方法有以下几种：

① 采取在设施外部覆盖黑色塑料薄膜或外黑里红布帐的方法缩短光照时间。根据植物对光照时间的要求，在下午日落前几个小时，放下黑色薄膜或布帐，使温室内保持预定时间的日照环境，以满足某些短日照植物对光照时间的生理要求。

② 减弱光照强度，一般采用设施外覆盖各种遮荫物如遮阳网、无纺布、竹帘等，屋面外部喷水或者玻璃面涂白，以及室内用塑料窗纱、无纺布等遮光，一般可遮光 50%～55%，降低室温 3.5～5.0℃；玻璃流水可遮光 25%，降低室温 4.0℃。遮光对夏季炎热地区的蔬菜、花卉栽培尤为重要。

4.2.2.4　人工补光

采用人工补光主要是为了满足某些植物对光质、光照强度及光周期的生物学要求，其作用有两方面：一是人工补充光照，用以满足植物光周期的需要。当黑夜过长而影响植物生育时，应进行补充光照。另外，为了抑制或促进花芽分化，调节开花期，也需要补充光照。这种补充光照要求的光照强度较低，一般为 20～50lx，称为低强度补光。另一目的是作为光合作用的能源，补充自然光的不足。据研究，当温室内床面上光照日总量小于 $100W/m^2$ 时，或光照时数不足 4.5h/d 时，就应进行人工补光。因此，在北方冬季很需要这种补光，但这种补光要求光照强度大，为 10～30klx，所以成本较高，国内生产上很少采用，主要用于育种、引种、育苗。

人工补光的光源是电光源。对电光源有三点要求：要求有一定的强度（使床面上光强在光补偿点以上和饱和点以下）；要求光照强度具有一定的可调性；要求具备植物所需要的光谱成分，也可采用类似植物生理辐射的光谱。

植物的光合作用主要吸收 640～660nm 的红光区和 430～450nm 的蓝紫光区，

因此光源的光谱不一定非要与太阳光谱接近,而要求光源光谱中有丰富的红光和蓝紫光。此外,在紫外线透过量严重不足的温室,还要求光源光谱中包含一定量的紫外线,紫外线的光谱区段应在 300~400nm,尽可能不包含小于 300nm 的灭生性辐射。目前作为人工补光光源有白炽灯、卤钨灯、高压水银灯、高压钠灯、氙灯及金属卤化物灯等。

由于植物的形态不同,光源的配置也不同。例如,丛叶型植物的叶子是排列在同一平面上(如甘蓝、萝卜),故只要光源配置在植物之上的一定高度,植物就可以受到均匀的光照。但具有多层枝叶的植物(如番茄、黄瓜),光源最好配置在植物的行间呈垂直面。

任务三　园艺植物湿度环境调控

4.3.1　园艺植物湿度环境分析

园艺植物湿度环境,包含空气湿度和土壤湿度两个方面。水是园艺植物进行光合作用的原料,也是养分进入植物的外部介质或载体,同时也是维持植株体内物质分配、代谢和运输的重要因素。其中,园艺植物吸收的大部分水分用于蒸腾,通过蒸腾引力促使根系吸收水分和养分,并有效调节体温,排出有害物质。

4.3.1.1　园艺植物的需水特性

不同种类园艺植物对水分的亏缺反应不同,即对干旱的忍耐能力或适应性有差异。这一方面取决于根系的强弱和吸水能力的大小;另一方面取决于植物叶片的组织和结构,后者直接关系到植物的蒸腾效率。蒸腾系数越大,所需水分越多。

(1) 根据园艺植物对土壤湿度的要求分类

① 要求土壤湿度高,消耗水分多。这类植物大多起源于多雨而空气湿润的地区,如甘蓝、莴苣、黄瓜等蔬菜,龟背竹、马蹄莲、海芋、竹节万年青等花卉。它们的根群小而密集于浅土层,叶的蒸腾面积大。这些植物在干旱时生长停滞,产量低而品质劣。参见图 4.3。因此,在栽培上应经常灌水,并且灌水量大。

② 要求土壤湿度较高,但消耗水分很少,并能忍耐较低的空气湿度。这类植物多起源于中亚高山地区如葱蒜类蔬菜。它们根群弱小、吸水力弱,管状叶的表面覆有蜡质,蒸腾量不大,在栽培上要求经常保持土壤湿润,但灌水量不宜过大,参见图 4.4。

③ 要求土壤湿润,但消耗水分较多。如南瓜、菜豆、番茄、辣椒等,它们的特点是根群强大而叶面积也大,消耗水分虽多,但根系吸水能力强。绝大部分花卉属于

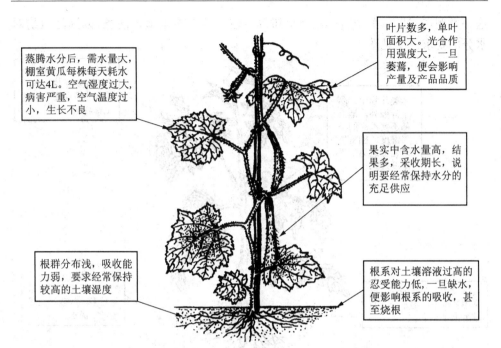

蒸腾水分后，需水量大，棚室黄瓜每株每天耗水可达4L。空气湿度过大，病害严重，空气温度过小，生长不良

叶片数多，单叶面积大。光合作用强度大，一旦萎蔫，便会影响产量及产品品质

果实中含水量高，结果多，采收期长，说明要经常保持水分的充足供应

根群分布浅，吸收能力弱，要求经常保持较高的土壤湿度

根系对土壤溶液过高的忍受能力低，一旦缺水，便影响根系的吸收，甚至烧根

图 4.3 要求较高土壤水分的蔬菜——黄瓜的需水特点

叶片多为管状或披针状，叶面的有蜡粉，蒸腾水分少，要求较低的空气湿度

根群不发达，为弦状根，根的分枝少，根毛少，分布浅，吸收能力差，要求较高的土壤水分含量

栽培期间应通过增加灌水次数保持土壤经常湿润，但每次灌水量不应过大

图 4.4 葱蒜类蔬菜的需水特点

这一类型,如月季、菊花、扶桑、橡皮树等。在栽培上要求适当灌溉,以满足植物对水分的要求。参见图4.5。

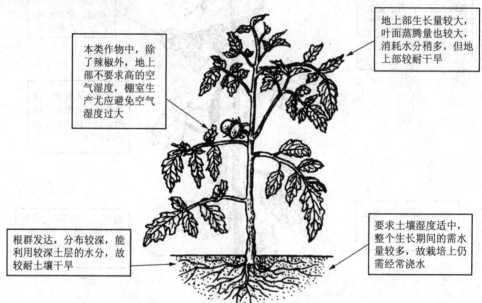

本类作物中,除了辣椒外,地上部不要求高的空气湿度,棚室生产尤应避免空气湿度过大

地上部生长量较大,叶面蒸腾量也较大,消耗水分稍多,但地上部较耐干旱

根群发达,分布较深,能利用较深土层的水分,故较耐土壤干旱

要求土壤湿度适中,整个生长期间的需水量较多,故栽培上仍需经常浇水

图4.5 要求土壤水分中等的蔬菜的需水特点

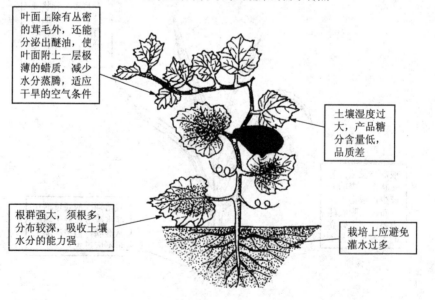

叶面上除有丛密的茸毛外,还能分泌出醚油,使叶面附上一层极薄的蜡质,减少水分蒸腾,适应干旱的空气条件

土壤湿度过大,产品糖分含量低,品质差

根群强大,须根多,分布较深,吸收土壤水分的能力强

栽培上应避免灌水过多

图4.6 要求较低土壤水分的蔬菜的需水特点

④ 适应于较低的土壤湿度,而且水分消耗也少。它们多起源于热带或亚热带干旱地区,如西瓜、甜瓜等。由于具有强大的根群和碎裂的叶片,因而吸水能力强而耗水少。如山茶、苏铁、广玉兰、杜鹃等花卉,叶片多呈革质并覆被较厚的蜡质层或长满茸毛,可抵抗 2～3d 干旱而不凋萎。参见图 4.6。

⑤ 生长在水中,消耗水分极多。主要是起源于沼泽中的蔬菜、花卉,如荷花、荸荠、茭白等。它们大多根群很不发达,叶蒸腾面积大,必须在池沼或水田中栽培,并适宜多雨而湿润的气候。

(2) 根据园艺植物对空气湿度的要求分类

① 适于 85%～95%空气相对湿度的蔬菜有黄瓜、水生蔬菜、食用菌及大部分绿叶蔬菜;花卉有兰科、天南星科、蕨类等。

② 适于 75%～85%空气相对湿度的蔬菜有白菜类、甘蓝类、芥菜类、根菜类(胡萝卜除外)、马铃薯、豌豆、蚕豆等,花卉中有扶桑、橡皮树、君子兰、鹤望兰等。

③ 适于 55%～75%空气相对湿度的蔬菜有茄果类、豆类(除豌豆、蚕豆)等。

④ 适于 45%～55%空气相对湿度的蔬菜有西瓜、甜瓜、南瓜等,花卉中有仙人掌科、大戟科、景天科、龙舌兰科等。

4.3.1.2　园艺植物不同生育期对水分要求的变化

同种园艺植物不同生育期对水分需要量也不同。种子萌发时,需要充足的水分,以利胚根伸出;幼苗期因根系弱小,在土壤中分布较浅,抗旱力较弱,必须经常保持土壤湿润。但水分过多,幼苗长势过旺,易形成徒长苗。生产上园艺植物育苗常适当蹲苗,以控制土壤水分,促进根系下扎,增强幼苗抗逆能力。但若蹲苗过度,控水过严,易形成“小老苗”,即使定植后其他条件正常,也很难恢复正常生长。大多数园艺植物旺盛生长期均需要充足的水分。此时,若水分不足,叶片及叶柄皱缩下垂,植株呈萎蔫现象。暂时萎蔫可通过栽培措施补救。相反,水分过多,由于根系生理代谢活动受阻,吸水能力降低,导致叶片发黄、植株徒长等类似的干旱症状。通常开花结果期,要求较低的空气湿度和较高的土壤含水量,一方面满足开花与传粉所需空气湿度;另一方面充足的水分又有利于果实发育。各种园艺植物在生育期中对水分的需要分别有关键时期和非关键时期,非关键时期是节水栽培或旱作的适宜时期。

4.3.2　园艺植物湿度调控技术

4.3.2.1　空气湿度的调节与控制

空气湿度的调控,主要是防止植物沾湿和降低空气湿度两个直接目的。防止植物沾湿是为了抑制病害。实际上植物沾湿如能减少 2～3h 以上,即可抑制大部分病害。

(1) 除湿方法

应根据天气情况和植物的需要进行除湿。

① 通风换气:设施内造成高湿原因是密闭所致。为了防止室温过高或湿度过大,在不加温的设施里进行通风,降湿效果显著。一般采用自然通风,从调节风口大小、时间和位置,达到降低室内湿度的目的。但通风量不易掌握,而且室内降湿不均匀。在有条件时,可采用强制通风,由风机功率和通风时间计算出通风量,而且便于控制。

② 加温除湿:湿度的控制既要考虑植物的同化作用,又要注意病害的发生和消长。保持叶片表面不结露,就可有效控制病害的发生和发展。

③ 覆盖地膜:覆地膜前夜间空气湿度高达 95%～100%;而覆地膜后,则下降到 75%～80%。

④ 适当控制灌水量:采用滴灌或地中灌溉,节水增温减少蒸发、降低湿度。

⑤ 使用除湿机:利用氯化钾等吸湿材料,通过吸湿机来降低设施内的空气湿度。

⑥ 除湿型热交换通风装置:采用除湿型热交换器,能防止随通风而产生的室温下降。

⑦ 热泵除湿。

(2) 加湿

大型园艺设施在进行周年生产时,到了高温季节还会遇到高温、干燥、空气湿度不够的问题,尤其是大型玻璃温室栽培要求空气湿度高的植物,如黄瓜和某些花卉,还必须加湿以提高空气湿度。

① 喷雾加湿:喷雾器种类较多,如 103 型三相电动喷雾加湿器、空气洗涤器、离心式喷雾器、超声波喷雾等,可根据设施面积选择合适的喷雾器。此办法效果明显,常与降温(中午高温)结合使用。

② 湿帘加湿:主要是用来降温的,同时也可达到增加室内湿度的目的。

③ 温室内顶部安装喷雾系统,降温的同时可加湿。

4.3.2.2　土壤湿度的调节与控制

土壤湿度直接影响园艺植物根系的生长和肥料的吸收,间接影响地上部分的生长和发育。

土壤水分调节的主要依据是植物根系的吸水能力、植物对水分的需求量、土壤的结构及施肥的多少等。在黏重的土壤中,虽然能有较大的持水量,但灌水过多则易造成根际缺氧;相反沙土持水能力差,则需增加灌水量和灌水次数来满足植物对水分的需求。理想的土壤结构是既有一定的持水力,又有良好的通气性,合适的灌水量能满足植物对水分的需求,多余的水能迅速渗入土壤深层。

灌水的实质是满足植物对水、气、热条件的要求,调节三者的矛盾,促进植物生长。因为水的热容量比土壤大两倍,比空气大3 000倍左右,所以灌水不仅可以调节土壤湿度,也可以改变土壤的热容量和保热性能。灌水后土壤色泽变暗、温度降低,可增加净辐射收入;又因水蒸气潜热高,因而太阳辐射能用于乱流交换的能量就大大减少,致使白天灌水后地温、气温都会降低,晚上灌水后地温、气温偏高。

调节土壤湿度方法主要有灌水、滴灌、微喷灌和地中灌溉等。

(1) 灌水法

对地栽的园艺植物地面进行漫灌或开沟浇灌,对盆栽的花卉则用手提软管或喷壶浇水。

(2) 喷灌法

将喷灌管高架在园艺植物上方,从上面向植物全株进行喷灌,喷灌系统的主管道上一般还配有液肥混合装置,液肥或农药自动均匀地混合流往支管中,达到一举多得的效果。

(3) 滴管法

将供水细管一根根地连接在水管上,或将供水细管几根同时连接到配水器上,细管的另一端则插入植株的根际土壤中,将水一滴滴地灌入。

(4) 地中灌溉

地中灌溉又称"毛管灌溉"。它是用细管的陶瓷为原料做成水管,埋在土表下15cm左右,当水通过时依靠陶瓷的毛管作用,将水源源不断地输入到土壤中,供植物生长利用。或者是用硬质塑料管,打上直径 1.2~1.4mm 的小孔,孔距 20 cm,在管外面套上网状聚乙烯管套,埋入土中供水。

任务四　园艺植物土壤环境调控

4.4.1　园艺植物土壤环境的分析

土壤既是园艺植物生长发育的直接基础,又是园艺植物生长条件——水、热、气、肥的供给者。土壤是由岩石风化而来,其理化特性与植物的关系极为密切。良好的土壤结构能满足植物对水、肥、气、热的要求,是生产高产优质的园艺产品的物质基础。

多数园艺植物对土壤的要求是："厚",即熟土层深厚;"肥",即养分充足、完全;"松",即土壤松软通气;"温",即温度稳定,冬暖夏凉;"润",即保水性好,不旱不涝。要满足以上条件,必须在逐年深耕的基础上,结合施用大量有机肥,改善排灌条件。

园艺植物与其他植物一样,最重要的营养元素为氮、磷、钾,其次是钙、镁。微量元素虽需要量较小,但也为园艺植物所必需。园艺植物种类繁多,对营养元素的需求也存在一定的差异。而且即使同一种类、同一品种,也因生育期不同,对营养条件要求也不同。因此,了解各种园艺植物生理特性,采取相应的措施是栽培成功与否的关键。

4.4.1.1　土壤质地

土壤质地是指组成土壤的矿质颗粒各粒级所占的比例及其所表现的物理性质。根据各粒级土粒含量的不同,土壤分为砂土、壤土、黏土、砾土等。砂土的土质疏松,孔隙大且多,通气透水能力强,常作为扦插用土及西瓜、甜瓜、桃、枣、梨等实现早熟丰产优质的理想用土。壤土质地均匀,松黏适中,通透性好,保水保肥力强,几乎适用于所有园艺植物的商品生产。黏土致密黏重,孔隙细小,透气和透水性差,易积水,但有机质含量较高,在黏土上种植的植物的根系入土不深,易受环境胁迫的影响。砾土的特点与砂土类似,适当进行土壤改良后栽种较宜。

盆栽花卉由于根系的伸展受到花盆的限制,因此对土壤有特殊的要求,它的培养土通常是由园土、沙、腐叶土、松针土、泥炭土、煤烟灰等材料按一定的比例配置而成。培养土可分为三种:黏重培养土,园土∶腐叶土∶河沙＝3∶1∶1,适用于栽培多数木本花卉;中培养土,园土∶腐叶土∶河沙＝2∶2∶1,适用于多数一二年生草本花卉;轻松培养土,园土∶腐叶土∶河沙＝1∶3∶1,适用于栽培宿根或球根花卉。此外,还要根据不同植物种类在不同的生长发育阶段的要求,调整所用培养土的类型和配制比例。

4.4.1.2　土壤理化特性

（1）土壤温度

土壤温度直接影响根系的活动,影响无机盐类的溶解、植物吸收的速度、土壤微生物的活动、有机质的分解和养分的转化等。

土壤的温度主要来自太阳的辐射和有机物质的分解。

植物根系生长与土温有关。土温高时根系易受伤枯死;土温低也会影响根系的活动,减少根系的吸收,严重时还会造成根系的冻害。

土壤黏性越大,温差变化越小。沙性土壤温差大,土壤有机质含量高,土壤温差小。

（2）土壤水分

水分是提高土壤肥力的重要因素，营养物质只能在有水的情况下才被溶解和利用，所以肥水是不可分的。水分还能调节土壤温度。一般植物根系适宜在田间持水量的 60％～80％时活动。

当土壤含水量高于萎蔫系数的 2.2％时，根系停止吸收活动，光合作用开始受到抑制。通常落叶果树在土壤含水量为 5％～12％时叶片凋萎（葡萄为 5％，苹果、桃为 7％，梨、栗为 9％，柿为 12％）。土壤干旱时，土壤溶液浓度高，根系不能正常吸水，反而发生外渗现象，所以施肥后强调立即灌水以便根系吸收。土壤水分过多会使土壤空气减少，缺氧产生硫化氢等有毒物质，抑制根的呼吸，以至停止生长。

（3）土壤通气

植物的根系一般在土壤空气中氧含量不低于 15％时生长正常，不低于 12％时才发生新根。

土壤中氧含量少，影响根对营养元素的吸收，但不同植物表现不同。当氧不足时，对氮、镁来说，桃吸收的最多，柑橘、柿、葡萄较少；而对磷和钙的吸收，则葡萄最多，桃和柿则少一些；吸收钾，以柿最多，桃、柑橘和葡萄较少。

（4）土壤肥力

通常将土壤中有机质及矿质营养元素的高低作为表示土壤肥力的主要内容。土壤有机质含量高，氮、磷、钾、钙、铁、锰、硼、锌等矿质营养元素种类齐全、互相间平衡且有效性高，是植物正常生长发育、高产稳产、优质所应具备的营养条件。土壤有机质含量应在 2％以上才能满足园艺植物高产优质生产所需。化肥用量过多，土壤肥力下降，有机质含量多在 0.5％～1％之间。因此，大力推广有机生态农业，改善土壤条件，提高矿质营养元素的有效性及维持营养元素间的平衡，特别是尽力增加土壤中有机质的含量，是实现园艺产品高效、优质、丰产的重要措施。

（5）土壤酸碱度

植物生长要求不同的土壤酸碱度。土壤中有机质、矿质元素的分解和利用，以及微生物的活动都与土壤的酸碱度有关。

土壤酸碱度影响植物养分的有效性及植株生理代谢水平。不同园艺植物有其不同的土壤酸碱度适宜范围，见表 4.1。

表 4.1 主要园艺植物对土壤酸碱度的适应范围(pH)

植物	适宜范围	植物	适宜范围
甘蓝	6.0～6.5	黄瓜	6.5
大白菜	6.5～7.0	番茄	6.5～6.9

植物	适宜范围	植物	适宜范围
胡萝卜	5.0～8.0	菜豆	6.2～7.0
洋葱	6.0～8.0	南瓜	5.5～6.8
莴苣	5.5～7.0	马铃薯	5.5～6.0
苹果	5.5～7.0	枣	5.2～8.0
梨	5.6～7.2	柿	6.0～7.0
桃	5.2～6.5	杏	5.6～7.5
栗	5.5～6.5	葡萄	6.5～8.0
柑橘	6.0～6.5	山楂	6.5～7.0
紫罗兰	5.5～7.5	水仙	6.5～7.5
雏菊	5.5～7.0	郁金香	6.5～7.5
石竹	7.0～8.0	美人蕉	6.0～7.0
风信子	6.5～7.5	仙客来	5.5～6.5
百合	5.0～6.0	文竹	6.0～7.0

4.4.1.3　土壤状态

　　耕作层是指适宜根系生长的活跃土壤层次。耕作层的深浅决定植物根系的分布,耕作层及植物下层土壤的透气性直接影响植物根系的垂直分布深度。耕作层深厚且下层土壤透气性良好,根系分布深,吸收的养分和水分量多,植物健壮且抗逆性强;反之,则根系分布浅,地上部矮小,长势弱。不同的土壤类型也影响根系分布的深度。沙质土中生长的植物根系分布深,黏质土中生长的植物根系分布浅。

　　土壤中有害盐类的含量也是影响和限制植物生长的重要因素。盐碱土中主要盐类为碳酸钠、氯化钠和硫酸钠,其中以碳酸钠的危害最大。盐分过多对植物生长的影响是多方面的,主要危害有生理干旱、离子的毒害作用和破坏正常代谢三个方面。

　　土壤不同的物理、化学、生物特性之间相互作用,决定了土壤持续生产健康园艺产品的潜在能力。衡量土壤质量高低的指标主要包括土壤肥力特性和污染状况,前者包括物理特性(质地、孔隙度、容重、持水能力、渗透性、坚实度、可塑性等),后者则涉及土壤中的重金属、有机污染物、无机污染物和有害微生物状况。

4.4.2 土壤调控技术

我国提高园艺产品产量的基本途径是提高单位面积产量。提高单产除了采取各种有效农业措施外,培肥土壤、建设高产稳产园地(即果园、菜田和花圃)是基础。培肥土壤、建设高产稳产园地,首先应解决高产稳产园地的标准。

4.4.2.1 高产稳产园地的标准

(1)深厚的土层

即从地表至岩石层或砂层之间壤质或黏质土层的厚度。一般菜田大于50cm,果园大于100cm,方可满足养分、水分的要求。

(2)良好的质地层次

全土层为壤质土,最好表层为壤质偏砂,而心土层壤质偏黏,前者有利发苗扎根,后者有利于托水托肥,有后劲。

(3)有机质含量丰富

土壤养分含量、理化性状、土壤肥力、植物产量等都与土壤有机质含量呈正相关。高产果园的土壤有机质应在1.5%以上,而菜地和花圃应在3%以上。

(4)酸碱适中无毒害物质

土壤酸碱性应为微酸性—微碱性,即 pH 值在 6.0～7.8 之间,土壤中没有过量盐碱及一些还原性物质和污染物。

高产稳产园地除了上述土壤自身条件外,尚需有以下环境条件,才能发挥土壤自身因素的增产作用。这些环境条件是:地面平坦,能灌能排,保持水土,防止流失;地下水位不宜过高,应在 2m 以下,以利排灌;有适当的田间防护措施,如农田防护林、梯田等,以防风蚀和水蚀。

上述高产稳产指标中,土壤条件是高产条件,而环境条件则是稳产条件,因此必须两者兼备。

4.4.2.2 高产稳产园地的建设与培肥措施

培育高产的肥沃土壤,必须在园地基本建设创造高产土壤的环境条件的基础上,进一步运用有效的农业技术措施来培肥地力。培肥地力是一项综合性工作,它包括增施有机肥、扩种绿肥、深耕改土、熟化耕层、合理轮作、科学施肥和合理灌溉等。其中最根本的、起决定作用的还是增施有机肥料,不断补充土壤腐殖质。

(1)搞好农田基本建设

搞好农田基本建设能有效减少自然因素(如气候、地形、降水等)对土壤肥力因素的不利影响。平原地区要实行田园化种植,包括平整土地、健全排灌系统、推广各种灌溉技术;丘陵山区主要是水土保持、造林绿化、整修梯田、开发水源等,其中防止水土流失是丘陵山区的重要问题。

(2) 深耕改土

深耕是农业措施的基本环节。深耕可加厚活土层,改善土壤结构,协调土壤水、肥、气、热的关系,增加土壤蓄水保肥能力。为收到通过深耕达到改土培肥的良好效果,应同时配合施用有机肥料与合理灌溉。当然,具体的深耕技术要考虑深耕深度、深耕方法和深耕的时间。如砂质土不宜耕得过深;风沙土地区或水土流失严重地区,可采用少耕或免耕法。

(3) 合理轮作,用养结合

合理轮作和间作套种是培肥土壤、增加产量的有效措施,主要优点是:首先可以调节和增加土壤养分。如采用园艺植物(用地作物)与豆科绿肥作物(养地作物)合理轮作或间作套种,就可以避免用地作物对土壤地力的大量消耗,调节或增加土壤养分,使土壤愈种愈肥。其次轮作及间作套种可以改善土壤物理性质和水分热状况。此外,轮作及间作套种可以改变寄主及耕作方式和环境条件,有利于控制或减轻杂草和病虫对植物的危害,减轻土壤水分和养分的无益消耗,间接地起到培肥土壤的作用。"庄稼要好,三年一倒","茬口倒顺,强似上粪"充分说明了合理换茬的好处。

(4) 合理灌排、以水调肥

合理灌溉,不仅可适时适量地按需供水,灌水均匀,节约用水,而且可以避免或减少冲刷地面、破坏结构、淋失养分,保持土壤较好的水、肥、气、热状况。合理灌溉既要讲究灌溉方法,还应注意灌溉水的水质,以防止土壤污染。如果只灌无排,不仅不能抗御洪涝灾害,还会抬高地下水位,引起盐碱、涝渍灾害,尤其是在低洼、黏质土地区更要注意排水。

(5) 科学施肥

施肥的主要作用是补充土壤有机质与速效养分,以供应植物所需要的营养物质并培肥地力。科学施肥应该注意:增施有机肥,配合施用化肥;根据土壤特点及肥料性质选择施用肥料;根据植物营养特性考虑施肥方法和施肥数量。

(6) 营造田间防护林,改善小气候

营造田间防护林网,可改善地面小气候,降低风速,减轻风害,提高近地面的大气湿度,盐碱土地区可抑制或减轻地表返盐。

4.4.3　连作障碍防治技术

连作障碍是指在同一土壤中连续栽培同种或同科的植物时,在正常的栽培管理措施下也会发生长势变弱、产量和品质下降的现象。

4.4.3.1　连作障碍原因

(1) 土壤生物学环境恶化

① 土壤有害微生物增加,土传病虫害加重。连作栽培条件下,植物根系分泌物和植株残茬腐解物给病原菌提供了丰富的营养和寄主,同时长期适宜的温湿度环境,使病原菌具有良好的繁殖条件,从而使得病原菌数量不断增加。

不同病原菌在土壤中的生存时间有所差异,一般在 $3\sim6a$(年)。因此,生产上要求轮作 $3\sim6a$(年)才能避免土壤传染性病害的发生。

② 土壤中微生物变化。无论是设施栽培或露地,土壤中的微生物种类均较繁多,但在一定条件下,常常只有少数种类在数量上占优势,对土壤中相应的生化活性起决定性作用。在各类群微生物中,一般以细菌最多,放线菌其次,真菌居第三位。同一块土地上连续种植一种植物,根系的分泌物、代谢物长期积累,就会引起微生物的变化,进而影响植物生长。一般随着连作年限的增加,有害真菌(病原菌)的种类和数量增加,细菌的种类和数量随着连作年限的增加而减少。

(2) 土壤理化性状的劣化

① 土壤养分不均衡。由于设施栽培主要以果菜为主,对钾的需求量最大,但施肥中普遍存在重氮、磷肥而轻钾肥的现象,导致作物发生缺钾症,抗逆性差,病虫害时有发生。另外,菜农对钙及微肥认识不足,多数不施用钙及微肥,导致土壤大量元素偏高,而微量元素相对缺乏,造成养分不均衡,易出现生理障碍。

② 土壤次生盐渍化。土壤次生盐渍化是指土壤中可溶性盐类随水向表层 $(0\rightarrow20\rightarrow30cm)$ 运移而累积,含量超过 0.1% 或 0.2% 的过程。造成土壤次生盐渍化的主要原因有:一是盲目大量施肥,特别是偏施氮肥;二是缺少降雨淋洗。

土壤盐类积累后,造成土壤溶液浓度增加,使土壤的渗透势加大,作物种子的发芽、根系的吸水吸肥均不能正常进行。而且由于土壤溶液浓度过高,营养元素之间的拮抗作用常影响到作物对某些元素的吸收,从而出现缺素症状,最终使植物生长发育受阻,产量及品质下降。同时,随着盐浓度的升高,土壤微生物活动受到抑制,铵态氮向硝态氮的转化速度下降,导致作物被迫吸收铵态氮,叶色变深,生长发育不良。

③ 土壤物理性状不良。土壤的空隙度和结构性,土壤水分和通透性等对农作

物根系的生长及养分吸收有重要影响。设施土壤与露地土壤相比,随着种植年限的增加,土壤结构得到明显改善,水稳性团粒结构(0.25~2mm)随着种植年限的增加而增加,土壤毛管孔隙发达,持水性好,这主要是因为多年培肥所致。但非活性孔隙比例相对降低,耕作层浅,土壤通气透水性差,物理性状不良。连作引起的盐类积累会使土壤板结,通透性变差,需氧微生物的活性下降,土壤熟化慢;同时翻耕深度不够,使土壤耕作层变浅,固定在一定的范围内,影响根系的伸展,造成植株生长发生障碍。

④ 土壤酸化。引起设施栽培土壤酸化的原因一是施用酸性和生理酸性肥料,如氯化钾、过磷酸钙、硝酸铵等;二是大量施用氮肥,土壤的缓冲能力和离子平衡能力遭到破坏而导致土壤 pH 值变化,从而出现化学逆境。土壤 pH 值的变化将会影响到土壤养分的有效性。在石灰性土壤上,pH 值的降低能够活化铁、锰、铜、锌等微量元素以及磷的有效性;但是在酸性土壤上,pH 值的降低会加重氢离子(H^+)、铝、锰的毒害作用,磷、钙、镁、锌、钼等元素也容易缺乏。

(3) 植物的自毒作用

自毒作用是指一些植物可通过地上部淋溶、根系分泌物和植株残茬等途径来释放一些物质对同茬或下茬同种或同科植物生长产生抑制的现象。自毒作用是一种发生在种内的生长抑制作用。连作条件下土壤生态环境对植物生长有很大的影响,尤其是植物残体与病原微生物的代谢产物对植物有致毒作用,并连同植物根系分泌物分泌的自毒物质一起影响植株代谢,最后导致自毒作用的发生。已证实,豌豆、番茄、茄子、西瓜、甜瓜和黄瓜等作物极易产生自毒作用。豌豆是蔬菜中最不耐连作的作物之一,其栽培残液具有生长抑制作用。喻景权等(1999)利用营养液加活性炭的方法证实了豌豆自毒作用,并利用 GC/MC 从其根系分泌物鉴定出苯甲酸、对羟基苯甲酸、香草酸、肉桂酸、香豆酸 3,4 一二羟基香豆酸、3,5 一二甲基香豆酸等七种生长抑制物质。众多研究表明,植物产生的自毒物质通过影响离子吸收、水分吸收、光合作用、蛋白质和 DNA 合成等多种途径来影响植物生长。同时,植物根系分泌物的组成成分及数量与土壤营养状况有关,营养不均衡(营养亏缺)不但会直接导致作物的连作障碍,而且也可以通过改变根系分泌物种类和数量从而间接地影响植物的生长发育。

综上所述,作物连作障碍的原因归纳起来主要是两方面因素,一是非生物因素,即营养不均衡、理化性状恶化等问题;另一方面是生物因素,即土壤微生物、病虫害、残茬及根分泌物等。

4.4.3.2　连作障碍的调控措施

（1）合理轮作

轮作是解决连作障碍的最为简单和有效的方法,通过与病原菌非寄主植物的轮作,土壤中的病原菌数可望得到显著减低。轮作不仅仅指同普通蔬菜的轮作,也包括同水稻、对抗植物(具有通过释放抗菌物质来抑制病原菌功能的植物)和净化植物(具有吸收土壤中过剩的盐分功能的植物)等的轮作。

许多植物和微生物可释放一些化学物质来促进或抑制同种或异种植物及微生物生长,这种现象称为化学他感作用。业已证明,利用农作物间的化学他感作用原理进行有益组合,不仅可有效地提高作物产量,并且在减少根部病害方面也可取得令人满意的效果。例如,一些十字花科作物分解过程中会产生含硫化合物,因此向土壤中施入这种作物的残渣能减少下茬作物根部病害的发生。生产上,由于许多葱蒜类蔬菜的根系分泌物对多种细菌和真菌具有较强的抑制作用,而常被用于间作或套种。

（2）客土法

农业生产中有一些土壤不管连作多少年也不会发生土传病害,这种土壤被称为抑病土;反之,容易发生病害的土壤称为利病土。将少量抑病土和作物种植土壤混合,有时也可减少土传病害的发生。但相关机制的研究还很薄弱,离具体应用还有一定的距离。

（3）土壤消毒法

土壤消毒法是包括化学药剂消毒灭菌和采用蒸汽或太阳能等物理方法来提高土壤温度从而起到灭菌作用的方法,其中的一些方法如太阳能高温闷棚消毒、石灰氮日光消毒、热水消毒法十分适合我国现阶段的设施生产,值得进一步研究推广。

（4）利用抗病品种和嫁接技术

随着育种技术的发展,国内外相继育成了一批抗病品种,如对番茄的根瘤线虫,甘蓝的黄萎病、黑腐病等。同时,可利用嫁接的方法来防治根系病害。在果菜栽培中,对难以育成抗病虫品种的,采用抗性砧木进行嫁接栽培,可以有效地防止多种土传病虫害和线虫的危害。在黄瓜、甜瓜、西瓜、番茄和茄子等作物上进行抗性砧木嫁接,已起到了很好的效果,并且也可加强作物抗逆性,增加产量和改进品质。

（5）生物防治法

生物防治法是利用一些有益菌对土壤中的特定病原菌的寄生或产生有害物质或通过竞争营养和空间等途径来减少病原菌的数量和根系的感染,从而减少病害发生的一种防治方法。它包括通过大量使用有机质来增加土壤微生物总数从而减少病害发生的方法,或利用对特定病原菌具有拮抗作用的特定微生物来减少病害发生的方法。生物防治是近年来国内外的研究热点。

(6) 改变栽培时期,错过病害发生期

连作障碍主要是土传病害严重,因此,在措施上应考虑错过发病期进行种植。例如在高温期易发生的病害有枯萎病、青枯病、蔓枯病、苗立枯病等,在栽培上要错过高温期,或在高温前采取预防措施,可以减轻病害的发生。

(7) 改进灌溉技术,以水化盐

设施栽培应利用自然降雨淋浴与合理的灌溉技术,以水化盐,使地表积聚的盐分稀释下淋。盛夏高温季节,利用温室休闲时间种植耐盐作物如苏丹草,进行生物除盐。在高温季节揭去棚膜,深翻作畦,任雨水淋洗。

(8) 增施有机改良剂

用壳质粗粉、植物残体、蚓粪、绿肥、饼肥、稻草、堆肥和粪肥等有机改良剂处理土壤后,能改良土壤结构,改善土壤微生物的营养条件,提高土壤微生物多样性,降解产生挥发性物质,从而抑制病原菌的生长。

(9) 自毒作用的克服

园艺植物生产中,克服自毒作用的一个有效例子是黑籽西瓜的嫁接。另外,也可通过除去自毒物质的方法来达到克服自毒作用的效果。由于土壤中的许多微生物对自毒物质有一定的分解能力,因此,如何利用有益微生物的机能从而解决自毒问题是今后值得研究的课题。

此外,无土栽培也是解决连作障碍的一种方法,无土栽培培养液中的自毒物质可通过活性炭来吸附,但与土壤栽培相比,成本高、技术难度大,而且还会存在根系病害和自毒现象。

任务五　园艺植物其他环境调控

4.5.1　地势与地形

地势地形是影响园艺植物生长发育的间接环境因素,它是通过改变光、温、水、热等在地面上的分配,从而影响园艺植物的生长发育、产量形成与品质变化。

(1) 地势

地势是指地面形状高低变化的程度,包括海拔高度、坡高、坡向等,其中尤以海拔高度影响最为显著。海拔高度每垂直升高 100m,气温下降 $0.6 \sim 0.8℃$,光强平均增加 4.5%,紫外线增加 $3\% \sim 4\%$,同时降水量与相对湿度也发生相应变化。坡度主要通过影响太阳辐射的接受量、水分再分配及土壤的水热状况,对园艺植物生长发育产生不同程度的影响。一般认为5°~20°的斜坡是发展果树及木本观赏园艺植物的良好坡地。坡向不同,接受太阳辐射量不同,其光、热、水条件有明显差异,因而对园艺植物生长发育有不同的影响。如在北半球南向坡接受的太阳辐射最大,北坡最少,东坡与西坡介于两者之间。

（2）地形

地形是指所涉及地块纵剖面的形态,具有直、凹、凸及阶形坡等不同类型。地形不同,所在地块光、温、湿度等条件各异。如低凹地块,冬春夜间冷空气下沉积聚,易形成冷气潮或霜眼,较平地更易受晚霜危害。

4.5.2　风

风是气候因子之一。风对植物的作用是多方面的,对植物有良好作用的一面,如风媒传粉;但也有破坏作用。风可改变温度、湿度状况和空气中二氧化碳浓度等,从而间接影响植物的生长发育。

微风与和风可以促进空气的流通,增强蒸腾作用。当风速为3m/s时比无风时的蒸腾强度加强3倍。微风可改善光照条件和光合作用,消除辐射霜冻,降低地面高温,使植物免受伤害,减少病菌危害,增强一些风媒花植物的授粉结实,如核桃、栗、阿月浑子、榛子、杨梅等。

强风使树液流动受阻。风速为3m/s时影响光合作用,使同化量减低。大风还可使空气相对湿度降低。花期遇大风(6~7m/s),影响昆虫的传粉活动,空气相对湿度降低,柱头变干;海潮风吹来盐分粘住柱头,可影响受精结实。柑橘枝梢受海潮风吹后,新梢枯黄落叶。果实成熟期的大风吹落或擦伤果实,对产量威胁特别严重。大风引起土壤干旱,影响根系生长。黏土地由于土壤板结,龟裂造成断根现象;沙土地地区可将有营养的表土吹走,严重时有移沙现象,造成明显风蚀,或使树根外露,或使树干堆沙,影响根系正常的生理活动。冬季大风可把树带间的雪层吹掉,增加土层冰冻深度,使植物根部受冻。

当气流跨过山脊时,在山的背风面,由于空气的下沉运动产生一种热而干燥的风,叫焚风。焚风多发生在高山区,是从高山下降变干的热风,为地方性风。风的热度决定于山的高度,每下降100m,温度即上升1℃。焚风温度有时可高达30~40℃。冬春季的焚风可加速解除桃、杏的休眠提早开花,如遇回寒天气则易发生冻害。秋季焚风能对生长季温度不足的地方补充温度,促使果实早熟。

4.5.3　环境污染

环境污染给园艺产品生产带来的危害可分为五种情况：

① 使园艺产品生长发育不良，产量锐减，甚至死亡。

② 使园艺产品外观变形，变色，内部黑心，不能出售，影响经济性状和收益。

③ 使园艺产品品质变劣，营养成分下降，或造成怪味、异味，无法销售。

④ 使园艺产品不耐贮藏，易腐烂，造成经济重大损失。

⑤ 使园艺产品含有毒性，这些有毒物质通过食物链转移到人体内，造成人体中毒，危害健康。

4.5.3.1　工业"三废"污染

工业"三废"是指废水、废渣和废气，通过污染周围环境中的水、土壤和空气，从而污染园艺产品。"三废"中含有的有害物质主要包括二氧化硫、氟化氢、氯、氨、硫化氢、氯化氢、一氧化碳等有害气体；铅、锌、铜、铬、镉、砷、汞等重金属及含毒塑料薄膜、酚类化合物等。据不完全统计，全国耕地受工业"三废"污染面积已逾 400 万 hm^2。

4.5.3.2　农药污染

由于长期不合理、超剂量使用农药，使得害虫和病原菌种群抗药性逐年增强，反过来，又提高农药使用浓度，增加用药次数，形成恶性循环，致使园艺产品中农药残留量较高，直接危害人体健康。采用以生物防治为主的综合农业配套技术措施是减少农药污染、推进无害化安全生产的重要环节。

4.5.3.3　肥料污染

为追求产量，促进早熟，许多地区大量使用无机化肥，特别是过量追施无机氮肥，导致植物体内硝酸盐大量积累，严重影响人体健康。据分析，人体摄取的硝酸盐 80％以上来自蔬菜。近年来蔬菜硝酸盐含量严重超标，应引起广泛关注。

4.5.3.4　微生物污染

城镇生活污水、生活垃圾及医院排出的废水，含有沙门氏杆菌、大肠杆菌、寄生性蛔虫及各种病毒，流入田间，造成产品污染。此外，在采后贮运、产品销售过程中处理不当，也会造成二次污染。

4.5.3.5 激素与保鲜剂污染

番茄、西瓜、甜瓜等生产中常使用保花促果植物生长调节剂;青花菜等贮藏过程中常使用保鲜剂,以延长贮期。过量使用激素与保鲜剂也会造成产品污染。

4.5.4 生物

在生态系统中,许多种植物、动物和微生物之间也存在着相互依存、相互促进或相互排斥的现象。如能利用这种现象并成功应用,不但能提高园艺产品的产量和品质,还能降低投资消耗。

长期的生产实践已证实,在各种植物之间有互补作用,也有不能共存的,存在着他感现象。

此外,鸟、兽对果树也可造成危害。例如,盼鼠主要是在果树休眠期危害果树根系及树体。广泛分布于我国华北、西北地区的盼鼠能咬断果树根系,啃食树皮,对新栽的幼树危害很大;同时,盼鼠的洞穴还造成雨季水土流失,破坏梯田、坝埝等水土保持工程,是西北、华北和黄河故道地区的主要兽害。

对于盼鼠、野兔等对果树的危害,一般采用器具捕杀法、毒饵法等方法进行防范,但应在使用时严格按照安全使用规程操作,注意对环境和野生动物的保护。鸟兽害的一般防护,可以采取以下措施:

① 小面积果园在果园周围种植有刺植物为树篱,如花椒、皂角、刺槐、杜梨、酸橙等,防止大牲畜的闯入。

② 树干绑缚带刺树枝,如酸枣、刺槐树枝,防止牛、羊、兔等啃食树皮。

③ 果实套袋,设防鸟网,以防鸟类危害果实。需要强调的是,近年来我国优质果品生产果园已将果实套袋作为一项常规措施,并取得了明显的效果。但因所采用的纸袋内层多为红色,反而易吸引鸟类危害果实,因此应采取相应的防范措施。

④器械惊吓,如用发声或发光的器械来驱逐鸟兽等。此外,果园设置稻草人、假人等,或者设置彩旗、气球,对鸟类都有一定的驱防效果。

练习与思考

1. 园艺植物的生长发育决定于哪两方面?
2. 什么叫园艺植物的环境?
3. 影响园艺植物生长的环境因子有哪些?
4. 简述温度与园艺植物之间的关系。

5. 园艺植物高低温障碍产生的原因是什么？怎样克服？

6. 试述温度调控技术。

7. 按照园艺植物对光照强度的要求，园艺植物可分为哪几类？

8. 何谓光周期？光周期对园艺植物生长发育有什么作用？

9. 光质对园艺植物有什么作用？

10. 设施内如何进行光环境调控？

11. 遮光对园艺植物有什么作用？如何进行遮光处理？

12. 如何进行补光处理？

13. 园艺植物的需水特性有哪些？

14. 如何进行设施空气湿度的调控？

15. 设施土壤湿度调节方法有哪些？

16. 简述园艺植物的需肥规律。

17. 园艺植物生育对土壤有什么要求？

18. 如何进行高产稳产园地的建设与培肥？

19. 何谓连作障碍？如何防治？

20. 怎样减少环境污染，生产优质无公害的园艺产品？

项目五　园艺植物的繁殖

学习目标：

　　本项目主要学习种子质量检验、播前处理、播种技术及种子繁殖，嫁接繁殖，扦插技术，压条与分生繁殖的方式和方法，无病毒种苗组培快繁技术和容器育苗技术。要求重点掌握种子质量检验的方法、提高播种质量的具体措施、嫁接繁殖的主要方法、扦插的方法与技术、压条与分生繁殖的技术，熟悉离体快繁技术和容器育苗技术。

任务一　种子繁殖

　　种子繁殖又称实生繁殖，是利用种子或果实进行园艺植物繁殖的一种繁殖方式。凡由种子播种长成的苗称实生苗。

　　种子繁殖有许多优点：种子体积小、重量轻，在采收、运输及长期贮藏等工作上简便易行；种子来源广，播种方法简便，易于掌握，便于大量繁殖；实生苗根系发达，生长旺盛，寿命较长；对环境适应性强，并有免疫病毒病的能力。但种子繁殖存在着一些缺点：木本的果树、观赏植物及某些多年生草本植物等采用种子繁殖开花结实较晚；后代易出现变异，从而失去原有的优良性状，在蔬菜、花卉等生产上常出现品种退化问题；不能用于繁殖自花不实植物及无籽植物，如无籽葡萄、无籽柑橘、香蕉及许多重瓣花卉植物等。

　　种子繁殖的主要用途是：用于大部分蔬菜，一二年生花卉及地被植物生产；常用于繁殖果树及某些木本观赏植物的实生苗砧木；用于杂交育种。因为杂交育种必须使用播种来繁殖，并利用杂交优势获得具有优良性状的杂交后代。

　　种子繁殖的一般程序是：采种、贮藏、种子活力测定、播种、播后管理。

5.1.1　种子的采收与处理

5.1.1.1　种子的采收

　　优良种子的标准为：

　　① 具有优良特性。每种园艺植物都有其独特的价值，选择具有本种类及品种

特性的种子才能达到栽培目的。品种混杂退化则达不到预期的效果。

② 发育充实。充实而粒大的种子具有较高的发芽势和发芽率,因为饱满的种子所含养分多,能给幼苗提供更多的养分使其苗壮成长。

③ 富有生活力。新采收的种子生活力强,因此在育苗时,要尽量采用新种子,并且在采收后要注意保持种子的生活力。

④ 无病虫害。种子是传播病虫害的重要媒介,种子上常附有各种病菌及虫卵。为减少病虫害的传播和保证苗木的健壮,在引种时应注意种子的检疫,在采种时应在无病虫害的健壮植株上采种。

⑤ 纯净。在采种过程中常常会混入一些杂物,如枝、叶、萼片、果实及石子、尘土、杂草等,这样的种子不易计算出较准确的播种量,混入的杂草种子对培育幼苗也不利,所以优良的种子一定要求要纯净。

5.1.1.2 采收优良种子的方法

(1)采种母株的选择

为了确保种子质量,种子必须在种用苗圃内采集。留作采种用的园艺植株(母株),必须生长健壮,充分表现出园艺植物的优良性状,且无病虫害。如果是异花授粉的植物,同种不同品种的植株之间必须保持有效的间隔距离,如金鱼草、百日草不同品种留种植株的栽植,应相距 200 m 以上,防止因花粉混杂而引起变异或退化。

(2)从母株上选优良的种子

同一母株上的种子有时也具有不同特性,因此在采种时需要注意。一般充实、饱满,籽粒较重的为优良种子。植株上最先开的花,通常比后开的花产生更有价值的种子,如三色堇;植株的主干和主枝所结的种子,一般比侧枝的好;植株向阳面比背阴面的种子更能显现母株的特性。

(3)采收时间和方法

适时采收的成熟种子,是保证种子品质和种子收获量的重要措施。种子的成熟有两个指标,即生理成熟和形态成熟。种子的生理成熟是指种子的种胚已经发育成熟,种子内营养物质的积累基本完毕,种子已具有发芽能力。处于生理成熟的种子,含水量高,营养物质还处于易溶状态,种皮尚未具备保护种子的能力,此时采收的种子易干瘪,难贮藏,种粒小而轻,发芽率低。达到生理成熟的种子,没有明显的外部形态标记。种子的形态成熟一般在生理成熟之后,此时,种子内部的生物化学变化基本结束,营养物质已转化为难溶于水的物质,种子含水量降低,种胚处于休眠状态,种皮坚硬,抗性增加,种子耐贮藏。处于形态成熟的种子,往往具有一定的外观特征,如变色、果实变软、具香味、开始脱落等。生产上多以形态成熟作为种子成熟的标记,来确定采种时间。

一般生理成熟先于形态成熟,但也有些植物如大花牵牛的种子及苹果属、李属等许多木本花卉的种子,虽然在形态上已成熟,但胚还没有发育完全,需经过一定时间,在贮藏和催芽过程中,种胚才逐渐成熟具有发芽能力,即所谓的生理后熟作用。

种子成熟后,要及时采收。如许多一二年生花卉开花期很长,边开花边结实,且常以首批成熟的种子品质最佳,所以要注意及时分批采收。有些花卉不仅种子陆续成熟,而且果实成熟后自然开裂引起种子自行脱落,如凤仙花、一串红、三色堇、半支莲、金鱼草和花菱草等。一般蒴果、荚果和角果等多容易开裂,采集这类花卉的种子,必须在果实充分成熟前,即将开裂或脱落前采收,采收时间宜在清晨空气湿度较大时进行。有些种子采收时下面要用容器接着,以减少种子的飞落。多数成熟期比较一致、成熟后种子又不易散失的花卉种子,如千日红、鸡冠花和万寿菊等,可以当大部分果皮变黄、变褐时,一次性收割果枝采集种子。

花卉种子要求品种纯正,应按要求分品种、花色、花期等逐株采收,避免相互混杂。

5.1.1.3　种子采后的处理

种子采集后,往往因其带果皮、果肉等,不易贮藏,必须经过干燥、脱粒、净种和分级等步骤处理,才能取得适合运输、贮藏和使用的纯净种子和果实。

(1)干燥与脱粒

生产上可根据不同的果实类型,用不同的方法进行干燥、脱粒。如肉质果类,可用水洗取种法。对种子不易与果肉分离的,可采用堆沤或水浸的方法,使果肉腐烂发酵,待果肉软化后,再行揉搓,去掉果肉,用水反复冲淘,取出洁净种子晾干;对果肉松软的种子,可用木棒将果实捣烂,再加水搅拌,捞出沉入盆底的种子晾干。干果类可用干燥脱粒法获得。干燥脱粒又分为自然干燥脱粒和人工干燥脱粒两种,自然干燥脱粒可将果实摊成薄层,厚度不超过 20 cm,经适当日晒或晾干,待果皮开裂种子自行散出;对于晒后不易开裂的种子,用棍棒敲打或用石磙碾压等方法进行脱粒,然后清除杂物,再行收集。人工干燥脱粒法则用人工通风、加热,促进果实干燥。烘干温度不宜过高,一般不超过 43℃;如种子湿度大,则温度还要更低,以 32℃ 左右较好。

(2)净种

种子脱粒后,就要净种,消除空瘪粒和杂物,以提高种子纯度。生产上常利用种子和杂质重量不同、体积不同或相对密度不同进行风选、筛选、水选来净种。

（3）分级

种子经净种处理后,应按种子大小或轻重进行分级,经分级的种子,播种后出苗整齐,便于管理。一般可分为大、中、小三级。分级一般用不同孔径的筛子选。一般来说,同一批种子,种子越大,出苗率越高,幼苗也越健壮。

（4）后熟

有些果实采收后应后熟一段时间,然后再取种。

种子经上述处理后,分不同的种或品种装入袋内,写上种或品种名称、采收日期、地点等,再进行贮藏。

5.1.2　种子的贮藏

5.1.2.1　种子的寿命

种子的寿命(或发芽年限)是指种子能保持良好发芽能力的年限。这取决于植物本身的遗传特性、繁种条件、种子的成熟度、收获脱粒方法、干燥程度和贮藏条件等因素。如豆类种子含蛋白质量多,易于吸湿败坏而丧失活力。贮藏条件中的氧气、温度和湿度相互作用也影响种子活力。种子在潮湿的环境中贮藏,种皮会大量吸收空气中的湿气,引起种子强烈呼吸,营养物质消耗,发热生霉,使生活力减弱或完全丧失。潮湿再加上高温,则种子吸水量更多,生活力丧失得就更快。所以,贮藏环境的空气干燥,对保持种子的活力最为重要。微真空干燥条件,既有维持种子正常呼吸所需要的氧气,又不具有种子酶活动所需要的湿度,可以长期保持种子的生活力。如葱的种子在一般室外内贮藏,只保持 1 a 左右;用真空罐藏,即使贮藏了 10 a 以上,仍保持良好的生活力。

种子的寿命与生产上的利用年限密切相关。在种子贮藏过程中,要尽量创造良好条件,延长种子寿命,提高其在生产上的利用年限。一般贮藏条件下蔬菜种子寿命及利用年限见表 5.1。种子贮藏时,要使种子充分干燥,贮藏库的空气相对湿度应尽量降低,温度一般在 5℃以下。

表 5.1　一般贮藏条件下蔬菜种子寿命及使用年限 a(年)

蔬菜种类	种子寿命	生产利用年限	蔬菜种类	种子寿命	生产利用年限
茄子	5	2～3	豌豆	3	1～2
番茄	4	2～3	辣椒	4	2～3
萝卜	5	1～2	西葫芦	3～4	1～2

（续表）

蔬菜种类	种子寿命	生产利用年限	蔬菜种类	种子寿命	生产利用年限
黄瓜	5	2～3	胡萝卜	5～6	2～3
白菜	4～5	1～2	芹菜	6	2～3
南瓜	4～5	2～3	大葱	1～2	1
甘蓝	5	1～2	洋葱	2	1
菠菜	5～6	1～2	韭菜	2	1
菜豆	3	1～2	莴苣	5	2～3

5.1.2.2　种子贮藏

（1）干燥法

适合于含水量低的种子。

① 自然干藏法:耐干燥的一二年生植物种子,经过阴干或晒干后装入纸袋中或箱中,放在阴凉、通风、干燥的室内贮藏。

② 密封干燥法:易丧失发芽力的种子,充分干燥后,装入容器中密封起来贮藏。

③ 低温干燥密封贮藏:将上述干燥密封的种子再放到1℃～5℃的低温条件下贮藏。

（2）湿贮法

适用于含水量较高的种子。多限于越冬贮藏,并往往和催芽结合。

① 层积沙藏法:沙的湿度以手捏成团而不滴水为度;沙的用量是中小粒种子体积的3～5倍,是大粒种子的5～8倍。种子与湿沙或其他基质拌混后,置于排水良好的地方,保持一定的湿度。如牡丹、芍药和柑橘种子,多采用此法。也可将种子与沙等分层堆积,即所谓层积贮藏。

② 水藏法:某些水生植物的种子,如睡莲、芡实等,必须贮藏在水中才能保持其发芽能力。

存放种子时还要防止虫害、鼠害、鸟食及霉烂等现象的发生。

5.1.3　种子质量的检验

根据单位面积计划出苗数计算播种量时,一般播种前须检查种子质量。检测指标主要有:种子含水量、净度、千粒重、发芽力和生活力等。

种子质量的检验操作流程详见图 5.1。

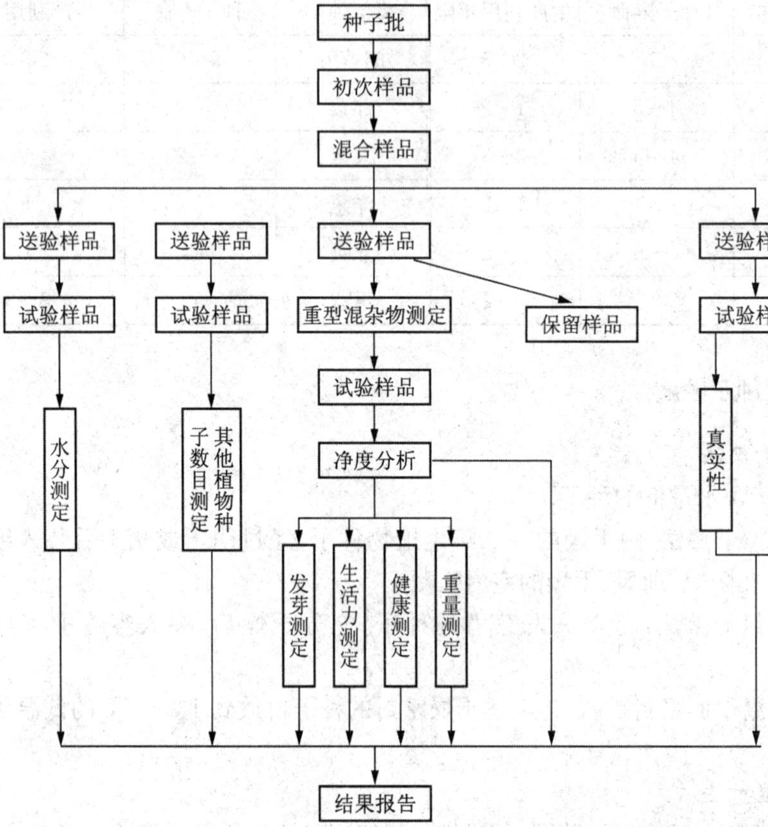

```
                          种子批
                           │
                         初次样品
                           │
                         混合样品
    ┌─────────┬───────────┼──────────────────┬───────────────┐
  送验样品   送验样品    送验样品                              送验样品
    │         │           │                                   │
  试验样品   试验样品   重型混杂物测定 ──→ 保留样品           试验样品
    │         │           │                              ┌────┴────┐
  水分测定  其他植物    试验样品                        真实性   品种纯度
            种子数目      │
            测定        净度分析
                    ┌────┬────┬────┐
                  发芽  生活力 健康  重量
                  测定   测定  测定  测定
                           │
                        结果报告
```

图 5.1　种子检验程序图

（1）扦样

要求选取具有代表全批种子品质的样品。种子一般都是袋装。扦样时用单管扦样器扦取，扦样器凹槽朝下，从袋口一角斜插至袋的另一角，待扦样器全部插入后再将槽口转向上面，种子便落到槽内，抽出扦样器，从扦样器柄口倒出种子。每袋扦取 1 次，扦取数量基本相等。

（2）平均样品的分散

一般采用四分法。将原始样品倒在玻璃板或光滑木板上充分混合后，用两个分样板使样品平铺成四方形，小粒种子厚度在 1.5cm 以内，大粒种子在 5cm 以内，然后再按对角线分成四个三角形，除去其中两个对顶角三角形内的种子，剩下的种子仍按上述方法继续混合后再分，直至剩下的两个对顶三角形中的种子数量，达到平均样品所需要的数量为此。这时把每个对顶三角形内的种子合并在一起，配成

2 份样品。1 份供检测净度、纯度、千粒重、发芽势、发芽率用;另 1 份供检验水分、病虫害用。检验水分用的样品,应立即放入密闭的容器内,贴上标签。

5.1.3.1　净度测定

净度测定操作流程:

第一步,取待检种子的平均样品称重。第二步,挑出其中所含的废种子和杂质。第三步,称纯净种子的重量。第四步计算净度。计算公式:

$$种子净度(\%)=\frac{纯净种子重}{纯净种子重+其他植物种子重+夹杂物重}\times100\%$$

5.1.3.2　纯度测定

(1)品种纯度的田间检验

首先在田间选择有代表性地块作为检验区,在检验区内以尽量控制取样误差为原则,确定调查株数,调查出不符合品种特性的株数,计算出品种纯度。计算公式:

$$品种纯度(\%)=\frac{调查株数-其他类型株数}{调查株数}\times100\%$$

(2)品种纯度的室内检验

操作程序基本同净度,不同点是除挑出其中所含的废种子和杂质外,还要去掉其他品种的种子,最后称典型品种种子重量,并计算纯度。计算公式:

$$品种纯度(\%)=\frac{本品种纯净种子重量}{样品种子重量}\times100\%$$

5.1.3.3　含水量测定

种子含水量测定方法很多,如红外线水分测定仪测定法、隧道式水分测定器测定法等。简便易行的方法是电热干燥箱测定法。

电热干燥箱测定种子含水量操作流程:

第一步:接通电源,将电烘箱的温度调节到 105℃,把铝盒放入箱内烘干 30 min,移到干燥器内冷却,用电子天平称重,记下盒的号码和重量。

第二步:取平均样品,除去杂质,用研钵研磨种子,颗粒直径 1 mm 左右,然后用 1/1 000 g 天平称取 2 份放入铝盒,每份 5 g,并把盒盖启开放在底部,放入烘箱内,在(105±2)℃恒温下连续烘干 6h,而后取出立即放入干燥器内冷却 30 min,取出称重计算。2 次检验结果误差不得超过 0.4%,否则重测。或者先将烘箱预热到 140℃~150℃,铝盒放入箱后,需在 5min 内将温度调节到(130±2)℃,在此温度下

经过 60min,然后称重计算。计算公式:

$$种子含水量(\%)=\frac{烘干前试样重-烘干后试样重}{烘干前试样重}\times100\%$$

5.1.3.4 发芽势检测

种子发芽率和发芽势可用发芽试验来测定。从经过净度检验的种子中随机取样,较大的种子每次取 50 粒,较小的种子每次取 100 粒,重复 2~3 次。用干净、无油的容器,底部铺上滤纸、纱布、脱脂棉或清洁的毛巾,加水把其泡湿,把种子均匀摆放在上面,覆盖塑膜、碗等。每个发芽容器都要贴上标签,写上品种名称、试验日期,放在适宜的温度下发芽。每天检测温度、湿度并统计发芽数 1~2 次。最后计算发芽势。将 3 次重复的发芽势加以平均,平均值即为该批种子的发芽势。计算公式:

$$发芽势(\%)=\frac{规定发芽天数内发芽种子数}{供试种子粒数}\times100\%$$

5.1.3.5 发芽率检测

种子发芽率计算公式:

$$发芽率(\%)=\frac{n}{N}\times100\%$$

式中:n ——生成正常幼苗的种子粒数;

N ——供检种子总数。

检测种子发芽率除用发芽试验来测定外,也可采用染色法快速测定。方法是先用清水将种子泡涨,再用 0.5%的氯化三苯四氮唑泡种子,40℃下浸泡 2h,切开种子观察胚,着色的种子就是活种子,不着色的就是死种子。

5.1.3.6 千粒重检测

从经过净度检验的好种子中随机取样,大粒种子如豆类、瓜类等每份取 500粒,小粒种子每份1000粒,取 2 份,用 1/100 g 天平称重。2 份样品与平均值的误差允许范围为 5%。如不超过 5%,则其平均值就是该样品的千粒重;如超过 5%,则取第 3 份样品称重,最后取差距小的 2 份试样的平均值作为该样品的千粒重。

称量种子千粒重,25g 以上的只记整数,10~25g 的记一位小数;必须用精确度1/10 的天平称量;千粒重小于 10 g 的种子应记二位小数,必须用精确度 1/100 的天平称量。

发育正常的伞形科蔬菜的复粒种子(胡萝卜、芹菜)作为 2 粒种子计算,如果只有1粒种子发育正常,另1粒种子瘦弱时,则当作1粒种子看待;但香菜的双悬果要当作1粒种子看待。

5.1.3.7　病虫害检验

病害采用洗涤检验法。操作程序:

第一步:器皿消毒。检测病害的所有玻璃仪器和水等要进行高压蒸汽消毒30min,避免其他病原菌的混入。

第二步:收集病原菌。取平均样品的蔬菜种子,称取5g试样2份,分别放在小三角瓶内,注入蒸馏水10 ml,加以剧烈振荡,光滑种子振荡5 min,粗糙种子振荡10 min,而后将悬浊液倒入离心管内,用1000 r/min的速度离心5 min,吸去上清液,约留1 ml的水在管内,稍加振动,使其变成均匀的悬浮液。

第三步:镜检。用干净的定量吸管吸取悬浊液一滴,滴在载玻片上,盖上盖玻片,重复2次,放在40×10倍显微镜下进行检查。每个载玻片观察10个视野,并记载病原体种类和每个视野的孢子数,算出2个玻片上每视野孢子数的平均值。用接物测微尺或接目测微尺测定视野直径,算出视野面积,量出1滴悬浊液在玻片上所占面积。

第四步:计算。用定量吸管量出离心后浓缩的1 ml左右悬浊液的滴数(按滴入载玻片同样大小的水滴计数),再数出5g试样的种子数,最后按下式算出平均每粒种子上孢子负荷量。计算公式:

平均每粒种子孢子负荷＝一个视野内平均孢子数×1滴悬浊液在载玻片上的面积×浓缩后悬浊液滴数/一个视野面积×5 g试样的种子粒数

对于种子虫害一般用肉眼检测法即可检出虫害种子百分率。受虫害种子的粒数占种子总粒数即是种子虫害百分率。

5.1.3.8　生活力测定

种子生活力是种子发芽的潜在能力。处于休眠期的种子无法用发芽力来判断种子的优劣,而解除休眠常需要较长的时间。要在较短的时间内了解种子的发芽能力,可测定其生活力,主要方法如下:

(1) 目测法

直接观察种子的外部形态,凡种粒饱满、种皮有光泽,且剥皮后胚及子叶呈乳白色、不透明,并具弹性的为有活力的种子。

(2) TTC(氯化三苯基四氮唑)法

取种子100粒剥皮,剖为两半,取其中胚完整的一半放在器皿中,倒入0.5%TTC溶液淹没种子,置30℃～35℃黑暗条件下3～5h。具有生活力的种子,胚芽及子叶背面均能染色,子叶腹面染色较轻,周缘部分色深;无发芽力的种子腹面、周缘不着色,或腹面中心部分染成不规则交错的斑块。

（3）靛蓝染色法

先将种子水浸数小时,待种子吸胀后小心剥去种皮,浸入 0.1％ ～0.2％的靛蓝溶液(亦可用 0.1％曙红,或者 5％的红墨水)中染色 2～4h,取出用清水洗净,凡不上色者为有生活力的种子,上色或胚着色者,表明已失去生活力。

5.1.4 普通育苗的一般技术

5.1.4.1 普通(传统)育苗流程

普通(传统)育苗流程见图 5.2。

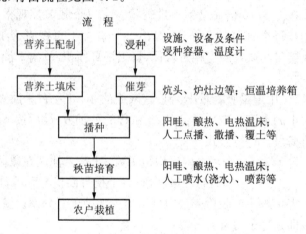

图 5.2 普通育苗的流程、设施及作业图

采用这种育苗方式,可减少大量的设施、设备投资,育苗成本较低,在生产的初级阶段起了很大的作用。但是,由于育苗条件差、设施简陋,设施内各部位的环境条件差异较大,造成秧苗生长速度的差异,育出的秧苗参差不齐。如果遇上恶劣的气候条件,还会使育苗失败。秧苗的管理多是凭经验,"看天、看地、看苗"的技术措施难以指标化,技术的传授也受到了限制。

5.1.4.2 育苗前的准备工作

育苗前的准备工作主要有:营养土原料的准备与配制、优良品种的选用、育苗容器以及育苗设施的准备与修建。

（1）育苗场地与设施

① 场地选择：培育壮苗首先要选择适宜的育苗场地，使局部小气候基本适应蔬菜秧苗的正常生长。所以，育苗场地的选择应满足以下条件：平坦高燥，排水方便；坐北朝南，向阳避风（北面最好有挡风建筑）；道路畅通，交通方便；近水源，附近没有污染源。

② 育苗设施及其特性：

（a）日光温床：日光温床是江浙一带一种单斜面的保温式苗床。它主要是利用日光提高床温，常作为移植床。

温床床面朝向一般坐北朝南，稍偏西，东西横长（长约 13～15m），北高南低（南墙高 8～15cm，北墙高 40～50cm），上盖玻璃窗或塑料薄膜。床面窗盖与地面呈 17°～18°的倾斜度。苗床前后各开一条 0.2～0.3m 深的排水沟，温床宽 1.2～1.5m，太长或太宽，操作不便。温床群内，两床之间相距 2m 左右，使互相不挡光，并便于放置农具与来往操作。

（b）酿热温床：酿热温床见图 5.3，是在日光温床的床土下部，开孔内填入新鲜有机物增加床温的温床。根据酿热物释放热量、日光照射以及苗床四周热量散失的情况，在挖床孔时床底要做成弓背形。一般在距北墙 1/3 处为最高，南墙处最低，北墙处居中，其比例大致为 4:6:5，酿热物的平均厚度为 20～25cm，在填酿热物时要掌握好有机物的碳/氮比（15～30）和含水量（65%～75%）。

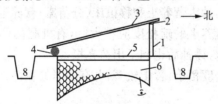

图 5.3　酿热温床结构示意图

1.后墙；2.草辫；3.窗盖；4.草绳；5.床土；6.酿热物；7.床孔底；8.排水沟

（c）电热温床：电热温床是指在床底按一定的间距铺上电加温线，通电后使苗床温度升高的温床。在夏季蔬菜育苗中以 80～120W/m² 功率增温效果好，升温快。为节约电能，在铺电加温线之前，尽可能铺设隔热层，以防止热量向土壤深处散失，如能用控温仪进行控温则效果较理想。

电热温床由保温层、散热层、床土和覆盖物四部分组成。隔热层是铺设在床孔底部的一层厚 5cm 的秸秆或碎草，主要作用是阻止热量向下层土壤中传递散失。散热层是一层厚约 5cm 的细沙，内铺设有电热线。沙层的主要作用是均衡热量，使上层床土均匀受热。床土厚度一般为 10～15cm。育苗钵育苗不铺床土，而是将育苗钵直接排列到散热层上。覆盖物分为透明覆盖物和不透明覆盖物两种。透明覆盖物的主要作用是白天利用光能使温床增温,不透明覆盖物用来保温,减少耗电量,降低育苗成本。

(d) 塑料拱棚:这是一类在骨架材料上覆盖塑料薄膜的设施。其骨架材料有竹木和钢管等,跨度因材料不同从 1.2～10m 不等,而分别称作小棚、中棚和大棚。塑料薄膜主要是聚乙烯。育苗常用小棚和中棚配套,并在棚内铺电加温线予以适当的增温。

(e) 催芽室:是一种能自动控温的育苗设施。催芽室的体积可按育苗数量和操作方便程度而定。一般 10m³ 的催芽室一次可播种 2hm² 菜田的生产用苗。

(2) 营养土的堆制

营养土(床土)的质量与蔬菜秧苗生长发育的优劣关系极其密切。为培育壮苗,营养土必须肥沃、疏松,既能保水又有足够的空气,土温容易升高,以及无病菌、害虫和杂草种子,因此需要合理的配制。其主要成分及比例如下:园土约占 1/2～3/4,但必须是 2～3a 内未种过同科植物的园土;堆肥或栏肥约占 1/6～1/4,必须腐熟;河泥约占 1/5,必须经风化,以及草木灰约 1/10,过磷酸钙约 2%～3%。将上述成分充分混合均匀,用 40% 的甲醛 100 倍液喷洒在营养土上,然后堆积成堆,用塑料薄膜盖严,让其充分腐熟发酵杀灭病虫,pH 值应调至 6.5～7.0。应在夏季堆制,在播种前将营养土铺在播种床上,一般厚 5～10cm。

营养土又可分为播种床营养土和移植床(分苗床)营养土,两者配方稍有不同:

一般要求播种床营养土的疏松度应稍大些,有机肥的体积比例也较大。这样有利于提高土温和保水,播种后也利于出苗扎根。

移植床营养土疏松度稍小,含土较多,并有适当的黏性,分苗时便于成坨,定植时不易散坨。

(3) 育苗容器的准备

采用容器育苗能很好的保护秧苗根系,使其在定植后可很快缓苗或无需缓苗即能迅速生长。

育子苗用的容器主要有育苗盘、穴盘、育苗箱等。育成苗的容器主要有育苗钵、育苗筒、营养土块、泥炭块等。生产实际中也可用育苗盘或穴盘等容器培育较小的成苗,如生菜育苗等,或者直接向育苗钵、营养土块中播种育成苗。

(4) 种子处理

在播种前,将种子进行选择、消毒、浸种、催芽等处理,使种子出苗整齐、迅速,为培育壮苗奠定基础。

① 种子的选择:要选择合适的蔬菜种类和品种,同时要检查种子的成熟度、饱满度、色泽、清洁度、病虫害和机械损伤程度、发芽势及发芽率等项指标。

②　种子消毒:常用的消毒法有干热处理、热水烫种、温水浸种和化学处理等。

(a) 干热消毒法:适用于某些在干燥时对温度的忍耐力强的种子,如番茄。具体方法是:先将种子曝晒,使其含水量降到7%以下,然后将种子置于70℃～73℃的烘箱内,4d后可取出播种。此法可防治番茄溃疡病和病毒病。

(b) 热水烫种法:用70℃～85℃热水烫种子,边倒边搅动,热水量不可超过种子量的5倍。种子要经过充分干燥。种子含水量越少,越能忍受高温刺激,且有助于吸水和透气,灭菌效果较好。对于表皮比较坚硬的种子可用此法,如菠菜、黄瓜、冬瓜、茄子等。

(c) 温汤浸种:先将50℃～55℃温水倒入容器内,水量为种子量的5～6倍,再将种子用纱布包好,放入容器内。浸种时,要不断搅拌种子,并保持15～20min,然后洗净附着于种皮上的粘质。这种方法有一定的消毒作用,茄果类、瓜类、甘蓝类种子都可应用。

(d) 普通浸种:无消毒作用,办法见图5.4。

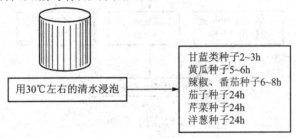

图5.4　普通浸种

(e) 低温冷冻处理:先将种子在室温下用清水浸种4～6h,然后放在0℃左右的低温下预冷2h,再放到-2℃～-8℃的低温下处理24～48h。冷冻处理的种子必须在低温下徐徐解冻,然后再按常规进行催芽。

进行冷冻处理如果没有电冰箱,可用天然碎冰块(或积雪)加入适量食盐,搅动后如温度达不到预定低温,可再加食盐。将冰、雪的温度调准后,把经过预冷的种子先用湿布包好,再用塑料薄膜裹严,埋入冰雪中进行低温处理。

(f) 红外线处理:种子经红外线照射后可改变种皮的通透性,打破休眠,加速种子内部的生化代谢过程。简易的方法是在电压220V地区用两个灯泡串联,使每个灯泡所受电压降为110V,此时可产生大量红外线。在这种情况下一般照射2h左右,对促进发芽和幼苗生长有一定作用。

(g) 层积处理:有些植物的种子必须在低温和湿润通气的环境条件下,经过一段时间,才能打破休眠而萌发,这就需要将种子进行层积处理。具体方法是:将干种子浸泡在水中1～2d,晾干,用1份种子和3份洁净的湿沙混合,或1层湿沙1层种子分层堆放,沙的湿度为饱和含水量的 40%～50%,即以手握成团无滴水,松手就散为宜。贮藏时保持 0℃～7℃低温。

(h) 化学药剂处理:化学药剂处理有药水浸种法、药剂拌种法。

药水浸种法。先将种子用水浸 2～3h,根据作物和病菌种类分别用 10% K_2MO_4 ,10% Na_3PO_4 、1% $CuSO_4$ 和 100 倍的 40%甲醛溶液浸 10～20min。但要用清水将药剂冲洗干净后,才能进行催芽或播种。药水浸种法见图 5.5。

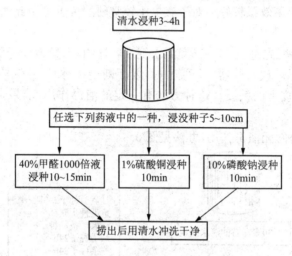

图 5.5 药水浸种法

药剂拌种法。适用于干种子的播种。一般用药量为种子重量的 0.1%～0.5%。如苗期立枯病可用 70%敌克松拌种,用量为种子重量的 0.3%,与种子拌匀后直接播种。

③ 浸种:浸种是保证种子在有利于吸水的温度条件下,在短时间内吸足从种子萌动到出苗所需的基本水量。浸种容器可用干净的瓦盆、瓷盆或塑料盆,不要用金属或带油污的容器。对于种皮易发粘或未经发酵洗净的种子,如茄子、辣椒、南瓜等种子可先用 0.2%～0.4%的碱液清洗 1 次,并用温水冲洗干净。浸种方法有温汤浸种及普通浸种两种。温汤浸种法既能杀灭种子表面的病菌,又能加速种子的吸水,可提前达到所需要的水分。

④ 催芽:在消毒和浸种之后,为了加快种子萌发,应采取催芽处理。

催芽过程主要是满足种子萌发所需要的温度、湿度和氧气等条件,促使种子中的营养物质迅速分解转化,供给种子幼胚生长的需要。当大部分种子露白时,停止催芽,准备播种。主要蔬菜种子浸种、催芽的适宜温度和日数见表 5.2。

表 5.2　主要蔬菜种子的浸种时间与催芽的适宜温度和日数

蔬菜种类	适宜的浸种时间/h	适宜催芽温度/℃	催芽日数
黄瓜	4～6	25～30	1.5～2
冬瓜	24	28～30	5～6
西葫芦	6	25～30	2～3
丝瓜	24	28～30	4～6
苦瓜	24	30±	3～4
番茄	6～8	25～30	2～4
辣(甜)椒	12～24	25～30	4～5
茄子	24～36	30±	5～7
甘蓝	2～4	15～20	1.5
花椰菜	3～4	15～20	1.5
芹菜	36～48	15～20	7～11
茴香	8～12	一般不催芽	
菠菜	10～12	15～20	2～3
莴笋	3～4	20～22	4～5
菜豆	2～4	20～30	3～4

常用的催芽方法有瓦盆催芽法、掺沙催芽法和恒温箱催芽法等。

(a) 瓦盆催芽法：瓦盆催芽法见图 5.6。

(b) 掺沙催芽法：将河沙过筛，洗净泥土。为防止苗期病害的发生，也可用 100℃ 的开水浸泡细河沙，待冷却后再使用。将河沙与种子按比例混匀后装盆。掺沙催芽法见图 5.7。

(c) 恒温箱催芽法：把装有催芽种子的容器放入恒温箱内进行催芽。由于能自控温度，因而管理方便，出芽快、齐、壮。

(d) 种子的变温处理：为了增强瓜类、茄果类等喜温蔬菜秧苗的抗寒力，促进幼苗的生长发育，可对萌动的种子进行变温锻炼(胚芽锻炼)。变温处理是用高、低温交替处理，参见图 5.8。具体方法是把萌动的种子(连布包)先置于 −1℃～ −5℃ 处，经 12～18h 低温刺激(喜寒蔬菜取低限，喜温蔬菜温度应取高限)，抑制幼芽伸长，节约养分消耗；再放到 18℃～22℃ 处处理 12～16h，促进养分分解和保持种子活力。在锻炼过程中注意发芽种子的包布要保持湿润，以免种子脱水干燥。把种子包从低温拿到高温处，要待包布解冻后才可打开检视种子，不要触摸种子。锻炼天数，黄瓜 1～4d，茄果类、喜凉蔬菜类 1～10d。

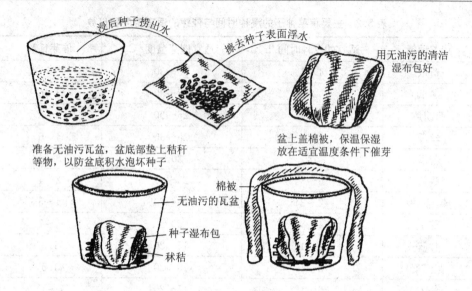

图 5.6　瓦盆催芽法

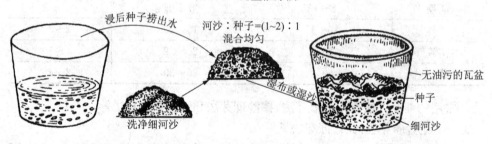

图 5.7　掺沙催芽法

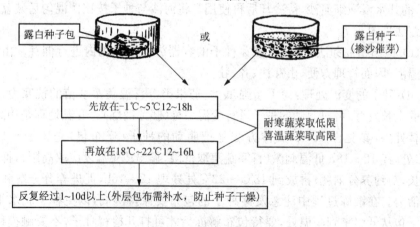

图 5.8　种子变温处理

5.1.4.3 播种

(1) 播种期

当准备工作基本就绪,就可进行播种。播种期是根据当地的气候条件、园艺植物种类、栽培技术、茬口安排、病虫害发生情况及市场需要等条件决定的。首先要确定适宜的定植期,如黄瓜、西葫芦、番茄、茄子、辣椒、菜豆等喜温性蔬菜,终霜后露地定植。喜冷凉的甘蓝、莴笋、芹菜等蔬菜,可在终霜前 20～30d 露地定植。保护地早熟栽培,因有防寒保温设备,可比露地栽培提前播种。其次还要考虑各种蔬菜的适宜苗龄,一般酿热温床育苗条件下,番茄苗龄为 100～110d,茄子、甜椒为 120～130d,黄瓜为 60～70d,用电热温床育苗,黄瓜的苗龄为 40～45d,番茄 65～80d,茄子 100～110d,甜椒 95～105d。确定定植期后,以适宜苗龄的天数向前推算出播种期。一般由定植期减去秧苗的苗龄,推算出的日子即是适宜的播种期。即如果苗龄为 10d,定植期在 3 月 10 日,则播种期宜定在 3 月 1 日。确定播种期时,要考虑到蔬菜的生育特点、育苗设备及技术水平等条件,灵活掌握,不可盲目提早播种。

(2) 播种量

播种量是由种子的净度、发芽率、成苗率及定植时秧苗的大小决定。为了保证苗数,需有 30%～50% 的安全系数。

播种量的确定按下式计算:

$$播种量(g) = \frac{种植密谋 \times 穴数 \times 每穴粒数}{每克粒数 \times 纯度\% \times 发芽率\%}$$

在生产实际中播种量应视土壤质地松硬、气候冷暖、病虫草害、雨量多少、种子大小、播种方式(直播或育苗)、播种方法等情况,适当增加 0.5～4 倍。

(3) 播种方法

播种方法主要有撒播、条播、点播(穴播)。

① 撒播:海棠、山定子、韭菜、菠菜、小葱等小粒种子多用撒播。撒播要均匀,不可过密。撒播后用耙轻耙或用筛过的土覆盖,稍埋住种子为度。此法比较省工,而且出苗量多。但是,出苗稀密不均,管理不便,苗子生长细弱。

② 点播(穴播):多用于大粒种子,如核桃、板栗、桃、杏、龙眼、荔枝及豆类等的播种。先将床地整好,开穴,每穴播种 2～4 粒,待出苗后根据需要确定留苗株数。该方法苗分布均匀,营养面积大,生长快,成苗质量好,但产苗量少。

③ 条播:用条播器在苗床上按一定距离开沟,沟底宜平,沟内播种,覆土填平。条播可以克服撒播和点播的缺点,适宜大多数种子,如苹果、梨、白菜等。

(4) 播种深度

播种深度依种子大小、气候条件和土壤性质而定,一般为种子横径的 2～5 倍,如核桃等大粒种子播种深为 4～6cm，海棠、杜梨 2～3cm，甘蓝、石竹、香椿 0.5cm 为宜。总之，在不妨碍种子发芽的前提下，以较浅为宜。土壤干燥，可适当加深。秋、冬播种要比春季播种稍深，沙土比黏土要适当深播。为保持湿度，可在覆土后盖稻草、地膜等。种子发芽出土后撤除或开口使苗长出。

（5）温床播种

在播种前 1d 接通电源，使床土温度增高到种子发芽所需的温度，并在播种前在苗床内浇透水，使床土充分湿润，以利快出苗和避免种子出土戴帽。经催芽的种子比较潮湿，常粘在一起不易分离，所以要用干燥的细土与种子拌匀，方能使种子撒播均匀。一般温床播种有撒播及点播两种方法。

① 撒播：撒播是将种子均匀撒播到畦面上，适于番茄、茄子、辣椒、甘蓝、花椰菜、莴笋、芹菜、小白菜等蔬菜。播种时要浇足底水，湿透培养土，选晴天上午播种为好。播种要均匀，可在种子里掺些细沙再撒。播后立即覆盖营养土或过筛细土 0.5～1.0cm。参见图 5.9。

② 点播：点播是将种子播在规定的穴内，适用于营养面积大、生长期较长的蔬菜，如瓜类、豆类蔬菜。覆土厚 1.5～2cm。此外，也可播在营养钵中，覆土厚度以看不见种子为度。如盖药土，应先撒药土，后盖床土。覆土后立即盖上塑料薄膜或地膜，四周用土压严，保温保湿。参见图 5.10。

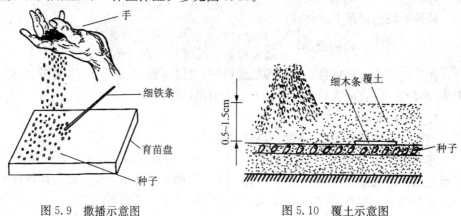

图 5.9　撒播示意图　　　　　　图 5.10　覆土示意图

5.1.4.4　苗期管理

（1）出苗期管理

播种后，在适宜的温、湿度条件下，种子会很快萌发出土，所以要经常检查出苗情况。当发现有 30% 的种子胚轴弓弯出土时，应及时将塑料薄膜揭掉，降低苗床土温，一般下降 4℃左右。

从播种到出苗,一般喜温园艺植物对地温要求较高,通常为 20℃～35℃。耐寒性园艺植物对温度的适应性较强,在 11℃～35℃ 的范围内就可出土。主要蔬菜对地温的具体要求见表 5.3。

表 5.3 蔬菜种子出土的地温范围、最适地温及所需天数

蔬菜种类	出土地温范围/℃	出土最适地温/℃	出土 50% 以上的时间/d
甘蓝	16～35	16～20	9～7
花椰菜	16～30	16～20	9～6
大白菜	11～35	16～20	7～5
莴笋	16～25	16～20	10～6
黄瓜	20～35	25～30	6～5
西葫芦	20～35	30	5
南瓜	20～35	30	7
丝瓜	20～35	30	4
冬瓜	20～35	30	6
茄子	20～35	25	9
甜(辣)椒	20～35	25	10
菜豆	20～35	20～25	10～8
番茄	20～35	20～25	8～6

"戴帽"出土是指子叶出土时种皮没有完全脱掉,一片子叶或两子叶的尖端被种皮夹住,不能展开,见图 5.11。这会使子叶畸形(扭曲、叶缘缺刻等),影响光合作用的顺利进行,造成幼苗徒长,所以要防止子叶"戴帽"出土。

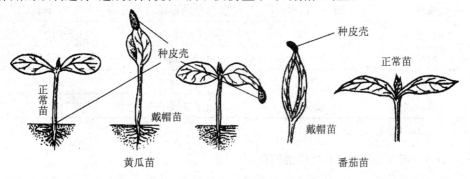

图 5.11 黄瓜、番茄的正常苗和戴帽苗

子叶"戴帽"出土主要是因为播种后覆土太薄所致。

出苗初期发现有"戴帽"出土的幼苗,可向尚未出苗的地方均匀地撒些床土。对"戴帽"苗应先向种皮喷点水,使其湿润,然后轻轻摘除套在子叶上的种皮;或在傍晚盖草帘之前,轻轻喷水,让种皮夜间自行脱落。

(2)间苗和分苗

出苗后,应进行间苗,及时除去病株、劣苗和畸形苗,以保证秧苗一定的空间和营养面积。

待秧苗生长发育到一定的时候,就需要进行分苗。分苗也叫移苗、移植。分苗的主要作用是扩大植株的营养面积,改善光照条件,促进侧根发育,调整秧苗地上部与地下部的平衡。分苗前3~4d要通风降温,对秧苗进行适当的锻炼。分苗要选晴天进行,这样土温高,发根缓苗快。分苗床在分苗前,要充分晒畦,提高土温。播种床在分苗前浇透水,以便带土起苗。分苗移植的方法,可先栽苗,后浇水;也可把苗直接移到营养纸筒或营养钵中。

分苗时要注意大小苗的调整,把小苗栽在苗床中间温度较高处,大苗栽在苗床四周温度较低处,这样可以促进小苗生长,日后秧苗大小一致。分苗结合选优去劣,淘汰生育不良、根部发黄的劣苗和病苗。分苗操作要轻,不要捏伤秧苗基部,要注意尽量减少根系损伤。操作时要避免踏实床土。分苗点根水不要过多,以防引起土温下降,不利缓苗。分苗以一次为宜,不同蔬菜的秧苗分苗时间和秧苗大小有所不同,可参考表5.4。另外,分苗前要给秧苗施一次肥,还应事先准备好分苗苗床和营养钵。分苗应在冷尾暖头进行。分苗后,要扣上小棚薄膜,再加盖草片等保温材料,保温保湿,促进秧苗早发新根,恢复生长。有条件可适当提高土温,基本满足根系生长的需要。

表5.4 主要蔬菜秧苗分苗时间、形态和苗距参考标准

蔬菜种类	出苗→分苗时间/d	秧苗形态	苗距/cm
番茄	30~35	2叶1心	8~10
茄子	40~45	3~4真叶	8~10
甜椒	40	3~4真叶	8~10
黄瓜	2~3	子叶展平	7~9

注:以一次分苗为基础。

不同种类的蔬菜幼苗对移植的反应不同。

茄果类(茄子、辣椒、番茄)和甘蓝类(结球甘蓝、花椰菜等)蔬菜的幼苗需要进行1~2次分苗,参见图5.12。如果进行一次分苗,可在1~2片真叶期完成。两次

分苗间要保证有 20～25d 左右的生长期。无论分几次苗,都必须保证在最后一次分苗后,有 30～40d 以上的成苗和定植前的秧苗锻炼时间。

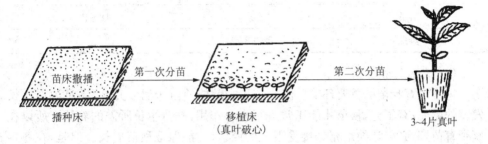

图 5.12 茄果类、甘蓝类蔬菜分苗

瓜类(黄瓜等)蔬菜的幼苗不太耐移植,一般的是直接播在塑料钵(筒)或营养土块中(点播),也有的采用移植栽培,参见图 5.13。

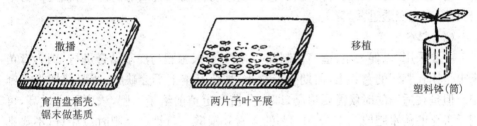

图 5.13 瓜类蔬菜分苗

(3) 温度的管理

育苗期间的温度条件应尽可能满足园艺植物秧苗生长发育的需要,可参考表 5.5。但应该掌握以下原则:前高后低,即播种至出苗时高,以后逐步降低,到定植前进行适当的低温锻炼,以适应定植后的环境;分苗后要适当增温,以促进缓苗;夜间要保温防冻害,在小拱棚上加盖草片等保温材料。此外,在晴好的白天,太阳辐射较强,棚内温度升至 30℃时,应及时揭开棚降温,防止烧苗。

表 5.5 主要蔬菜苗期生长的适宜温度(℃)

蔬菜种类	昼温	夜温
番茄	22～25	10～15
茄子	30	20
甜椒	25～30	15～17
黄瓜	25	15～18

（续表）

蔬菜种类	昼温	夜温
南瓜	25	18～20
西瓜	25～30	20

（4）光照的管理

这是培育壮苗的重要环节。因为有了光就能使苗床温度升高,满足秧苗生长发育的需要;有了光,秧苗才能正常进行光合作用,制造生长所需的养分。所以在整个育苗期,必须让秧苗充分接受阳光的照射,才能保证秧苗成长。但是,在冬春育苗期间,往往阴雨(雪)天较多,这就更要重视秧苗的光照管理。具体做法是:保温材料早揭晚盖,即保温材料一般在太阳升起时就可揭开,太阳落山时再盖好;而小棚膜则应当中棚内温度升至10℃以上时才可揭开,否则会使秧苗受冻。如果是连续的阴雨天,棚内的温度又比较低时,仍应将保温材料及时揭开;棚膜要保持清洁,让更多光照透过薄膜。

（5）肥水管理

主要采用"以促为主,适当控制"的方法。一般施肥与浇水结合进行,因为育苗床土是比较肥沃的营养土,苗期生长量小,秧苗基本上不会缺肥,所以苗期很少施肥。但是在适当的时候需要追肥,即在分苗和定植前给予追肥,浓度不宜过高,可用无害化的清水肥或0.1%～0.3%的尿素和磷酸二氢钾。追肥时应注意,不要把粪肥沾在秧苗的茎叶上,以防烧伤秧苗而感染病害。施肥时间要严格掌握,最好是在晴天的中午前后进行。此外,施肥或浇水还要根据天气和床土湿度情况灵活掌握。

（6）病虫害防治

害虫主要是蚜虫。蔬菜病害种类较多,前期主要是猝倒病和立枯病,中后期主要有早疫病、灰霉病、炭疽病和枯萎病等。

（7）通风降湿

因为冬春季阴雨天较多,空气湿度较大,要特别注意棚内的湿度。除棚四周开深沟排水降低苗床的地下水位外,还应经常通风换气,降低棚内的湿度,以防止秧苗徒长和病害发生。中棚通风时要注意,不能让冷风直接吹到秧苗,而应在棚的肩部通风,才不会使秧苗着凉。

5.1.4.5　低温锻炼和起苗

为使幼苗能适应露地的环境条件,缩短定植后缓苗时间,应在定植前10～15d,进行低温锻炼,以提高幼苗的抗逆性。对于有徒长现象的幼苗,可以采用叶面施肥来改善幼苗的营养状况，一般喷施 $0.3\%\sim0.5\%KH_2PO_4$ 和尿素。如果夜间遇高温或大雨，会降低锻炼的效果。

在天气条件适宜时，将已育成的适龄苗适时起出，并定植到本田；同时注意保护幼苗根系，尽量减少损伤。

任务二　嫁接繁殖

嫁接是将某一植株上的枝条或芽，接到另一株植株的枝、干或根上，使之形成一个新的植株的繁殖方式。嫁接培育出的苗木称为嫁接苗。用来嫁接的枝或芽叫接穗，承受接穗的植株叫砧木。嫁接用符号"/"表示，即接穗/砧木。

嫁接苗能保持优良品种（接穗）的性状，且生长快，树势强，结果早，因此，利于加速新品种的推广应用；利用砧木的某些性状，如抗旱、抗寒、耐涝、耐盐碱、抗病虫等，增强栽培品种的适应性和抗逆性，以扩大栽培范围或降低生产成本；在果树和花木生产中，可利用砧木调节树势，使树体矮化或乔化，以满足栽培上或消费上的不同需求；多数砧木可用种子繁殖，故繁殖系数大，便于在生产上大面积推广种植。

嫁接技术关键点可总结为五字方针，即快、平、准、紧、严。"快"是指嫁接刀快和嫁接动作快，以使削面平滑并避免削面长时间暴露在空气中造成伤口氧化褐化。"平"是指嫁接伤口或削面保持平滑，能一刀削成的尽量一刀削成，不反复用刀修削面，以使接穗和砧木之间的空隙尽量减小。"准"是指砧木和接穗的形成层要对准，以利于两者愈伤组织尽快对接。这一点并非绝对，有些树种愈伤组织形成的主体并非形成层，如银杏和草本植物。"紧"是指嫁接口绑扎一定要紧，以使接穗和砧木的削面紧密接触，有利于两者愈伤组织的对接，并使砧木和接穗按要求固定起来，不会因外力作用而错位或掉下来。"严"主要是从保湿的角度考虑，只要能起到保湿效果即可，不能过严，否则易造成嫁接口呼吸作用受阻，特别对于葡萄等需氧量大的树种更要注意这一点。在嫁接过程中，接穗处于离体状态，更容易失水，保湿尤为重要，因此最好在嫁接前用石蜡封住上剪口或在包扎时将薄膜绕于上剪口防止从剪口流失水分。

5.2.1　木本园艺植物的嫁接

5.2.1.1　枝接的时期

把带有数芽或 1 芽的枝条接到砧木上称枝接。枝接的接穗既可以是一年生休眠枝，也可以用当年新梢。同样嫁接时砧木既可处于未萌芽状态（即将解除休眠），也可以处于正在生长的状态；砧木的嫁接部位既可以是即将解除休眠的一年生以上的枝条，也可以是正在生长的新梢。因此，按照接穗和砧木的生长状况有以下四种类型：一是硬枝对硬枝，即接穗为休眠的一年生枝（个别树种也可用多年生枝），砧木为即将解除休眠或已展叶的硬枝；二是嫩枝对硬枝，即接穗为当年新梢，砧木为已展叶的硬枝；三是嫩枝对嫩枝，即接穗和砧木均为当年新梢；四是硬枝对嫩枝，即将保持不发芽的一年生硬枝嫁接到当年新梢上。其中第一种方法应用最为普遍，各种木本园艺植物基本都采用，其嫁接的时期以春季萌芽前后至展叶为主。保持接穗不发芽的前提下，嫁接时期晚一点成活率更高，但不能过晚，否则温度太高，不利于成活。其他三种方法只适用于葡萄等少数树种。综上所述，只要条件具备，一年四季均可枝接，但以硬枝对硬枝的春季枝接最为普遍，除华南地区外冬季很少进行。

5.2.1.2　枝接的方法

（1）切接

此法适用于根茎 1～2cm 粗的砧木坐地嫁接，是枝接中一种常用的方法。切接方法见图 5.14。

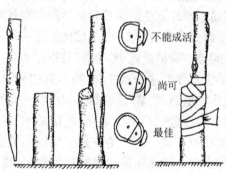

图 5.14　切接示意图

① 削接穗：接穗通常长 5～8cm，以具有 2～3 个饱满芽为宜。把接穗下部削成一长一短两个削面。长面在侧芽的同侧，削掉 1/3 以上的木质部，长 2～3cm 左右。在长面的对面削一马蹄形小斜面，长度在 1cm 左右。

② 砧木处理：在离地面 5～8cm 处剪断砧木。选砧皮厚、光滑、纹理顺的地方，把砧木切面削平，然后在木质部的边缘向下直切。切口宽度与接穗直径相等，一般深 2～3cm。

③ 接合：把接穗大削面向里，插入砧木切口。使接穗与砧木的形成层对准靠齐。如果不能两边都对齐，对齐一边亦可。

④ 绑缚：用塑料绑条缠紧。要将劈缝和截口全都包严实。注意绑扎时不要碰动接穗。

（2）劈接

对于较细的砧木可采用劈接，并很适于果树高接。劈接方法见图 5.15。

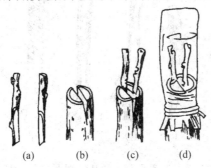

图 5.15　劈接示意图

(a) 接穗削面；(b) 砧木劈开状；(c) 插入接穗，厚面向外；(d) 接后包扎，套袋示嫁接保湿措施

① 削接穗：接穗削成楔形，有两个对称削面，长 3～5cm。接穗的外侧应稍厚于内侧。如砧木过粗，夹力太大的，可以内外厚度一致或内侧稍厚，以防夹伤接合面。接穗的削面要求平直光滑，粗糙不平的削面不易紧密结合。削接穗时，应用左手握稳接穗，右手推刀斜切入接穗。推刀用力要均匀，前后一致，推刀的方向要保持与下刀的方向一致。如果用力不均匀，前后用力不一致，会使削面不平滑，而中途方向向上偏会使削面不直。一刀削不平，可再补一两刀，使削面达到要求。

② 砧木处理：将砧木在嫁接部位剪断或锯断。截口的位置很重要，要使留下的树桩表面光滑，纹理通直，至少在上下 6cm 内无伤疤，否则劈缝不直，木质部裂向一面。待嫁接部位选好剪断后，用劈刀在砧木中心纵劈一刀，使劈口深 3～4cm。

③ 接合与绑缚：用劈刀的楔部把砧木劈口撬开，将接穗轻轻地插入砧内，使接穗厚侧面在外，薄侧面在里，然后轻轻撤去劈刀。插时要特别注意使砧木形成层和接穗形成层对准。一般砧木的皮层常较接穗的皮层厚，所以接穗的外表面要比砧木的外表面稍为靠里点，这样形成层能互相对齐。也可以木质部为标准，使砧木与接穗木质部表面对齐，形成层也就对上了。插接穗时不要把削面全部插进去，要外露0.5cm 左右的削面。这样接穗和砧木的形成层接触面较大，有利于分生组织的形成和愈合。较粗的砧木可以插两个接穗，一边一个。最后，用塑料绑条绑紧即可。

（3）舌接

舌接常用于葡萄的枝接。一般适宜砧径 1cm 左右，并且砧穗粗细大体相同的嫁接。舌接方法见图 5.16。

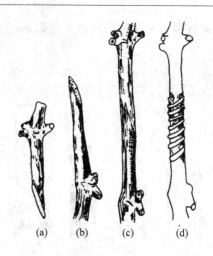

图 5.16 舌接示意图

(a) 接穗切削状;(b) 砧木切削状;(c) 接合状态;(d) 绑缚状

在接穗下芽背面削成约 3cm 长的斜面,然后在削面由下往上 1/3 处,顺着枝条往上劈,劈口长约 1cm,呈舌状。砧木也削成 3cm 左右长的斜面,斜面由上向下 1/3 处,顺着砧木往下劈,劈口长约 1cm,与接穗的斜面部位相对应。把接穗的劈口插入砧木的劈口中,使砧木和接穗的舌状交叉起来,然后对准形成层,向内插紧。如果砧穗粗度不一致,形成层对准一边即可。接合好后,绑缚即可。

(4)**腹接法**

腹接法多用于填补植株的空间,一般是在枝干的光秃部位嫁接,以增加内膛枝量,补充空间。嫁接时先在砧木树皮上切以 T 形切口,深达木质部,横切口上方树皮削一三角形或半圆形坡面,便于接穗插入和靠严,切口部位一般在稍凸的地方或弯曲处的外部,砧木直立或较粗时 T 形切口以稍斜为好。腹接接穗应选略长、略粗、稍带弯曲的枝条为好。腹接法见图 5.17。

选 1 年生生长健壮的发育枝作接穗,每段接穗留 2～3 个饱满芽。用刀在接穗的下部先削一长 3～5cm 的长削面,削面要平直,再在削面的对面削一长 1～1.5cm 的小削面,使下端稍尖。接穗上部留 2～3 个芽,顶端芽要留在大削面的背面,削面一定要光滑,芽上方留 0.5cm 剪断。在砧木的嫁接部位用刀斜着向下切一刀,深达木质部的 1/3～1/2,然后迅速将接穗大削面插入砧木削面里,使形成层对齐,用塑料绑条包严即可。

腹接法还有皮下腹接和带基枝腹接,主要用于板栗的嫁接。

皮下腹接:此法用于成幼树内膛光秃带补枝。具体方法是:在砧木需要补枝的部位(一般每隔 75cm 补一个枝)先将砧木的老皮削薄至新鲜的韧皮部,然后割一

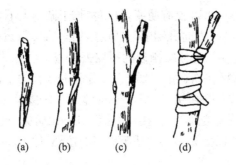

图 5-17 腹接示意图

(a) 接穗削面；(b) 砧木切口；(c) 插入接受；(d) 接后包扎

丁字形口。在横切口上端 1～2cm 处，用嫁接刀向下削一月牙斜形削面，下至丁字形横切口，深达木质部，这样以免接穗插入后"垫枕"。接穗要求长一些，一般为 20cm 左右，最好选用弯曲的接穗，削面要长为 5～8cm 的马耳形，背面削至韧皮部。然后将接穗插入砧木，用塑料绑条包扎紧密不露伤口即可。皮下腹接法见图 5.18。

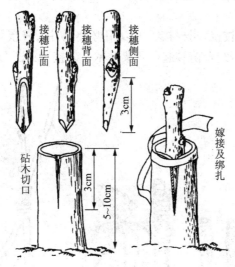

图 5.18 皮下腹接示意图

（5）桥接法

桥接是利用插皮接的方法，在早春树木刚开始进行生长活动，韧皮部易剥离时进行。用亲和力强的种类或同一树种作接穗。常用于补修树皮受伤而根未受伤的大树或古树。

① 削接穗。桥接时如果伤口下有发出的萌蘖，可在萌蘖高于伤口上部处，削

成马耳形斜面;如果伤口下部没有萌蘖,可用稍长于砧木上下切口的一年生枝作接穗,在接穗上、下端的同一方向分别削与插皮接相同的长5cm左右的切面。

② 切砧木。将受伤已死或被撕裂的树皮去掉,露出上、下两端健康组织即可。

③ 插接穗。接穗插在伤口上下插入,再用1.5cm长的小铁钉钉住插入的接穗的削面,然后用电工胶布贴住接口,或用塑料绑条系住接口,以减少水分散失。如果伤口下有萌蘖,只一头接,叫一头接;如果伤口下无萌蘖,接穗两端均插入,叫两头接。如伤口过宽,可以接2～3条,甚至更多的接穗,称为多枝桥接。

（6）嫩枝接

是用当年萌发半木质化的嫩枝作接穗的一种枝接方法。砧木多用嫩枝,常用于葡萄,在生长季节进行,从5月初～8月上中旬都可进行,但以早进行为好。

嫩枝接见图5.19。用快刀片将接穗切成单芽段,置于装有凉水的水桶中保湿。嫁接时在芽上方2～2.5 cm处平削,在芽下方0.5～0.8 cm处从芽的两侧向下削成两个斜削面,长2.5～3.0 cm;将砧木新梢从20～30 cm处的节间剪断,在中央垂直向下开长2.5～3.0 cm的切口,将接穗插入砧木的切口,使两者形成层对齐,用塑料绑条包扎嫁接口,仅留接芽于外边。

（7）靠接

用根作砧木进行枝接,叫根接。可以用劈接、切接、靠接等方法。根接常常在秋冬季节的室内进行,结合苗圃起苗收集砧木。靠接法见图5.20。

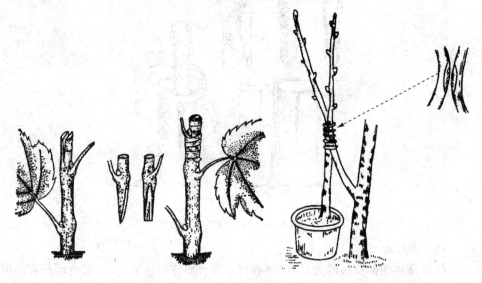

图5.19 嫩枝接   图5.20 靠接

① 削接穗。根接的接穗,可以削成劈接、切接、靠接的削面,与劈接、切接、靠接的插穗要求相同。

② 切砧木。砧木要求收集并剪制成粗 1～2cm、长 15cm 左右的根砧。切法与劈接、切接、靠接的砧木要求相同。

③ 插接穗。将接穗与砧木结合,用麻皮、蒲草、马蔺草等能分解不用解绑的材料绑扎,并用泥浆等封涂,起到保湿作用。根接的绑扎最好不要用塑料绑条,因为它不会自然降解,需要解绑;如不解绑,塑料绑带条就会影响生长。接后埋于湿沙中促其愈合,成活后栽植。根接一般于秋、冬季节在室内进行。如牡丹的嫁接,用芍药根做砧木。

(8) 芽苗嫁接

又称籽苗嫁接,主要用于核桃、板栗和银杏等大粒种子,是用刚发芽未展叶的芽苗作砧木的一种枝接方法。以银杏为例说明。取粗度 0.3～0.4 cm 的 1～2 年生休眠硬枝作接穗,采后蜡封保湿贮藏于低温下备用。嫁接前接穗削成两个长度相等的削面使接穗基部呈楔形,削面长约 1.5 cm(类似于劈接)。将贮藏的银杏种子置于温室内催芽,露白后播于沙质苗床上。幼苗出土后,适当蹲苗,促其根茎加粗。待幼芽长到 2.5～3.0 cm、第一片真叶即将展开时,在子叶柄以上 3.0 cm 处剪断,顺子叶柄沿幼茎中心切开 2 cm 的切口。将接穗立即插入切口,马上用塑料绑条包扎。将嫁接苗移栽到铺有 10 cm 厚蛭石的愈合池内,或栽入营养钵内。栽植深度以种子全部埋入蛭石层、接口外露为宜。注意保持适宜的湿度和温度,待嫁接口愈合、接穗发芽后移栽大田培育。

5.2.1.3　芽接的时期

凡是用一个芽作接穗的嫁接方法称芽接。芽接可在春、夏、秋 3 季进行,但一般以夏秋芽接为主。落叶树在 7～9 月,常绿树 9～11 月进行。绝大多数芽接方法都要求砧木和接穗离皮(指木质部与韧皮部易分离),且接穗芽体充实饱满时进行为宜。当砧木和接穗都不离皮时采用嵌芽接法。

5.2.1.4　芽接的方法

(1) "T"形芽接

因砧木的切口很像"T"字,也叫"T"字形芽接;又因削取的芽片呈盾形,故又称盾形芽接。"T"形芽接是果树育苗上应用广泛的嫁接方法,也是操作简便、速度快和嫁接成活率最高的方法。芽片长 1.5～2.5cm、宽 0.6cm 左右,砧木直径在 0.6～2.5cm 之间,砧木过粗、树皮增厚反而影响成活。具体操作见图 5.21。

① 削芽。左手拿接穗,右手拿芽接刀。选接穗上的饱满芽,先在芽上方 0.5cm

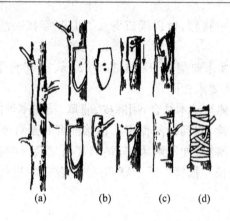

(a)　　　　(b)　　　　(c)　　(d)

图 5.21　"T"形芽接

(a) 削取芽片；(b) 剥下芽片；(c) 插入芽片；(d) 绑缚状态

处横切一刀，切透皮层，横切口长 0.8cm 左右；再在芽以下 1～1.2cm 处向上斜削一刀，由浅入深，深入木质部，并与芽上的横切口相交，然后用右手抠取盾形芽片。

②　开砧。在砧木距地面 5～6cm 处，选一光滑无分枝处横切 1 刀，深度以切断皮层达木质部为宜；再于横切口中间向下竖切一刀，长 1～1.5cm。

③　接合。用芽接刀尖将砧木皮层挑开，把芽片插入"T"形切口内，使芽片的横切口与砧木横切口对齐嵌实。

④　绑缚。用塑料绑条捆扎。先在芽上方扎紧一道，再在芽下方捆紧一道，然后连缠三四下，系活扣。注意露出叶柄，露芽不露芽均可。

（2）嵌芽接

对于枝梢具有棱角或沟纹的树种，如板栗、枣等，或其他植物材料在砧、穗均难以离皮时采用嵌芽接。嵌芽接操作方法见图 5.22。

①　取接芽。接穗上的芽，自上而下切取。先从芽的上方 1.5～2cm 处稍带木质部向下斜切一刀，然后在芽的下方 1cm 处横向斜切一刀，取下芽片。

②　切砧木。在砧木选定的高度上，取背阴面光滑处，从上向下稍带木质部削一与接芽片长、宽均相等的切面。将此切开的稍带木质部的树皮上部切去，下部留 0.5cm 左右。

③　插接穗。将芽片插入切口使两者形成层对齐，再将留下部分贴到芽片上，用塑料绑条绑扎好即可。

（3）方块芽接

主要用于核桃、柿树的嫁接。方块芽接操作方法见图 5.23。用双刀片在芽的上下方各横切一刀，使两刀片切口恰在芽的上下各 1cm 处，再用一侧的单刀在芽的左右各纵割一刀，深达木质部，芽片宽 1.5cm，用同样的方法在砧木的光滑部位

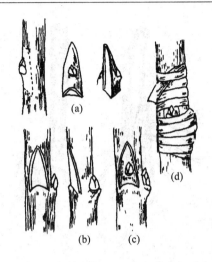

图 5.22　嵌芽接示意图

(a) 削接芽;(b) 削砧木接口;(c) 插入接芽;(d) 绑缚

切下一块表皮,迅速放入接芽片使其上下和一侧对齐,密切结合,然后用塑料绑条自下而上绷紧即可。

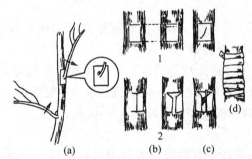

图 5.23　方块形芽接示意图

(a) 接穗取叶,剥芽;(b) 砧木切割状态;(c) 贴上芽片;(d) 接后包扎

5.2.1.5　根接法

根接法是以根系作砧木,在其上嫁接接穗,操作方法见图 5.24。用作砧木的根可以是完整的根系,也可以是 1 个根段。如果是露地嫁接,可选生长粗壮的根在平滑处剪断,用劈接、插皮接等方法。也可将粗度 0.5cm 以上的根系,截成 8～10cm 长的根段,移入室内,在冬闲时用劈接、切接、插皮接、腹接等方法嫁接。若砧根比接穗粗,可把接穗削好插入砧根内,若砧根比接穗细,可把砧根插入接穗。接好绑缚后,用湿沙分层沟藏,早春时植于苗圃。

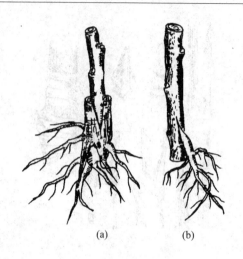

(a)　　　　　　(b)

图 5.24　根接示意图

(a) 劈接法；(b) 倒腹接

5.2.1.6　嫁接后的管理

（1）喷药防虫

嫁接后至发芽期最易遭受早春害虫的危害，要及时喷药防治。

（2）检查成活、解绑及补接

嫁接后 7～15d，即可检查成活情况。芽接法的接芽新鲜，叶柄一触即落者为已成活。枝接者需待接穗萌芽后有一定的生长量时才能确定是否成活。成活的要及时解除绑缚物，未成活的要在其上或其下补接。

（3）剪砧

夏末和秋季芽接的在翌春发芽前及时剪去接芽以上砧木，以促进接芽萌发。春季芽接的随即剪砧。夏季芽接的一般 10d 之后解绑剪砧。剪砧时，修枝剪的刀刃应迎向接芽的一面，在芽片上 0.3～0.4cm 处剪下。剪口向芽背面稍微倾斜，有利于剪口愈合和接芽萌发生长，但剪口不可过低，以防伤害接芽。

（4）除萌

剪砧后砧木基部会发生许多萌蘖，必须及时除去，以免消耗养分和水分。去萌过晚会造成苗木上出现伤口而影响苗木的质量。

（5）补接

嫁接 10d 后要及时检查，对未成活的要及时补接。

（6）松绑与解绑

一般接后新梢长到 30cm 时，应及时松绑，否则易形成缢痕和风折。若伤口未愈合,还应重新绑上,并在 1 个月后再次检查,直至伤口完全愈合再将其全部解除。

（7）设立支柱

在第一次松绑的同时,用直径 3cm 长 80～100cm 的木棍绑缚在砧木上,上端将新梢引缚其上,每一接头都要绑一支棍,以防风折。采用腹接法留活桩嫁接,可将新梢直接引缚在活桩上。

（8）圃内整形

某些树种和品种的半成苗,发芽后在生长期间,会萌发副梢,即 2 次梢或多次梢,如桃树可在当年萌发 2～4 次副梢。可以利用副梢进行圃内整形,培养优质成形的大苗。

（9）摘心

8 月末摘心以促进新梢成熟,提高抗寒能力。

（10）其他管理

幼树嫁接的要在 5 月中、下旬追肥一次,大树高接的在秋季新梢停长后追肥,各类型嫁接树于 8～9 月喷施 $0.3\%KH_2PO_4$ 水溶液 2～3 次,有利于防止越冬抽条及下年雌花形成,同时要搞好土壤管理和控制杂草。

5.2.2 草本园艺植物的嫁接

5.2.2.1 黄瓜嫁接

（1）黄瓜插接

黄瓜插接作业日程及管理要点详见表 5.6,操作方法见图 5.25。

表 5.6 黄瓜插接作业日程及管理要点

天数	0	3	9～10	16	18	21	23	30	40
作业项目	黑籽南瓜浸种催芽	黑籽南瓜播种	黄瓜播种	嫁接后移入小棚	早晚开始见散射光	开始通风并注意保湿	早晨小棚内气温保持 13℃～15℃,以防徒长	锻炼秧苗	定植

（续表）

嫁接后天数 d（作业进程天数 d）	中午		夜间		附注
	地温/℃	气温/℃	地温/℃	气温/℃	
0～3(16～19)	23～25	22～25	22～23	22～18	小棚内气温在 27℃ 以上则养分消耗多，易生病害，成活率低，必须注意
4～7(20～23)	22～24	23～25	18～22	17～14	
8～12(24～28)	22～23	22～25	17～18	15～13	
13～20(29～36)	22～23	23～27	16～18	12～10	
21～24(37～40)	22～23	20～23	16～18	10 左右	

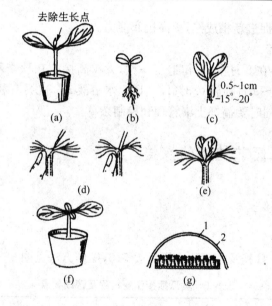

图 5.25　黄瓜插接示意图

（a）砧木苗；（b）接穗苗；（c）削成的接穗苗；（d）插入竹签；（e）插入接穗；（f）嫁接苗；（g）嫁接苗苗床
1. 小拱棚；2. 日间高温时遮阳网

　　嫁接时首先喷湿接穗、砧木苗钵（盘）内基质。取出接穗苗，用水洗净根部放入白瓷盘，湿布覆盖保湿。砧木苗勿需挖出，直接摆放在操作台上，用竹签剔除其真叶和生长点。去除真叶和生长点要求干净彻底，减少再次萌发，并注意不要损伤子叶。左手轻捏砧木苗子叶节，右手持一根宽度与接穗下胚轴粗细相近、前端削尖略扁的光滑竹签，紧贴砧木一片子叶基部内侧向另一片子叶下方斜插，深度 0.5～0.8cm，竹签尖端在子叶节下 0.3～0.5cm 出现，但不要穿破胚轴表皮，以手指能感觉到其尖端压力为度。插孔时要避开砧木胚轴的中心空腔，插入迅速准确，竹签暂不拔出。然后用左手拇指和无名指将接穗两片子叶合拢捏住,食指和中指夹住其根部,右手持刀片在子叶节以下 0.5cm 处呈 30°向前斜切,切口长度 0.5~0.8cm,接着从背面再切一刀,角度小于前者,以划破胚轴表皮、切除根部为目的,使下胚轴呈不对称楔形。切削接穗时速度要快,刀口要平、直,并且切口方向与子叶伸展方向平行。拔出砧木上的竹签,将削好的接穗插入砧木小孔中,使两者密接。砧穗子叶伸展方向呈十字形,利于见光。插入接穗后用手稍晃动,以感觉比较紧实、不晃动为宜。

　　插接时,用竹签剔除其真叶和生长点后亦可向下直插,接穗胚轴两侧削口可稍长。直插嫁接容易成活,但往往接穗由中部向下易生不定根,影响嫁接效果。

　　(2) 黄瓜靠接

　　黄瓜靠接适期为:砧木子叶全展,第一片真叶显露;接穗第一片真叶始露至半展。嫁接过早,幼苗太小操作不方便;嫁接过晚,成活率低。砧穗幼苗下胚轴长度 5~6cm 时利于操作。

　　通常,黄瓜比南瓜早播 2~5d,播种后 10~12d 嫁接;幼苗生长过程中保持较高的苗床温、湿度有利于下胚轴伸长。同时注意保持幼苗清洁,减少沙粒、灰尘污染。嫁接前适当控苗使其生长健壮。

　　黄瓜靠接操作方法见图 5.26。嫁接时首先将砧木苗和接穗苗的基质喷湿,从育苗盘中挖出后用湿布覆盖,防止萎蔫。在接穗子叶下部 1~1.5cm 处呈 15°~20°向上斜切一刀,深度达胚轴直径 3/5~2/3;去除砧木生长

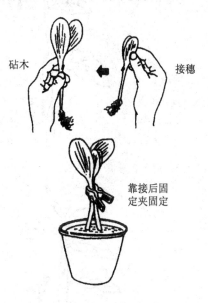

图 5.26　黄瓜靠接示意图

点和真叶,在其子叶节下 0.5~1cm 处呈 20°~30°向下斜切一刀,深度达胚轴直径 1/2,砧木、接穗切口长度 0.6~0.8cm。最后将砧木和接穗的切口相互套插在一起,用专用嫁接夹固定或用塑料条带绑缚。将砧穗复合体栽入营养钵中,保持两者根茎距离 1~2cm,以利于成活后断茎去根。

5.2.2.2　茄果类的嫁接

　　(1) 茄子劈接

　　砧木提前 7~15d 播种,接穗则需提前 25~35d。砧木、接穗 1 片真叶时进行 1 次分苗,3 片真叶前后进行第 2 次分苗,此时可将其栽入营养钵中。砧木和接穗约 5 片真叶时嫁接。接前 5~6d 适当控水促使砧穗粗壮,接前 2d 一次性浇足水分。

  茄子劈接操作方法见图 5.27。嫁接时首先将砧木于第 2 片真叶上方截断,用刀片将茎从中间劈开,劈口长度 1~2cm。接着将接穗苗拔出,保留 2 片真叶和生长点,用锋利刀片将其基部削成楔形,切口长亦为 1~2cm,然后将削好的接穗插入砧木劈口中,用夹子固定或用塑料袋活结绑缚。砧木苗较小时可于子叶节以上切断,然后纵切。

  劈接法砧穗苗龄均较大,操作简便,容易掌握,嫁接成活率也较高。

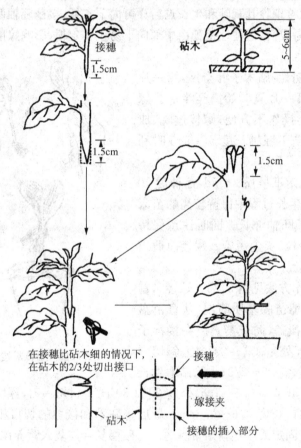

图 5.27　茄子劈接

(2) 番茄针插法

  将接穗和砧木同时播种,在接穗和砧木长出 2~4 片真叶、下胚轴直径 2 mm 左右时为嫁接适期。嫁接部位比较灵活,可选用子叶下部、子叶上部、1 片真叶处。相对而言,在砧木子叶的下部嫁接容易操作,且省去摘除砧木萌芽的麻烦,减轻后期管理的工作量,生产上普遍采用。后期栽培若需要培土则可在子叶上部或 1 片真叶处进行嫁接,并注意不要将嫁接伤口埋入土中,以免影响嫁接效果。

嫁接切口所选用的角度比较灵活,可采用平切或斜切,一般采用斜切法。嫁接时选砧木和接穗粗细一致的苗子,先后用刀片将砧木、接穗秧苗斜切割断,要求切面平滑,然后用直径 0.5 mm、长 1 cm 的钢针在接穗切面的中心沿轴线插入 1/2,余下的 1/2 直接插入砧木,接穗的切口角度和砧木一致,以保证伤口结合紧密。嫁接针要求大小适当、不易生锈、有一定的刚性且廉价,可用金属针。嫁接过程中要注意切面卫生,以防感染病菌降低成活率。

（3）番茄套管式嫁接

番茄砧、穗可同时播种或砧木提前 1～7d 播种,当接穗和砧木都具有两片真叶、株高 5cm、茎粗 2mm 左右时为嫁接适期。番茄套管式嫁接方法见图 5.28。首先将砧木的茎(在子叶或第一片真叶上方)沿其伸长方向 25°～30°斜向切断,在切断处套上嫁接专用支持套管,套管上端倾斜面与砧木斜面方向一致。然后,在子叶(或第一片真叶)上方,按照上述角度斜着切断,沿着与套管倾斜面相一致的方向把接穗插入支持套管,尽量使砧木与接穗的切面很好地压附靠近在一起。嫁接完毕后将幼苗放入驯化设施中保持一定温度和湿度,促进伤口愈合。接穗和砧木播种时,种子胚芽按纵向一致的方向排列,便于嫁接时切断、套管及接合操作。砧木、接穗子叶刚刚展开、下胚轴长度 4～5cm 时为嫁接适宜时期。砧木接穗过大成活率降低;接穗过小,虽不影响成活率,但以后生长发育迟缓,嫁接操作也困难。幼苗嫁接,砧木、接穗幼苗茎粗不相吻合时,可适当调节嫁接切口处位置,使嫁接切口处的茎粗基本相一致。

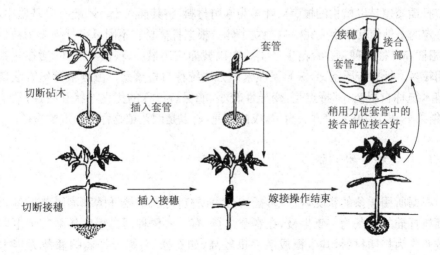

图 5.28 番茄套管式嫁接示意图

5.2.2.3 仙人掌类植物的嫁接

仙人掌类植物的嫁接有平接和劈接两种。平接适用于柱形或球形的种类。劈接法常用于蟹爪兰、仙人指等扁平茎节种类的嫁接。

（1）平接

根据需要高度进行平截,仙人球类作砧木,一定要把生长点切除。横切后再沿切面边缘作 20°～45°切削,使中央维管束稍突出平面。紧接着将接穗下部平削一刀,并立即将削好的接穗放置到砧木切面上,将接穗与砧木的维管束对准,用细线作纵向捆绑,要用力均匀,松紧适度;或者用橡皮筋等连盆纵向套住。

（2）劈接

劈接多用蟹爪兰、仙人指、假昙花来嫁接,以量天尺、仙人掌做砧木。根据需要高度把砧木上部横切,然后在顶部或侧面不同部位切几个楔形裂口(切口深达髓部),再将接穗下部剪或切成楔形,立即插入砧木切口,并用仙人掌的长刺或细竹针固定。在嫁接中,切削刀每次使用后要用酒精消毒,以免感染。嫁接好的植株,放置于避风的半阴处,在愈合前,一般不浇水。松绑日期视气温和接穗大小而定。在25℃左右的气温下,4d 以后就可以拆线;嫁接削伤大的,要经过 10d 左右才可拆线,愈合后移至阳光下护理。

任务三　扦插繁殖

扦插繁殖是以植物的根、茎、叶等为繁殖材料,将其插入土、沙、蛭石等基质中,给予一定的条件使其再生成完整的独立个体。根据扦插材料不同可将扦插分为枝(茎)插、根插和叶插三种。在育苗生产实践中以枝插应用最广,根插次之,叶插在花卉上应用较多。扦插与压条、分株等无性繁殖方法统称自根繁殖。由自根繁殖方法培育的苗木统称自根苗,其特点是:变异性较小,能保持母株的优良性状和特性;幼苗期短,结果早,投产快;繁殖方法简单,成苗迅速,所以是园艺植物育苗的重要途径。

5.3.1　枝(茎)插

根据所用插条的状况,枝(茎)插可分为硬枝扦插、嫩枝扦插和草质茎插等。其中硬枝扦插的插条为一年生枝,在春季进行,有一些树种用二年生甚至二年生以上的枝条作为扦插材料,其生根成活率也较高,如石榴等;嫩枝扦插的插条为半木质化的当年生新梢,于生长期进行;草质茎插同样是在生长季节进行。

5.3.1.1　硬枝扦插

硬枝扦插指用已经木质化的成熟枝条进行的扦插。果树、园林树木常用此法繁殖,如葡萄、石榴、无花果等。

硬枝扦插的步骤见图 5.29、图 5.30。

图 5.29　插穗的选择与处理

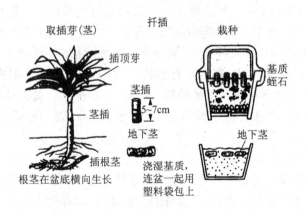

图 5.30　硬枝扦插示意图

(1) 插穗采集与贮藏

于深秋落叶后至翌年早春树液开始流动之前,从优良品种的母株上,选择根茎基部的生长健壮、芽体饱满且无病虫害的 1 年生枝条,或 1～2 年生苗干作为种条。采集种条后一般通过低温湿沙贮藏(类似于种子的层积处理)至扦插,一定要保证休眠芽不萌动。

(2) 剪插穗

将一年生枝条剪成带 2～3 个芽、20 cm 左右的插穗,有些长势强健的枝条也可保留 1 个芽。不同树种插穗剪取长度各异,易生根者可适当短一些。插穗上切口为平口,离最上面一个芽 1 cm 为宜(干旱地区可为 2 cm)。如果距离太短,则插穗上部易干枯,影响发芽。下剪口在靠近节处斜剪形成单斜面切口。植物种类不同,下切口的形状要求也不同。容易生根的树种可采用平切口,其生根较均匀;对于有些植物,为扩大吸收面积和促进愈伤组织形成,可采用双斜切口或踵状切口,但斜切口常形成偏根,愈伤组织生根型和中间型树种可以采用。踵状切口一般是在插穗下带 2～3 年生枝时采用。上下切口都要平滑。

(3) 催根与扦插

扦插前进行催根处理既能提高生根率,又能延长生育期使苗木健壮,葡萄更不例外。催芽的方法是在温床的底部铺上一层牛粪等酿热物,待温度上升至 25℃ 以上时将插穗(要浸泡使其吸足水分)成捆立于床内,用湿锯末或湿沙填满空隙,只露上部芽眼,气温控制在 10℃ 以下,避免发芽,约 20d 后即可形成愈伤组织和根原始体,待室外气温上升至 25℃ 以上后就可将插穗直接插于已备好的苗床上。将插穗上部 1～2 个芽露出土壤或基质,切忌直接用插穗向下用力以防止损坏基部愈伤组织。插床的准备基本同播种,扦插前灌足水。对于易生根树种也可不进行催根处理,待温度适宜时直接将插穗插入苗床。但这种扦插方式最好用地膜覆盖以提高地温促进形成愈伤组织和生根。做法是将插穗透过地膜插入土壤或基质中,插穗顶部 1～2 个芽露于地膜上,并将插穗周围压实。对于较难生根的树种,无论是硬枝扦插还是嫩枝扦插或草质扦插,目前最常用的技术措施是应用生长素类植物生长调节剂处理来促进生根,常用的有萘乙酸(NAA),ABT 生根粉等。如 NAA 1 000～2 000mg/L 速蘸插穗基部数秒钟,或 20～200 mg/L 处理插穗基部数小时。不同树种的处理浓度和处理时间各异,应以实验为基础。扦插密度为 4～5 万株/hm²。

(4) 插后管理

水、肥、气、热是插穗成活和生长的必需条件,直接影响到插穗的生根成活和苗木的生长,水分条件更是关键因子,要注意合理灌溉,以保持土壤湿润,保证苗木的水分供应。在插穗愈合生根时期,要及时松土除草,使土壤疏松湿润,通气良好,提高地温,减少水分蒸发,以促进插穗生根和成活。在插穗长出许多新梢时,应选留一个生长健壮、方位适宜的新梢作为主干培养,抹除多余的萌条。除萌应及早进行以避免木质化后造成苗木出现伤口。

雪松、竹柏等常绿阔叶树和针叶树还可采用土球插来提高成活率。土球插操作方法见图 5.31。即将插穗的基部先插在黏土的小泥球中,再连泥球一同插入土或沙中,目的是为了更好地保持水分,使插条不易干燥。

图 5.31 土球插示意图

5.3.1.2 嫩枝扦插

嫩枝扦插又称绿枝扦插,是在植物生长期内用半木质化带叶绿枝进行扦插。红叶石楠、柑橘、杜鹃、一品红、虎刺梅、橡皮树等可采用此法繁殖。

嫩枝扦插的操作步骤见图 5.32。

(1) 采穗母树的准备

① 病害防治和营养补充。在采穗前 10d 用杜邦易保加磷酸二氢钾喷施 1 次。在采穗前 4～5 天再喷 1 次。

② 水分。干旱季节,在采穗前 1～2d,浇透水 1 次,如高温晴天,最好能加盖遮阳网。

(2) 采条

按母树修剪要求采穗。嫩枝采集时间在母树的生长季,采集当年生开始木质化的粗壮

图 5.32 嫩枝插示意图

枝条作插条,草本植物则选择靠梢部下面老嫩适宜的节段作插条。采下枝条必须注意保湿,在高温晴天应在早晨或傍晚采穗。采穗要掌握一个原则,不能在枝条抽新梢时采穗。红叶石楠最佳的采穗时间是 5 月和 9 月各 1 次。

(3) 剪穗

插穗原则上要选取 5～10 cm 长具有 3～4 片叶的健壮枝,现大多采用一芽一叶的短枝来扦插。为了减少蒸腾,将叶片剪去一半。剪好后将插穗下部 1～1.5cm 部分用生根剂 IBA5000～10000mg/kg 浸蘸 5 秒。插条消毒可采用百菌清、甲基托布津 600～800 倍液直接浸泡等方法。

(4) 扦插

插穗入土深度以其长度的 1/3～1/2 为宜。插穗一般随采随插,不宜贮藏。扦

插完毕立即浇透水。插后叶面再喷 500 倍液多菌灵和炭疽福美混合液。

（5）插后管理

嫩枝扦插后需要适度遮荫和维持湿度，使床面经常保持湿润状态和一定的空气湿度。以红叶石楠管理为例：

① 温度管理。红叶石楠扦插育苗的棚内温度应控制在 38℃以下、15℃以上，最适温度为 25℃。如温度过高，则应进行遮荫、通风或喷雾降温；温度过低，应使用加温设备加温。加温会造成基质干燥，故每间隔 2～3 天要检查扦插基质并及时浇 1 次透水，否则，插穗易失水干枯。

② 湿度管理。扦插育苗前期（20d 以前）应保证育苗大棚空气相对湿度（RH）在 85% 以上，小拱棚 RH 在 95% 以上。扦插 20d 后，可待叶片上水膜蒸发减少到 1/3 后开始喷雾；待普遍长出幼根时，可在叶面水分完全蒸发完后稍等片刻再进行喷雾；大量根系形成后（3cm 以上），可以只在中午前后少量喷雾。大规模穴盘扦插育苗中的人工喷雾，基质湿度应保持在 60% 左右。

③ 光照管理。在湿度有保证的情况下，扦插红叶石楠不要进行遮荫处理。夏季强烈的光照使温度过高，可以用短时间遮荫和增加喷水次数来降低棚内温度。秋季扦插可通过通风、增湿来协调光照与温度之间的矛盾。

④ 肥料的使用。扦插后可采用水溶性肥料 20-10-20 和 14-0-14 两种交替使用。从愈伤组织形成到幼根长出，使用水溶性氮肥浓度 50mg/kg 喷施即可，在根系大量形成到移栽前，浓度可增至 100～150mg/kg，可采用浇肥的形式，达到上下同时吸收；也可以采用 APEX 控释肥与基质混用，每平方米用量 90～120g。

5.3.1.3 叶芽插

叶芽插插条仅有 1 芽附 1 片叶，芽下部带有盾形茎部 1 片，或 1 小段茎，插入沙床中，仅露芽尖即可，随取随插。叶芽插一般均在室内进行，特别应注意保持温、湿度，加强管理。叶芽插的操作方法见图 5.33。

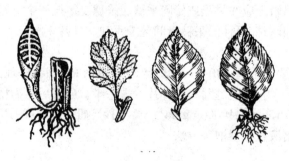

图 5.33 叶芽插示意图

5.3.2　根插

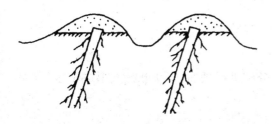

图 5.34　根插示意图

根插是截取植物的根段做插穗。该法只适用于那些根系容易产生不定芽的园艺植物的繁殖,如枣、柿、山楂、梨、李、苹果等果树,薯草,牛舌草、秋牡丹、肥皂草、毛恋花、剪秋罗、宿根福禄考、芍药、补血草、荷包牡丹、博落回等花卉。根抗逆性弱,要特别注意防旱。根插操作方法见图 5.34。

（1）取插穗

于休眠期选取粗 2mm 以上的一年生根为插穗。

（2）削插穗

将所选的一年生粗壮根截成长 5～15cm 的根段,上切口为平口,下切口为斜面切口,于春季扦插。

（3）扦插

扦插时大多是定点挖穴,将其直立或斜插埋入土中,根上部与地面基本持平,表面覆 1～3 cm 厚的锯末或覆地膜,经常浇水保湿。

对于某些草本植物如牛舌草、剪秋萝、宿根福禄考等根段较细的植物,可把根剪成 3～5cm 长,撒播于苗床,覆沙土 1cm,保持湿润,待不定芽发生后移植。

5.3.3　叶插

叶插用于能在叶上发生不定芽及不定根的园艺植物种类,这些植物大都具有粗壮的叶柄、叶脉或肥厚的叶片,如球兰、虎尾兰、千岁兰、象牙兰、大岩桐、秋海棠、落地生根等。叶插须选取发育充实的叶片,在设备良好的繁殖床内进行,维持适宜的温度及湿度,从而得到壮苗。

5.3.3.1　全叶插

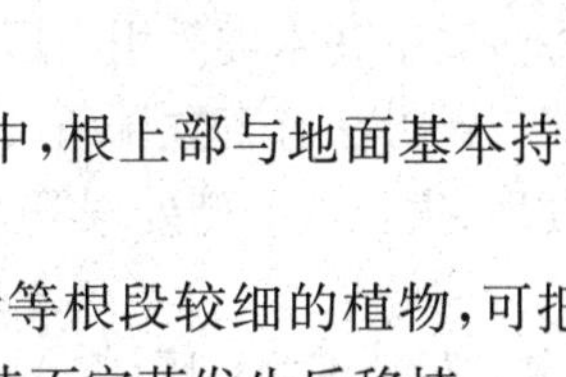

全叶插是以完整叶片为插条,见图 5.35。一是平置法,即将去叶柄的叶片平铺沙面上,加针或竹针固定,使叶片下面与沙面密接。如落地生根的离体叶,叶缘周围的凹处均可发生幼小植株(起源于所谓

图 5.35　全叶插示意图

的叶缘胚）。海棠类则自叶柄基部、叶脉或粗壮叶脉切断处发生幼小植株。二是直插法，将叶柄插入基质中，叶片直立于沙面上，从叶柄基部发生不定芽及不定根。如大岩桐从叶柄基部发生小球茎之后再发生根及芽。非洲紫罗兰、苦苣薹、豆瓣绿、球兰、海角樱草等均可用此法繁殖。

5.3.3.2 不完全叶插

不完全叶插是将叶片分切为数块，分别进行扦插，每块叶片上形成不定芽，如蟆叶秋海棠、大岩桐、豆瓣绿、千岁兰等。

任务四 压条繁殖

压条繁殖是在枝条不与母株分离的情况下，将枝梢部分埋于土中，或包裹在能发根的基质中，促进枝梢生根，然后再与母株分离成独立植株的繁殖方法。这种方法不仅适用于扦插易活的园艺植物，对于扦插难于生根的树种、品种也可采用。因为新植株在生根前，其养分、水分和激素等均可由母株提供，且新梢埋入土中又有黄化作用，故较易生根。其缺点是繁殖系数低。果树应用压条繁殖较多，花卉中仅有一些温室花木类采用高压繁殖。

压条方法有直立压条、曲枝压条和空中压条。采用刻伤、环剥、绑缚、扭枝、黄化处理、生长调节剂处理等方法可以促进压条生根。

5.4.1 直立压条

直立压条又称垂直压条或培土压条，见图 5.36。苹果和梨的矮化砧、石榴、无花果、木槿、玉兰、夹竹桃、樱花等，均可采用直立压条法繁殖。现以苹果矮化砧的压条繁殖为例说明如下：

第一年春天，栽矮化砧自根苗，按 2m 行距开沟做垄，沟深、宽均为 30～40cm，垄高 30～50cm。定植当年因长势较弱，矮化砧粗度不足时，可不进行培土压条。

第二年春天，腋芽萌动前或开始萌动时，母株上的枝条留 2cm 左右剪截，促使基部发生萌蘖。当新梢长到 15～20cm 时，进行第 1 次培土，培土高度约 10cm，宽约 25cm。培土前要先灌水，并在行间撒施腐熟有机肥和磷肥。培土时对过于密集的萌蘖新梢进行适当分散，使之通风透光。培土后注意保持土堆湿润。约 1 个月后新梢长到 40cm 时第 2 次培土，培土高约 20cm，宽约 40cm。一般培土后 20d 左右生根。入冬前即可分株起苗。起苗时先扒开土堆，自每根萌蘖基部靠近母株处留 2cm 短桩剪截，未生根萌蘖梢也同时短截。起苗后盖土。翌年扒开培土，继续进行繁殖。

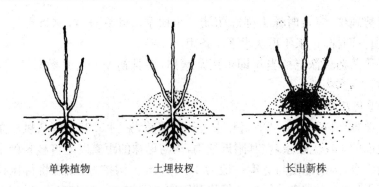

单株植物　　　土埋枝杈　　　长出新株

图 5.36　直立压条示意图

　　直立压条法培土简单,建圃初期繁殖系数较低,以后随母株年龄的增长,繁殖系数会相应提高。

5.4.2　曲枝压条

　　葡萄、猕猴桃、醋栗、穗状醋栗、树莓、苹果、梨和樱桃等果树以及西府海棠、丁香等观赏树木,均可采用曲枝压条法繁殖。曲枝压条繁殖可在春季萌芽前进行,也可在生长季节枝条已半木质化时进行。曲枝压条法又分水平压条法、普通压条法和先端压条法。

　　(1) 水平压条法

　　水平压条操作法见图 5.37。采用水平压条时,母株按行距 1.5m、株距 30～50cm 定植。定植时顺行向与沟底呈 45°倾斜栽植。定植当年即可压条。压条时将枝条呈水平状态压入 5cm 左右的浅沟,用枝杈固定,上覆浅土。待新梢生长至15～20cm 时第 1 次培土。培土高约 10cm,宽约 20cm。1 个月左右后,新梢长到25～30cm 时,第 2 次培土,培土高 15～20cm,宽约 30cm。枝条基部未压入土内的

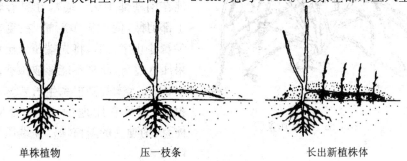

单株植物　　　压一枝条　　　长出新植株体

图 5.37　水平压条示意图

芽处于优势地位,应及时抹去强旺萌蘖。至秋季落叶后分株,靠近母株基部的地方,应保留一两株,供来年再次水平压条用。

水平压条在母株定植当年即可用来繁殖,而且初期繁殖系数较高,但需用枝杈,比较费工。

(2)普通压条法

有些藤本果树如葡萄可采用普通压条法繁殖,见图5.38。即从供压条母株中选靠近地面的1年生枝条,在其附近挖沟,沟与母株的距离以能将枝条的中下部弯压在沟内为宜,沟的深度与宽度一般为15~20cm。沟挖好以后,将待压枝条的中部弯曲压入沟底,用带有分杈的枝棍将其固定。固定之前先在弯曲处进行环剥,以利生根。环剥宽度以枝蔓粗度的1/10左右为宜。枝蔓在中段压入土中后,其顶端要露出沟外,在弯曲部分填土压平,使枝蔓埋入土的部分生根,露在地面的部分则继续生长。秋末冬初将生根枝条与母株剪离,即成一独立植株。

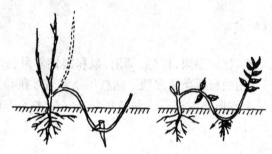

图5.38　普通压条示意图

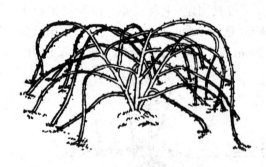

图5.39　先端压条

(3)先端压条法

果树中的黑树莓、紫树莓,花卉中的刺梅、迎春花等,其枝条既能长梢又能在梢基部生根。通常在早春将枝条上部剪截,促发较多新梢,在夏季新梢尖端停止生长时,将先端压入土中。如果压入过早,新梢不能形成顶芽而继续生长;压入太晚则根系生长差。压条生根后,即可在距地面10cm处剪离母体,成为独立的新植株。先端压条法见图5.39。

5.4.3 空中压条

空中压条通称高压法。我国古代早已用此法繁殖石榴、葡萄、柑橘、荔枝、龙眼、人心果、菠萝等，所以又叫中国压条法。此法技术简单，成活率高，但对母株损伤太重。

空中压条在整个生长季节都可进行，但以春季和雨季为好。办法是选充实的二三年生枝条，在适宜部位进行环剥，环剥后用5 000mg/L的吲哚丁酸或萘乙酸涂抹伤口，以利伤口愈合生根，再于环剥

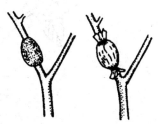

用基质包扎后　　包扎塑料薄膜
的情形
图 5.40　空中压条

处敷以保湿生根基质，用塑料薄膜包紧，两三个月后即可生根。待发根后即可剪离母体而成为 1 个新的独立的植株。空中压条法见图 5.40。

任务五　分生繁殖

分生繁殖是利用植物特殊的营养器官来完成的，即人为地将植物体分生出来的幼植体(吸芽、珠芽、根蘖等)，或者植物营养器官的一部分(变态茎等)进行分离或分割，脱离母体而形成若干独立植株的办法。这些变态的植物器官主要功能是贮存营养，如一些多年生草本植物，生长季末期地上部死亡，而植株却以休眠状态在地下继续生存，来年有芽的肉质器官再形成新的茎叶。其第二个功能是繁殖。凡新的植株自然和母株分开的，称作分离(分株)；凡人为将其与母株割开的，称为分割。此法繁殖的新植株，容易成活，成苗较快，繁殖简便，但繁殖系数低。

5.5.1 变态茎繁殖

5.5.1.1 匍匐茎与走茎

匍匐茎与走茎繁殖是指由短缩的茎部或由叶轴的基部长出长蔓，蔓上有节，节部可以生根发芽，产生幼小植株，分离栽植即可成新植株。节间较短，横走地面的为匍匐茎，多见于草坪植物，如狗牙根、野牛草等。草莓是典型的以匍匐茎繁殖的果树。节间较长不贴地面的为走茎，如虎耳草、吊兰等。匍匐茎与走茎繁殖见图 5.41、图 5.42。

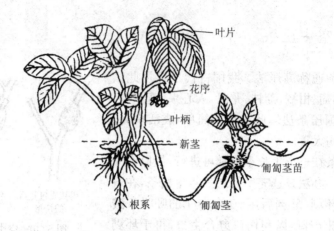

图 5.41　匍匐茎繁殖示意图

图 5.42　吊兰的走茎繁殖示意图

5.5.1.2　蘖枝

　　有些植物根上有不定芽,萌发成根蘖苗,与母株分离后可成新株,如山楂、枣、杜梨、海棠、树莓、石榴、樱桃、萱草、玉簪、蜀葵、一枝黄花等。生产上通常在春秋季节,利用自然根蘖进行分株繁殖。为促使多发根蘖,可人工处理。一般于休眠期或发芽前,将母株树冠外围部分骨干根切断或创伤,刺激产生不定芽。生长期保证肥水,使根蘖苗旺盛生长发根,秋季或来年春与母体截离。蘖枝繁枝法见图 5.43。

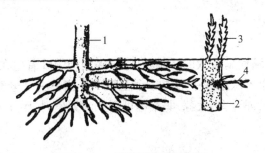

图 5.43 梨树断根繁殖根蘖

1. 母株；2. 开沟断根后填入土；3. 切断口发生根蘖；4. 根蘖发根状况

5.5.1.3 吸芽

吸芽是某些植物根际或地上茎叶腋间自然发生的短缩的、肥厚的呈莲座状短枝。吸芽的下部可自然生根，故可分离而成新株。菠萝的地上茎叶腋间能抽生吸芽；多浆植物中的芦荟、景天、拟石莲花等常在根际处着生吸芽。菠萝吸芽繁殖见图 5.44。

5.5.1.4 珠芽及零余子

珠芽为某些植物所具有的特殊形式的芽，生于叶腋间，如卷丹。零余子是某些植物的生于花序中的特殊形式的芽，呈鳞茎状（如观赏葱类）或块茎状（如薯蓣类）。珠芽及零余子脱离母株后自然落地即可生根。卷丹繁殖见图 5.45。

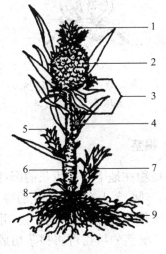

图 5.44 菠萝植株形态

1.冠芽；2.果实；3.裔芽；4.果柄；5.吸芽；
6.地上茎；7.蘖芽；8.地下茎；9.根

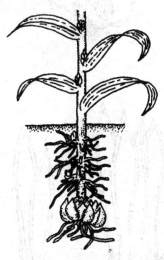

图 5.45 卷丹的鳞茎与珠芽

5.5.1.5　鳞茎

有些植物有短缩而扁盘状的鳞茎盘,肥厚多肉的鳞叶着生在鳞茎盘上,鳞叶之间可发生腋芽,每年可从腋芽中形成1个至数个子鳞茎并从老鳞茎旁分离开。如百合、水仙、风信子、郁金香、大蒜、韭菜等可用此法繁殖,见图5.46。

5.5.1.6　球茎

有些植物有短缩肥厚近球状的地下茎,茎上有节和节间,节上有干膜状的鳞片叶和腋芽供繁殖用,可分离新球和子球,或切块繁殖。如唐菖蒲、荸荠、慈菇可用此法繁殖,见图5.47。

图5.46　水仙的鳞茎

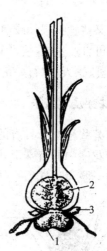

图5.47　唐菖蒲的球茎
1.老球;2.新球;3.子球

5.5.1.7　根茎

有些植物在地下水平生长的圆柱形的茎,有节和节间,节上有小而退化的鳞片叶,叶腋中有腋芽,由此发育为地上枝,并产生不定根。具根茎的植物可将根茎切成数段进行繁殖,一般于春季发芽之前进行分植。莲、美人蕉、香蒲、紫苑等多用此法繁殖,见图5.48。

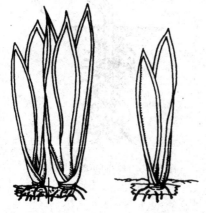

图5.48　虎尾兰的根状茎

5.5.1.8 块茎繁殖

马铃薯块茎收获后处于生理性自然休眠状态,块茎上的芽不能立即萌发,在生产实践中应用植物生长调节剂和化学药剂,如赤霉素及硫氰化物处理种薯,以及切割种薯等措施,来改变块茎内酶的活动方向而促使萌发。以春播马铃薯为例。

(1) 种薯挑选

选择生长整齐、健壮、无病斑虫眼、色泽良好,且无出芽现象的马铃薯作为种薯。

(2) 暖种晒种

秋、冬季收获的种薯春播时仍处于休眠状态,通过暖种、晒种可解除休眠,并促使芽萌发均匀一致。于播种前 30～40d 将种薯置于黑暗和温度 20℃ 左右的环境中,10～15d 后块茎顶部芽长至 1cm,这一步为暖种。然后将种薯置于散光或阳光下晒,即晒种。温度保持在 15℃ 左右,使顶芽生长受抑制而促进侧芽的生长,20d 左右后块茎上的芽大体发育一致。

(3) 药剂处理

破除块茎休眠的常用药剂是赤霉素,整薯用浓度为 10～20 mg/L 赤霉素处理 10～20 min,而种薯切块后用浓度 0.5～1.0 mg/L 处理 10 min,捞出后即可播种。

(4) 切块

播种时既可以用整薯,也可以切块。整薯有利于控制细菌性病害,切块播种则可节约种薯。切块应采用选芽切块,种块呈立体三角块形,重 15～20g。切到病薯时随即剔除,同时将切刀用 78% 乙醇消毒。未经暖种、晒种的种薯切块时,中小形块纵切以利用顶芽优势,大块同样按芽眼切。

(5) 播种或育苗

将整薯或切块直接播于大田,或将种薯密集排列于苗床,覆盖 7～10cm 细土。待苗高 20cm 以上时,起出种薯,瓣下带根的幼苗定植于大田。种薯则用来再培养第 2 批种苗或直接播于大田。幼苗发根慢,生长势弱,栽植宜密,需加强管理。

5.5.2 变态根繁殖

块根由不定根(营养繁殖的植株)或侧根(实生繁殖植株)经过增粗生长而形成的肉质贮藏根。在块根上易发生不定芽,可以用于繁殖。既可用整个块根繁殖,如大丽花见图 5.49;也可将块根切块繁殖。

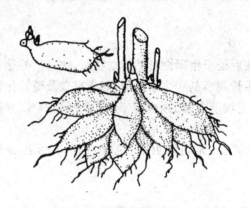

图 5.49 大丽花的块根

任务六 园艺植物离体繁殖

离体繁殖也称离体快繁或微型繁殖,是指通过无菌操作,将植物体的器官、组织乃至细胞等各类材料切离母体,接种于人工配制的培养基上,在人工控制的环境条件下进行离体培养,并经过反复继代,达到周年生产的目的。离体繁殖的材料来源单一,增殖系数高,增殖周期短,通常只需很少的外植体(切离母体的植物材料统称为外植体),在一年内就可以繁殖数以万计遗传性状一致的种苗,大大提高了繁殖系数,故称之为快繁。快繁对于常规繁殖系数较低的园艺作物、名贵的园艺品种、稀优的种质资源、优良的单株或新育成的新品种等的快速育苗有重要的应用价值。

离体繁殖一般需经过以下四个阶段:第一阶段是无菌体系的建立(也称初代培养或初始培养);第二阶段是增殖培养,即在较短时间内获得足量的繁殖材料;第三阶段是生根培养,即将大量的繁殖材料诱导生根,使之成为试管内的独立个体;第四阶段是驯化移栽,即将试管内的独立个体移栽到适宜的基质上,在人为控制的环境下逐步适应外界的条件而成为可移植田间的独立个体。以上四个阶段比较起来难度较大或更为关键的是两头,这两个阶段是植物或植物的组织、器官在试管内生长和在田间生长的互换,常常会有不适应环境的现象出现,严重时会全军覆没。第一阶段是离体快繁的开始,它是离体快繁成功与否的前提,无菌体系建立后才可逐步为第二阶段增殖培养提供大量的繁殖材料;第二阶段是离体快速繁殖的关键,必须经过该阶段才能达到快速繁殖的目的。

5.6.1　葡萄离体繁殖

葡萄离体快速繁殖,不仅可以加快优良品种的繁殖和推广,而且为发展无病毒葡萄栽培及种质资源保存创造了条件。

5.6.1.1　取材与处理

取田间幼嫩枝条,用自来水冲洗干净后,剪去叶片和卷须,将材料剪成3~4个腋芽的茎段,用自来水冲洗 30 min,再用无菌水冲洗 4~5 次,然后浸泡在无菌水中。在超净工作台上先以 75%乙醇分别浸泡茎段 10s,20s,30s,用无菌水冲洗 3次,再用 0.1%升汞分别浸泡并不断摇动 2,4,6,8 min,最后用无菌水冲洗 5 次,并填写如表 5.7 所示的记录表。

表 5.7　消毒时间对材料存活率和污染率的影响

75%乙醇 时间/s	0.1%升汞 时间/min	接种茎 段数/个	存活率/%	污染率/%	萌芽率/%
10	4				
20	4				
30	4				
20	2				
20	4				
20	6				
20	8				

5.6.1.2　初始培养

将表面灭菌后的茎段剪成 0.5~1.0 cm 的带芽茎段接种在初代培养基上。初代培养基为 MS 附加 6-BA0.05mg/L、IAA0.2mg/L、NAA0.1mg/L 和 IBA0.04mg/L;培养基附加蔗糖 30g/L,琼脂 7~8g/L,pH5.8~6.0。培养室温度(25±1)℃,光照强度 1 500~2 000 lx,光照 12h/d。待芽抽出新梢,将其剪成单芽茎段插入增殖培养基中增殖。

5.6.1.3　增殖培养

将无菌试管苗切成单芽茎段插入增殖培养基上,增殖培养基为 MS 附加

IBA 0.3~0.5 mg/L。无菌试管苗边萌芽边生根,从而完成增殖。

5.6.1.4 驯化移栽

将生根后的试管苗放在自然光下封口练苗 1 周左右,再开盖练苗 3~4d,然后小心取出生根苗,洗净根部琼脂,移栽到盛有细河沙塑料钵中,浇透水,在塑料钵上罩上一个透明罩保湿,保持温度 25℃左右。半月后叶片明显长大,根系伸长,幼苗移栽到大田。

5.6.2 非洲菊的离体繁殖

非洲菊传统的繁殖方法是种子繁殖和分株繁殖。非洲菊自花不孕,必须辅以人工授粉,而种子寿命很短,发芽率低,且种子繁殖难以维持其品种的优良特性,故种子繁殖常用于杂交育种;分株繁殖受季节限制,繁殖系数低,难以适应规模化、工厂化生产,且长期无性繁殖会造成病毒积累,种性退化。非洲菊离体快繁体系通常是以幼花托为外植体,诱导形成愈伤组织,再分化出不定芽从而获得快繁所需的无菌芽。

5.6.2.1 取材与处理

选直径为 0.5~0.7 cm 的幼头状花序,洗去附着在表面的污物,用洗涤剂清洗两次,再用自来水冲淋 1.5~2 h,然后到超净工作台上进行 75%乙醇和 0.1%升汞不同时间的灭菌处理,最后用无菌水冲洗四次,去苞片,将花托切成 0.4~0.5cm 的小块,接种于诱导培养基中。诱导培养基为 MS+BA8mg/L+NAA0.2mg/L+蔗糖 2%(质量分数)+琼脂 0.8%(质量分数),pH 值 5.8。每个灭菌处理接种 20 枚外植体,15d后观察记录外植体的污染、死亡、无菌成活、生长等情况。记录表见表 5.8。

表 5.8 消毒时间对材料存活率和污染率的影响

75%乙醇时间/s	0.1%升汞时间/min	接种花托块数/个	存活率/%	污染率/%	生长情况
5	15	20			
10	15	20			
15	15	20			
10	5	20			
10	10	20			
10	15	20			
10	20	20			

5.6.2.2 初始培养

将经过表面灭菌的花托接种于初始培养基上诱导愈伤组织。初始培养基为MS+BA8mg/L+NAA0.2 mg/L。培养基附加蔗糖 30g/L,琼脂 6g/L,pH5.8。培养温度(25±2)℃,光照 12h/d,光照强度2000lx。

5.6.2.3 增殖培养

待愈伤组织周围产生营养芽体,将这些营养芽体切成单芽或小芽丛转接到低浓度细胞分裂素 MS+6-BA1mg/L+NAA0.1mg/L+4%蔗糖的增殖培养基,待长出芽丛后,再将这些小芽丛切开,转入相同培养基上。

5.6.2.4 生根培养

将增殖的幼苗分割,分成单株转接到生根培养基上诱导生根。生根培养基为1/2MS+IBA0.3 mg/L,10～15 d取出种植。

5.6.2.5 移栽

将生根苗从瓶中取出,用水冲洗根系上的琼脂,移栽到育苗盘内,并浇足水。育苗盘以腐熟的草屑、泥炭,珍珠岩＝1:1(V/V)或木屑:蛭石＝1:1(V/V)用作非洲菊组培苗的驯化基质。新叶出现前保持 25℃左右的温度、85%的湿度。新叶出现后 2～3 d浇 1 次复合肥。

5.6.3 月季的离体繁殖(丛生芽型)

5.6.3.1 取材与处理

从生长在田间或盆栽的优良品种的植株上,选取生长健壮的当年生枝条,用饱满而未萌发的侧芽作为外植体,侧芽中又以枝条中段的为好。采回的枝条切去叶,再剥去附在茎上的叶柄及皮刺,先整段用刷子蘸浓洗衣水仔细刷洗,再用自来水冲净,毛巾擦干,置于小木板上,用利刀切成 2～3 cm 一段,每段至少一个侧芽。然后在超净工作台上,用饱和漂白粉清液进行表面灭菌 15～30 min,再用无菌水冲洗5～6 次,用无菌滤纸吸干茎段外表水分,接种到初始培养基中。

5.6.3.2 初始培养

初始培养基用 MS 培养基附加 BA 0.3～1.0 mg/L,培养基附加蔗糖 30 g/L、琼脂 7 g/L,经过 2～3 周得到无菌芽。

5.6.3.3 增殖培养

将上述无菌芽从原茎段上切下,转接到 MS＋BA 1～2 mg/L＋IAA 0.1～0.3mg/L 或 MS＋BA 1～2 mg/L＋NAA 0.01～0.1 mg/L,或 MS＋BA 1～2 mg/L＋IBA 0.3 mg/L 的培养基上,促使嫩茎长出更多的侧芽,原茎段弃去。继代增殖 5～6 周 1 次,将月季嫩茎切成 1～2 节 1 段,插入新鲜的增殖培养基上。

5.6.3.4 壮苗培养

增殖倍数高的品种所增殖的嫩茎较细弱,需要进行 1 次壮苗培养,以取得适合生根和今后移栽的苗。即将丛生芽接种于壮苗培养基上。壮苗培养基为 MS＋BA 0.3～0.5 mg/L＋NAA 0.01～0.1 mg/L 或 MS＋BA 0.3～0.5 mg/L＋IBA 0.3 mg/L。增殖与壮苗适宜的培养条件是:光照 10～12 h/d,光照强度 800～2 000 lx,温度(21±2)℃,也可以放于 24～26℃恒温条件下。

5.6.3.5 生根培养

月季嫩茎生长到一定长度时,就应切割下来,转入生根培养基上。常规做法是让幼苗长出几条短的白根,然后出瓶种植。新的做法是让幼苗基部伤口愈合,长出根原基,未待幼根长出,即出瓶种植。插植 2.5～3 cm 的较粗嫩茎,经 7～10d,即取出种植。这种方法不会损伤根系,移栽速度快,成活率高。产生具有根原基的无根苗的培养基为 MS＋NAA 0.5 mg/L。

5.6.3.6 驯化移栽

幼苗出瓶后,先洗去黏附的琼脂培养基,按株行距为(2～3)cm×(4～6)cm 的密度定植在蛭石、稻壳灰＋田园土(1:1)、锯木屑＋田园土(1:1)或粗沙＋田园土(1:3)等基质上,并观察和记录不同基质对移栽成活率的影响,见表 5.9。移栽完毕浇透水,并用 0.1%百菌清、多菌灵或托布津、甲基托布津等喷雾保苗。移栽最重要的是保持相对湿度 85%以上。田间移栽覆盖塑料薄膜,并注意通气和温度管理。在首次移栽 4～6 周后,必须进行第 2 次移植,通常植入 5×9cm 的塑料杯中,每杯栽 1 苗。再经 4～6 周,地上部充分生长,此时即可上盆种植或运至需要地点定植。

表 5.9 不同基质对移栽成活率的影响

基质种类	移栽苗数/棵	移栽成活率/%
蛭石		

基质种类	移栽苗数/棵	移栽成活率/%
稻壳灰＋田园土(1:1)		
锯木屑＋田园土(1:1)		
粗沙＋田园土(1:1)		

5.6.4　兰花的离体培养(原球茎途径)

兰花种类繁多,主要以分株繁殖为主,但繁殖系数很低,并且长期无性繁殖,普遍带有病毒病,种性下降,影响生长和观赏价值。用种子繁殖,其种胚发育不完全,没有胚乳,不易发芽,发芽率极低。应用组织培养技术,开展兰花的快速繁殖,具有十分深远的意义。

5.6.4.1　取材与处理

取 6～13 cm 长的新芽,从植株基部切离,用利刀除去根、脏物和外包叶 2～3 片,充分洗净后将材料再切取 2～3 cm 长,在 10% 次氯酸钠药液中消毒 10 min,灭菌后用无菌水冲洗 4～5 次,再放到灭菌滤纸上吸干水分,然后在解剖镜下进行无菌操作,剥取茎尖和腋芽。茎尖取 2 mm 以上,带 2 个叶原基。

5.6.4.2　原球茎的诱导

外植体接种后放置在 23℃～25℃ 的黑暗条件下培养。春兰类品种以 W(White 培养基)＋BA1 mg/L＋NAA 5 mg/L＋8.5%CM(椰乳)的培养基为优。夏蕙、秋素等品种则以 MS＋BA0.5mg/L＋NAA1mg/L＋0.5%活性炭的培养基为佳。

5.6.4.3　原球茎的增殖

茎尖、侧芽接种 3～6 个月后,根状茎形成时即可分割继代,增殖培养基以 W 为基本培养基附加 NAA 1～2 mg/L 的液体培养基为宜。放置在慢速转床上(1～2 r/min)光照培养,每隔 15 d 更换 1 次培养基,连续继代 3～4 次后,转入相同成分、附加活性炭(0.3%)和柠檬酸(500 mg/L)的固体培养基中,每月继代 1 次。液培、固培交替进行。增殖培养中,原球茎的分割不可太小,培养群体不宜太少,培养液不可过多,继代时间不可太长,否则原球茎生长不良,甚至死亡。

5.6.4.4 成苗和壮苗培养

将原球茎转入 B_5＋BA 2～3 mg/L＋NAA 0.2 mg/L 的固体培养基上,放置在 25℃左右、光照强度1 000 lx的条件下,不久就分化芽和根,从而形成完整的小植株。当芽长至 2～3 cm 时,应及时转入 B_5＋NAA 2 mg/L＋活性炭 0.3％的培养基中,让根、芽能成比例地正常生长。壮苗培养以大试管(30×200mm)为宜,放置在 28℃左右、光照强度2 000 lx、每天光照 12h 的环境中。当苗高 12 cm 以上、根苗苗壮即可移栽。

5.6.4.5 驯化移栽

炼苗 3～4 d(即打开试管塞)。苗取出后洗净黏在根上的培养基,晾苗后栽植在通气、透水、保湿三者高度统一的介质中,先在高湿弱光条件下缓苗 6～10d,以后放在 15℃～25℃、空气相对湿度 80％左右的条件下养护,定期补施营养液。

5.6.5 草莓脱毒苗的培育

植物体内病毒的积累对作物的产量和品质产生很多不利的影响,大量的实践表明采用脱毒苗生产对产量和品质的提高有明显的效果。如草莓脱毒苗的果实大,产量提高 20％～30％。获得脱毒苗最常用的途径是通过茎尖分生组织培养获得脱毒种苗,然后再通过离体快繁大量生产种苗,或在隔离条件下常规生产脱毒苗。

5.6.5.1 取材与处理

在生长季节取草莓生长健壮的匍匐茎 4～5 cm,流水冲洗 2～4 h。在无菌室内,用 0.5％次氯酸钠溶液表面消毒 5 min,并不停地摇动。然后在解剖镜下剥取茎尖分生组织,大小一般取带有 1 个叶原基、长 0.3～0.5 mm 的茎尖为好。为提高微茎尖培养脱毒的效果,往往与热处理外植体结合使用。直接用试管快繁苗的微茎尖可省去外植体表面灭菌的环节,成功的概率大大提高。

5.6.5.2 初始培养

将茎尖放入初始培养基(MS＋BA 1.0mg/L＋NAA 0.1mg/L＋蔗糖 30g/L＋琼脂 7～8g/L,pH 值 5.8～6.0)中培养。培养室温度(25±1)℃,光照强度1 500～2 500 lx,光照时间 12～14 h/d。接种后 2～3 周,外植体开始长大、转绿,待腋芽突起萌发长成小植株时进行继代增殖培养。

5.6.5.3 增殖培养

每隔 3～4 周转换培养基 1 次,将诱导出的健壮试管苗转接到增殖培养基上培养 20d 后,调查芽的增殖情况。

5.6.5.4 生根培养

将生长健壮、苗高 2.5～3 cm 的试管苗移到生根培养基(1/2MS＋IBA 0.1～0.5 mg/L),诱导生根。生根培养的光照强度提高至 3 000～4 000 lx,温度和光周期与初始培养相同,约 15d 左右即可诱导出健康的根系。

5.6.5.5 驯化移栽

待生根培养至试管苗根长 2～3cm 时,打开试管苗瓶口,温室内放置 2～3d,取出洗去根部培养基,移栽到盛有园土掺沙土或蛭石的塑料钵内,置于塑料大棚或温室中,再加塑料薄膜拱棚保湿,保持 85％ 的相对湿度和 22℃～25℃ 的温度。7～10d 后待苗长出新叶,发出新根,可逐步放风,降低棚内湿度,最后除去塑料薄膜。经过 20～30d 的过渡移栽,可移植田间。

5.6.5.6 病毒检测

移栽苗达到 25～30 株时,可进行病毒检测。

病毒检测的方法有指示植物法、抗血清法、电镜检测法和 RT-PCR 法等,其中最为简便而常用的方法是指示植物法。从被检测草莓植株上,采集长成不久的新叶,除去两边的小叶,中央小叶带 1～1.5 cm 长的叶柄,把它削成楔形作接穗,再除去指示植物复叶中间的小叶,在叶柄中央部位切开 1～1.5 cm,插入接穗,包扎后罩塑料薄膜袋,或放在高湿度的室内,适宜温度为 20℃～25℃。若被检测植株带有病毒,嫁接 1～2 个月后,在新展开的叶片、葡匐茎和老叶上,会出现病毒危害症状。

5.6.5.7 离体快繁

脱毒种苗经鉴定后,选择无病毒株系继续进行离体快繁来培育大量的脱毒种苗。

5.6.5.8 保存

获得脱毒种苗后可通过离体培养的方法保存或离体低温保存,也可以在严格隔离条件下大田保存,并作为脱毒材料进行常规繁殖。前者是较理想的保存方法,而后者虽然创造了病毒不易侵染植株的环境,但不排除重新侵染的可能性,因此存在较大的危险性,且需要定期检测病毒,一旦有病毒侵染就失去利用价值。对于常规采用嫁接繁殖的多年生木本植物而言,培育脱病毒苗最为现实的方法是获得脱毒原种后在隔离条件下大田保存,取脱病毒母株上的接穗进行嫁接育苗。在柑橘上也有采用微茎尖嫁接培养脱毒苗的技术,即脱毒和常规育苗结合起来进行,但因嫁接成活率低而应用受到限制。

5.6.6 人工种子生产

人工种子是由胚珠发育而来的,它一般是由体细胞经组织培养后产生有分裂能力的胚性细胞,再由胚性细胞分裂分化为具有胚性结构(即具有胚芽与胚根两极结构)的胚状体。人工种子在结构上缺少种皮和胚乳,胚状体只能在试管内生长发育成试管苗,经过驯化阶段后培育成定植苗。若采用人工种子技术,在胚状体的表面包上一层高分子有机化合物作为种皮,也可与普通种子一样作为播种材料应用。

人工种子的制作主要分为两大步骤,一是胚状体的诱导与形成;二是人工种皮的制作与封皮。

不同的作物可以利用其不同部位作为外植体,采用不同的方法来诱导胚状体。如芦笋、西洋参、胡萝卜、大蒜等是由外植体先诱导出愈伤组织后,在愈伤组织上形成胚状体;茴香等可从外植体上直接发生胚状体;胡萝卜、芹菜等的细胞悬浮培养,可得到单细胞起源的胚状体;黄瓜、玉米、甘蔗等作物的原生质体培养能形成胚状体。

在胚状体外封上人工种皮就制成了人工种子(或称合成种子)。所封制的人工种皮必须具备自然种皮的作用,即人工种皮本身对胚无伤害,并具有一定的硬度和保护作用;能保持分生组织生活所必需的水分;胚状体萌动后不影响胚向外伸长生长。人工种皮的封制方法有多种,如复合凝胶法、界面聚合法、凝胶法等。目前大多采用藻酸盐凝胶,先制成胶囊,然后在胶囊上再覆盖一层明胶聚麦角酰胺,或 El-va×4206 制成硬化薄膜。

在制作人工种子时,要注意合理选择体细胞胚,提高人工种子的发芽率,并提高包埋技术,延长其储存时间。

任务七 容器育苗技术

利用各种容器装入培养基质培育苗木称容器育苗。园艺植物的繁殖除利用容器播种育苗外,还可利用容器进行扦插繁殖。容器育苗不仅节省种子,而且提高了苗木质量和成活率,缺点是单位面积产苗量低,成本高,营养土的配制和处理等操作技术比一般育苗复杂,在栽植上也存在运输不便、运费高的问题。

5.7.1 容器育苗营养土的配制

5.7.1.1 营养土配制

营养土的配制要根据培育苗木的生物学特性和对营养条件的要求而定,要富有氮、磷、钾多种元素,多以综合性的肥沃土壤为主要原料,加入适量的有机肥和少量化肥,要因地制宜就地取材,充分利用当地的肥源,采用不同的配制方法。

对培养土的具体要求是容重在 0.7 左右,总孔隙度 60%~80%,其中大孔隙(空气容积)和小孔隙(毛细管容积)大约各占 50%;可溶性氮含量在 350~400mg/kg 之间,有效态磷在 300~350mg/kg 之间,速效钾在 250~300mg/kg 之间,pH 值为 5.8~7,无病虫害等。

蔬菜育苗基质常见配方为:菜园土和泥炭(或腐叶土、堆厩肥,或泥炭、堆厩肥、腐叶土的混合物)各 50%;另一种配方是用菜园土、炭化稻壳和泥炭各 1/3 配成混合土。

5.7.1.2 土壤消毒

一般用 0.05%甲醛溶液,或 0.1%~0.3%高锰酸钾药物喷洒土壤消毒,喷洒药液后放 3~6d 后使用。

5.7.2 容器的制备

5.7.2.1 聚乙烯薄膜袋

聚乙烯薄膜袋盛装营养土进行育苗,方法简便,效果较好。在冬季或早春育苗,聚乙烯薄膜袋具有较好的保持土壤湿度和提高土温的作用,播种后出苗较早,苗木生长也很好。但在高温多雨的夏季育苗,要注意防止袋内温度过高,或排水、通气不良而导致发生病害。聚乙烯袋用厚度为 0.03~0.04 mm 的农用薄膜制成,直径 5~12 cm(一般为 8 cm),高 7~30 cm(一般为 15 cm),袋壁每隔 1.5~2 cm 穿直径为 0.5 cm 的圆孔,以利排水、通气。栽植时,要把袋划破或把袋中苗取出。

5.7.2.2 营养杯

一般用黏质土和稻草为原料制成圆锥形杯,直径 6~10 cm,高 10~15 cm,壁厚 0.8~1 cm,用模具制成后晾干即可使用。也可用旧报纸等做成纸杯进行育苗,移栽时不需将苗木取出。

5.7.2.3 塑料容器

利用塑料容器育苗,栽植时必须从容器中取出苗木,用完整的苗木根系进行栽植。

5.7.3　装土与排列

容器中的营养土因多混有肥料,在装土前必须充分混合,防止出现苗木生长不均匀,最后混合后堆放一段时间再用,以免烧伤幼苗。容器中填装营养土不应过满,灌水后的土面一般要低于容器边口 1~2cm,防止灌水后水土流出容器。在容器的排列上,要依苗木枝叶伸展的具体情况而定,以便于植物生长及操作管理上的方便,又节省土地为原则。容器排列紧凑不仅节省土地、便于管理,而且可减少水分蒸发,防止土壤干旱;但过于紧密则会形成细弱苗。

5.7.4　播种育苗

容器育苗的方法与一般苗圃育苗方法相同,可行播种、扦插、移栽。进行播种育苗所用的种子必须是经过检验和精选的优良种子。播前应进行催芽,才能保证每个容器中都获得一定数量的幼苗。播后为减少蒸发可行覆盖,先用碎稻草覆盖,再用整稻草盖好,撤除稻草时把上面整稻草撤掉,留下少量碎稻草覆于容器内,可防止水分蒸发,又能防止灌水时直接冲击幼苗和表土。

5.7.5　施肥

由于容器中装的营养土远比苗圃中的土壤少,其所含的养分远不能满足苗木生长的需要,必须在整个育苗过程中,经常对苗木施肥来补足肥料短缺。

将含有一定比例的氮、磷、钾养分的混合肥料,用 1:200 的浓度配成水溶液,结合浇水进行施肥。要根据苗木各个生长期的不同要求,不断调整氮、磷、钾比例和施用量。在一定范围内,增加矿物质营养,可以促进根系增长,进而促进茎叶生长。

但在夏季连续施用氮肥,会过分延长茎叶生长和降低抗性,故在苗高达到一定规格时,必须加以控制。在夏末秋初要停止施用氮肥,维持或增加磷肥的数量,促使苗木封顶和苗干健壮。当苗木进入硬化期以后,恢复使用含氮的混合肥料,可以促进生根和提高苗木体内养分浓度,而不增加苗木地上部分的生长,使苗木具有较高的抗性。

5.7.6　灌水

灌水是容器育苗成败的关键环节之一,尤其在干旱地区应更加注意灌水。在幼苗期水量应足,促进幼苗生根,速生期后期控制灌水量,促其根茎的生长,使其矮而粗壮,抗逆性强。

5.7.7　防治病害

容器育苗很少发生虫害,但要注意防治病害,要保持通风以降低空气湿度,并适当使用杀菌剂。

练习与思考

1. 种子繁殖有什么优点? 有什么用途?
2. 优良种子的标准是什么? 采收种子的方法有哪些?
3. 如何进行种子的采后处理?
4. 什么叫种子的寿命?
5. 种子贮藏的方法有哪些?
6. 种子净度与品种纯度有何区别?
7. 种子发芽势和发芽率有何区别?
8. 简述种子净度的检测过程。
9. 简述种子发芽势和发芽率的检测过程。
10. 简述种子千粒重的检测过程。
11. 就蔬菜种子质量检验技术写一份报告。
12. 园艺植物繁殖的主要方式有哪些? 简述它们的特点与应用。
13. 衡量园艺植物种子质量的指标有哪些? 如何测定种子的生活力?
14. 简述促进园艺植物种子发芽的主要措施。
15. 影响嫁接成活率的因素有哪些?

16. 木本植物与草本植物在嫁接技术方法上有什么不同？

17. 试述嫁接苗管理的关键技术？

18. 说明扦插和压条繁殖的特点及适用园艺植物的种类。

19. 什么是压条繁殖？简述直立压条的方法。

20. 什么是分生繁殖？变态茎繁殖的类型有几种？

21. 为什么马铃薯播种前需进行处理？有哪些处理方法？

22. 生产中应用脱毒苗有何意义？获得的脱毒苗或脱毒材料有哪几种鉴定方法？

23. 试述无菌苗、组培苗以及脱毒苗的区别。

24. 简述营养土的配制方法及实际操作过程。

25. 简述容器的制备及装土与排列的方法和操作过程。

26. 如何进行容器育苗的播种和播后管理？

项目六　园艺植物的栽植

学习目标：

　　本项目介绍了园艺植物栽植技术,要求了解定植和整地的方式,掌握蔬菜植物的直播和定植技术、果树定植技术,学会大树移植技术,熟练掌握花卉的盆栽技术,熟悉花卉装饰水养技术和草坪建植技术。

任务一　蔬菜的直播与定植

6.1.1　直播技术

　　在蔬菜生产中,有些生长期比较短的、生长速度比较快的绿叶类蔬菜,不需要育苗移栽,可直接播种生产。根菜类蔬菜断根后容易形成叉根,也不能育苗移栽,而进行直播。豆类蔬菜、白菜类中的大白菜、瓜类蔬菜中的南瓜、甜瓜等蔬菜也不适合育苗移栽,而直接播种生产。

6.1.1.1　土地的准备

　　蔬菜根系多数集中在 5~25cm 土层中。菜地耕作要求深耕细锄,一般深 25~30cm,土块力求细碎。老农的经验是,掘菜地要来回两遍,头遍深掘,二遍细锄粉碎土块。深耕可以加厚土层,同时可将杂草种子、害虫和病原物埋入土层深处,减轻危害。但土层浅薄的土地,耕作时须避免将底土翻到耕作层而引起土地肥力下降。深耕的同时,结合施用有机肥,以促进土壤熟化。

　　在播种前要施足底肥,整好土地,按播种蔬菜的种类做好适宜大小的播种畦,每畦内再施入一定量的有机肥和化肥作底肥,要求土壤与肥料混合均匀,畦面大致平整,准备播种。

6.1.1.2　种子的准备

　　播种用的种子要经过检验,选择品种纯正、籽粒饱满、发芽率达 85% 以上的种子为播种用种,按播种面积的大小准备适宜的数量。播种前,可对种子进行药剂消毒和浸种处理。

6.1.1.3 播种方式

蔬菜直播的播种方式有撒播、点播和条播。撒播用于生长期短的植株矮小的速生蔬菜，如菠菜、芫荽、茴香、茼蒿、小白菜等；条播用于生长期较长及需要中耕培土的蔬菜，如大白菜、萝卜、胡萝卜、根用芥菜等；穴播用于生长期较长的大型蔬菜类或需要丛植的蔬菜，如豆类蔬菜、瓜类蔬菜中的直播种和韭菜等。

6.1.1.4 播种方法

播种用的种子可分为浸种催芽的湿种子和不浸种催芽的干种子。无论播种干种子还是湿种子，在播种时根据浇水的先后可分为干播法和湿播法。干播法就是先播种后浇水的方法；湿播法就是先浇水后播种的方法。

干播时根据蔬菜的种类选择适宜的播种方式。撒播是把种子均匀地撒在种植畦内，条播是把种子撒播在沟内，穴播时每穴播种 2～5 粒不等的种子。播种后及时覆土镇压。撒播的可覆盖过筛的细土，条播和穴播的可利用沟或穴周围的土壤覆盖。视季节和土壤干湿程度决定浇水与否。

湿播法是先在畦、沟、穴内浇水，待水渗下后向畦、沟、穴内播种，后覆土镇压的播种方法。用湿播法有利于保墒增温，防止土壤板结，因此适于早春气温低时使用。

6.1.2 定植技术

蔬菜生产中为了争取农时、增加茬口、发挥地力、增加根数、扩大根的吸收面积等，可进行蔬菜的育苗移栽。生产中常用于育苗移栽的蔬菜有茄果类、瓜类、葱蒜类和白菜类中的结球甘蓝、花椰菜等。育苗以后要及时移栽以保证植株的正常生长。

6.1.2.1 定植畦的准备

整好地后，按定植蔬菜的种类做好大小适宜的定植畦，必须深沟高畦，做到排水畅通。一般畦宽(连沟)1.2～1.5m，作好畦后，每 667 m² 向畦内施入3 000～5 000kg有机肥和 20～40kg 过磷酸钙等无机肥料，肥料可全层施，也可开沟集中施，用锄头把畦面做成龟背状。

6.1.2.2　幼苗的准备

定植的蔬菜要事先进行育苗,定植前应使幼苗达到一定的大小。定植时,要求每个定植畦的苗尽量整齐一致,去掉有病害和损伤的劣苗。

6.1.2.3　定植时间

春季露地蔬菜的定植时间应在晚霜期以后,半耐寒蔬菜需要土壤10cm的地温稳定在5℃以上;喜温蔬菜需要土壤10cm的地温稳定在10℃以上;耐热蔬菜需要土壤10cm的地温稳定在15℃以上。秋季栽培以初霜期为界,根据蔬菜所需生长期长短提前定植。如果菜类可在初霜期前的三个月左右定植。在早春露地蔬菜定植时,为了防止低温对秧苗的危害,定植时间应在10:00开始,14:00结束。在夏秋季定植时,为了减少高温对秧苗的危害,定植时间选择在傍晚较好。

6.1.2.4　定植方法

用定植铲在畦内挖定植穴,取苗定植。营养钵育苗的,用一只手压住营养钵中的土坨,翻转营养钵,另一只手挤压营养钵的底部,取出土坨后定植。根据定植时浇水的先后,可分为明水定植和暗水定植两种。明水定植时,按定植蔬菜种类的株行距大小开穴或开沟,把秧苗栽植在定植沟或定植穴中,覆土压紧,种植完及时浇水。待水全部渗下后,间隔几小时,在定植畦的表面覆盖一层0.3cm厚的细干土。明水定植省工省时。暗水定植也称"水稳苗法",定植时先在定植沟或定植穴中浇水,把秧苗放在定植沟或定植穴内,待水渗下后,覆土栽苗。暗水定植可防止土壤板结,有保墒、促进幼苗发根、减少土壤降温、加速缓苗等作用。

6.1.2.5　定植密度

定植蔬菜的密度因蔬菜的种类、品种、栽培方式、管理水平以及气候条件的不同而异。一般蔓生搭架的蔬菜定植密度较大,爬地生长和丛生的蔬菜定植密度较小;早熟品种定植密度较大,晚熟品种定植密度较小;在不太适宜的条件下栽培(如设施栽培),植株生长势较弱,定植密度较大;而在适宜的条件下栽培,植株长势强,定植密度应较小。如单干整枝的番茄每667m² 种植3 000株,双干整枝的番茄每667 m² 种植2 000株。

6.1.2.6　定植深度

秧苗栽植的深度,与定植时间、地下水位的高低和蔬菜种类有一定的关系。一般早春地温较低,定植宜浅;地下水位较高者定植也不宜过深;黄瓜、洋葱宜浅一些;大葱、番茄、茄子可以深一些。定植深度一般以子叶以下畦面与土坨面相平为宜。

任务二 果树苗木的栽植

6.2.1 定植点或定植沟的划定

采用挖定植穴的平地果园定植点的测定,可以根据小区的面积首先在小区的四周定点或在小区的中央定点,并栽木桩或撒石灰标记。有条件的可以用水准仪确定栽植的行向,沿行向用已经标好株距的测绳确定定植点,并用石灰标记。采用定植沟栽植的园区,应在小区的一边确定栽植第一行作物的位置后,根据行距依次确定各行的距离。用水准仪定位作物栽植的中心位置和定植沟的宽度,并用石灰进行标记。

山地园区的栽植行向,应以水平线的方向为作物定植的行向,然后用已经标好株距的测绳确定定植点或定植沟。

6.2.2 挖定植穴或定植沟

定植穴的大小和定植沟的宽度和深度,依土壤的质地和环境条件而定。一般平地园区土层深厚、土壤质地疏松,可以挖直径和深度为 1 m 的定植穴或宽度和深度为 1 m 的定植沟。山地园区和土壤质地不良的园区,应加大定植穴或定植沟,并通过客土改善定植穴和定植沟的土壤状况。在挖掘定植穴或定植沟的过程中,应将挖出的表土和底土分别放置在穴和沟的两侧,定植穴或定植沟挖好后,每株施 5～10kg 腐熟的优质农家肥料,先将肥料与表土充分混合,回填至定植穴或定植沟中。回填土回填后,应充分灌水,待回填土沉实后方可定植。

6.2.3 苗木的准备

在定植前,根据苗木的大小、根系的生长情况和损伤情况,按标准进行分级,并把同级苗木堆放在一起。在分级的过程中,应根据一年生枝的形态特征,仔细检查苗木的品种纯度,并剔除混杂的品种。同时,对尚未修剪的苗木进行地上部和根系的修剪。根据建园的要求对一年生枝短截,并疏除病虫根、腐烂根和严重损伤的根。对大多数根系轻短截形成平整的新鲜剪口,以利于伤口的愈合及新根的形成。

将已经处理好的苗木的根系放在 20％的石灰水中浸泡 30 min 后用清水冲洗，或在 0.5 波美度石硫合剂中快速浸蘸 3～5 min，用于杀菌和杀灭害虫及虫卵。对于经过长途运输的苗木应用清水浸泡根系一昼夜，使苗木充分吸水，在定植前将根系蘸满泥浆然后定植，有利于幼苗成活率的提高。

6.2.4　栽植

首先将处理好的苗木按品种分放在定植穴或定植沟中，根据定植穴和定植沟沉降的程度挖出深浅适度的定植穴。将拟栽植的苗木根系均匀地舒展开，一人扶正苗木，一人埋土。当埋土完成一半时，轻轻地将苗木上提，使苗木的嫁接口高出地面 10 cm。手提苗木将土踏实，使根系充分展开，然后将其余的土填入，再充分踏实即可。

6.2.5　定植后的管理

定植期间经常出现大风天气的地区，苗木定植后应在苗木旁设立支柱，并将苗木捆绑在支柱上，以防大风将幼苗吹折。支柱设立完成后立即灌水，防止幼苗抽干。待水渗干后封土，有利于土壤保墒和根系恢复生长。幼苗成活后至萌芽前定干。

6.2.6　提高栽植成活率的注意事项

6.2.6.1　苗木的选择

在园区的建立中，苗木质量不但影响定植时幼苗的成活率，还对幼苗的生长发育、树体结构的形成以及今后的产量和品质，都有长远的影响。因此，苗木的选择对建园有重要的意义。在定植前，应选择一年生枝生长充实、根系健壮完全、无病虫害的苗木。同时，注意定植前，使苗木充分吸收水分防止枝干抽干，提高成活率。

6.2.6.2　土壤改良和有机肥的施用

在土壤条件不良的地区新建园区，应注意土壤的改良。土质较轻的土壤采用客土和增施有机肥相结合的方法，提高土壤的保墒能力；对土质黏重的土壤，采用掺沙和增施有机肥的方法，改善土壤的通气条件，有利于新根的形成和根系的生长。在山地园区可以采用局部土壤改良的方法，即在定植前加大定植穴或定植沟的容积,通过客土和增施有机肥改善定植穴和定植沟的土壤环境,以后通过挖树盘和沟施基肥等措施逐年扩大土壤改良的面积。

6.2.6.3 栽植质量

栽植的质量直接关系到苗木的成活率。在定植过程中定植的深度过浅,土壤表层水分容易蒸发,造成幼苗吸水困难;定植过深根系生长恢复缓慢,从而影响到幼苗的生长。根系与土壤接触的紧密程度关系到土壤的供水能力的实现和根系对土壤水分的利用,因此,在定植时尽量将土踩压细碎、踏实,增加根系与土壤的接触程度。根系的伸展程度影响到根系在土壤中的分布面积,因而影响对土壤水分的利用。

6.2.6.4 栽植后的管理

栽植后应及时灌水使苗木的水分得到充分的供应。同时,覆盖塑料薄膜、秸秆等,以减少土壤水分的蒸发,对提高幼苗的成活率有明显的效果。近些年来,土壤保水剂的应用除对成龄作物抗旱能力的提高有效果外,对果树的栽植以及蔬菜与观赏植物的移栽都有良好的效果。

任务三 大树移栽技术

大树移植是指对树干胸径为 10～20 cm 甚至 30 cm 以上,树高在 5～12 m,树龄一般在 10～20a 或更长的大型树木的移栽。大树移植技术条件复杂,在山区和农村绿化中极少使用,但在城市园林绿化中经常采用。许多重点工程中要求有特定的优美树姿相配合时,大树移植是首选的方法。

6.3.1 大树移栽前的准备与处理

6.3.1.1 做好规划与计划

进行大树移栽,事先必须做好树种的规划,包括所栽植的树种规格、数量及造景要求,以及使用机械、转移路线等。为使移植树种所带土球中具有尽可能多地吸收根群,尤其是须根,应提前有计划地对移栽树木进行断根处理。实践证明,许多大树移栽后死亡,主要原因是由于没有做好树种移栽的规划与计划,对准备移栽的大树未采取促根措施。

根据园林绿化和美化的要求,对可供移栽的大树进行实地调查。调查的内容包括树木种类、年龄、树干高度、胸径、树冠高度、冠幅、树形及所有权等，并进行测量记录，注明最佳观赏面的方位，必要时可进行照相；调查记录苗木产地与土壤条件，交通路线有无障碍物等周围情况，判断是否适合挖掘、包装、吊运，分析存在的问题，提出解决措施。

对于选中的树木应进行登记编号，为园林规划设计提供基本资料。

6.3.1.2　断根处理

断根处理也称回根、盘根或截根。定植多年或野生大树，特别是胸径在 25 cm 或 30 cm 以上的大树，应先进行断根处理，利用根系的再生能力，促使树木形成紧凑的根系和发出大量的须根。丛林内选中的树木，应对其周围的环境进行适当的清理，疏开过密的植株，并对移栽的树木进行适当的修剪，增强其适应全光和低湿的能力，改善透光与通气条件，增强树势，提高抗逆性。

断根处理通常在实施移栽前 2～3a 的春季或秋季进行。具体操作时，应根据树种习性、年龄大小和生长状况，确定开沟断根的水平位置。落叶树种的沟离干基的距离约为树木胸径的 5 倍；常绿树须根较落叶树集中，围根半径可小些。例如，若某落叶树的胸径为 20 cm，则挖沟的位置离树干的距离约为 100 cm。沟可围成方形或圆形，将其周长分成 4 或 6 等分，第一年相间挖 2 或 3 等分。沟宽以便于操作为度，一般为 30～40 cm；沟深视根的深度而定，一般为 50～100 cm。沟内露出的根系应用利剪（锯）切断，与沟的内壁相平，伤口要平整光滑，大伤口还应涂抹防腐剂，有条件的地方可用酒精喷灯灼烧进行炭化防腐。将挖出的土壤打碎并清除石块、杂物，拌入腐叶土、有机肥或化肥后分层回填踩实，待接近原土面时，浇一次透水，水渗完后覆盖一层稍高于地面的松土。第二年以同样的方法处理剩余的 2～3 等分，第三年移栽。用这种方法开沟断根，可使断根切口后部产生大量新根，有利于成活。截根分两年完成，主要是考虑避免对树木根系的集中损伤，不但可以刺激根区内发出大量新

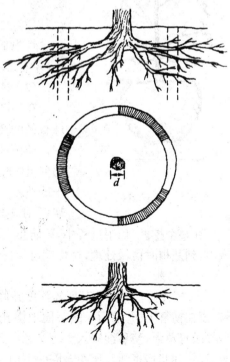

图 6.1　断根示意图

根,而且可维持树木的正常生长,有利于移栽后的成活。大树断根处理见图6.1。

在特殊情况下为了应急,在一年中的早春和深秋分两次完成断根处理的工作,也可取得较好的效果。

6.3.2 大树挖掘

6.3.2.1 软包装土球

大树挖掘时,根部常多采用草绳、麻袋、蒲包及塑料布等软材料包装,适用于干径在10~15cm的大树,常用于油松、雪松、香樟、龙柏及广玉兰等常绿树和银杏、榉树、白玉兰及国槐等落叶乔木。

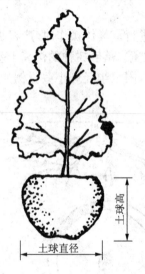

图6.2 土球形状示意图

（1）确定土球直径

土球的直径一般按树木胸径的7~10倍来确定,土壤的高度必须包括大量根群在内,一般在60~80cm,即土球高度为其直径的2/3,深根性树种应加大,见图6.2。

（2）起宝盖

将根部划圆内的表土挖至苗床的空地内,深度5cm左右,使根系显露。注意不能伤及根系。

（3）起苗

在划圆的外侧挖30~40cm的操作沟,深度为土球直径的2/3左右。

挖掘过程中应注意三点:一是以锹背对土球;二是遇到粗根应用手锯或修枝剪剪断,不能用锹硬劈,防止土球破碎;三是挖至土球深度的1/2~2/3时,开始向内切根,使土球呈苹果状,底部有主根暂时不切断。

在整个挖掘、切削过程中,要防止土球破裂。球中如夹有石块等杂物暂时不必取出,到栽植时再做处理,这样就可保持土球的整体性。

（4）包装

① 打腰箍。土球达到所需深度并修好土柱后应打腰箍。开始时,先将草绳一端,压在横箍下面,然后一圈一圈地横扎。包扎时要用力拉紧草绳,边拉边用木锤慢慢敲打草绳,使草绳嵌入土球卡紧不致松脱。每圈草绳应紧密相连,不留空隙,至最后一圈时,将绳头压在该圈的下面,收紧后切除多余部分。腰箍包扎的宽度依土球大小而定,一般从土球上部1/3处开始,围扎土球全高的1/3。

② 打花箍。腰箍打好以后,向土球底部中心掏土,直至留下土球直径的 1/4～1/3 土柱为止,然后打花箍(也称紧箍)。花箍打好后再切断主根。花箍的形式分井字包(又叫古钱包)、五角包和橘子包(又叫网络包)三种。运输距离较近,土壤又较黏重,则常采用井字包或五角包的形式;比较贵重的树木,运输距离较远而土壤的沙性又较强时,则常用橘子包的形式。土球挖掘及打腰箍见图 6.3。

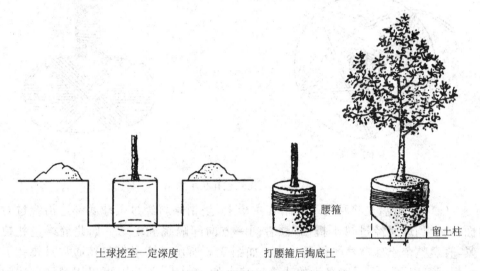

土球挖至一定深度　　　　　打腰箍后掏底土

图 6.3　土球挖掘与打腰箍示意图

(a) 井字包:先将草绳一端结在腰箍或主干上,然后按照图 6.4(a)所示的顺序包扎。先由 1 拉到 2,绕过土球底部拉到 3,再拉到 4,又绕过土球的底部拉到 5,再经 6 绕过土球下面拉至 7,经 8 与 1 挨紧平行拉扎。按如此顺序地包扎下去,满 6～7 道井字形为止,最后成图 6.4(b)的式样。

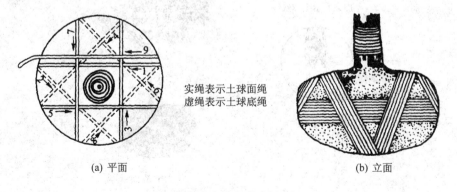

实绳表示土球面绳
虚绳表示土球底绳

(a) 平面　　　　　　　　　　(b) 立面

图 6.4　井字式包扎法示意图

（b）五角包：先将草绳一端结在腰箍或主干上，然后按照图6.5(a)所示的顺序包扎。先由1拉到2，绕过土球底部，由3拉至土球面到4，再绕过土球底，由5拉到6，绕过土球底，由7过土球面到8，绕过土球底，由9过土球面到10，绕过土球底回到1。如此包扎拉紧，紧挨着平扎6～7道五角星形，最后包扎成图6.5(b)的式样。

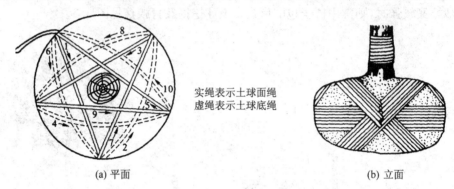

实绳表示土球面绳
虚绳表示土球底绳

(a) 平面　　　　　　　　　　　(b) 立面

图6.5　五角式包扎法示意图

（c）橘子包：先将草绳一端结在主干上，呈稍倾斜经过土球底部边沿绕过对面，向上到球面经过树干折回，顺着同一方向间隔绕满土球。如此继续包扎拉紧，直至整个土球被草绳包裹为止。如图6.6所示。橘子包包扎通常只要扎上一层就可以了。有时对名贵的或规格特大的树木进行包扎，可以用同样方法包两层，甚至三层。中间层还可选用强度较大的麻绳，以防止吊车起吊时绳子松断，土球破碎。

实绳表示土球面绳
虚绳表示土球底绳

(a) 平面

(b) 立面

图6.6　橘子式包扎法示意图

6.3.2.2　土台挖掘与包装

带土台移栽多采用板箱式包装,故又称为板箱式移栽,一般适用于直径15～30 cm或更大的树木,以及沙性较强不易带土球的大树。在树木挖掘时,应根据树木的种类、株行距和干径的大小来确定树木根部土台的大小。一般按照树木胸径的7～10倍确定土台,具体数据参见表6.1。

表6.1　移栽树木所用木箱规格参考表

树木胸径(cm)	15～17	18～24	25～27	28～30
木箱规格(上边长×高)/(m)	1.5×0.6	1.8×0.7	2.0×0.7	2.2×0.8

(1) 土台的挖掘

土台大小确定之后,以树木的干基为中心,按照比土台大10 cm的尺寸,画一正方形边线,铲除正方形内的表土,沿边框外缘挖一宽60～80 cm的沟。沟深与规定的土台高度相等。挖掘时随时用箱板进行校正,保证土台上部尺寸与箱板完全吻合。土台下部可比上部小5 cm左右。需要注意的是,土台四个侧面的中间应略微突出,以便装箱时紧抱土台,切不可使土台四壁中间向内凹陷。挖掘时,如遇较大的侧根,应予以切断,其切口要留在土台内。

(2) 装箱

(a) 上箱板:修好土台后应立即上箱板。将土台四个角修成弧形,用蒲包包好,再将箱板围在四面用木棒等临时顶牢,经检查、校正,使箱板上下左右放得合适,每块箱板的中心与树干处于同一直线上,其上缘低于土台1 cm(预计土台将要下沉的数字),即可将钢丝分上下两道围在箱板外面。

(b) 上钢丝绳:在距箱板上、下边缘各15～20 cm的位置上钢丝绳。在钢丝绳接口处安装紧线器,并将其松到最大限度。上、下两道钢丝绳的紧线器应分别装在相反方向箱板中央的横板条上,并用木墩等硬物材料将钢丝绳支起,以便紧线。紧线时,必须两道钢丝绳同时进行。钢丝绳的卡子不可放在箱角或带板上,以免影响拉力。紧线时如钢丝跟着转动,则用铁棍将钢丝绳别住。当钢丝绳收紧到一定程度时,用锤子等物试敲打钢丝绳,若发出"当、当"之声,说明已经收紧。

(c) 钉铁皮:钢丝绳收紧后,先在两块箱板交接处,即围箱的四角钉铁皮见图6.7。每个角的最上和最下一道铁皮距上、下箱板边各5 cm左右。如箱板长1.5 m,则每角钉7～8道;箱板长1.8～2.0 m,每角钉8～9道;箱板长2.2 m,每角钉9～10道。铁皮通过箱板两端的横板条时,至少应在横板上钉两枚钉子。钉尖向箱角倾斜,以增强拉力。箱角与板条之间的铁片必须绷紧,钉直。围箱四角铁皮钉好之后,用小锤轻敲铁皮,如发出老弦声,证明已经钉紧,此时即可旋松紧线器,取下钢丝绳。

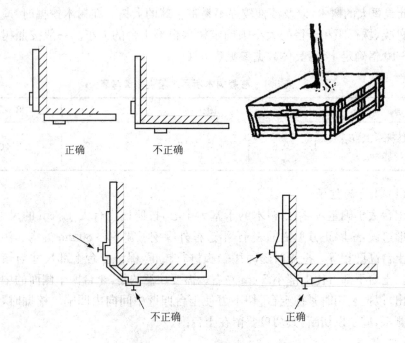

正确　　　　　不正确

不正确　　　　　正确

图 6.7　钉铁皮的方法

(3) 掏底

(a) 备好底板:土台四周箱板钉好之后,开始掏土台下面的底土,上底板和面板。先按土台底部的实际长度,确定底板和所需块数。然后在底板两端各钉一块铁皮,并空出一半,以便对好后钉在围箱侧板上。

(b) 掏底:掏底时,先沿围板向下深挖 35 cm,然后用小镐和小平铲掏挖土台下部的土。掏底土可在两侧同时进行,并使底面稍向下凸,以利收紧底板。当土台下边能容纳一块底板时,就应立即将事先准备好与土台底部等长的第一块底板装上,然后继续向中心掏土。

(c) 上底板:上底板时,将底板一端突出的铁皮钉在相应侧板的纵向板条上,再在底板下放木墩顶紧,底板的另一端用千斤顶将底顶起,使之与土台紧贴,再将底板另一端突出的铁皮钉在相应侧板的纵向横条上。撤下千斤顶,同样用木墩顶好,上好一块后继续往土台内掏土,直至上完底板为止。需要注意的是,在最后掏土台中央底土之前,先用四根 10×10 cm 的方木将木箱四方侧板向内顶住。支撑方法是,先在坑边中央挖一小槽,槽内插入一块小木板,将方木的一头顶在小木板上,另一头顶在侧板中央横板条上部,卡紧后用钉子钉牢,这样四面钉牢就可防止土台歪斜。然后掏出中间底土。掏挖底土时,如遇树根可用手锯锯断,并使锯口留在土台下面,决不可让其凸出,以免妨碍收紧底板。掏挖底土要注意安全,决不能将头伸入土台下面。风力超过4级时应停止掏底作业。

上底板时,如土壤质地松散,应选用较窄木板,一块接一块地封严,以免底土脱落。如万一脱落少量底土,应在脱落处填充草席、蒲包等物,然后再上底板。如土壤质地较硬,则可在底板之间留10~15 cm宽的间隙。

(d)上盖板:底板上好后,将土台表面稍加修整,使靠近树干中心的部分稍高于四周。如表面土壤亏缺,应填充较湿润的好土,用锹拍实。修整好的土台表面应高出围板1 cm,再在土台上面铺一层蒲包,即可钉上木板。上盖板操作方法见图6.8。

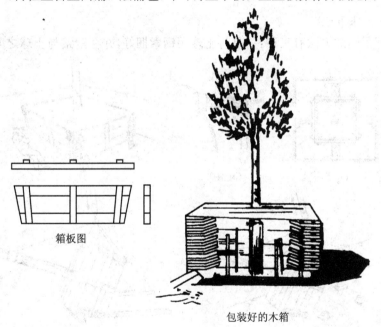

箱板图

包装好的木箱

图6.8　上盖板

6.3.3　大树的吊运

6.3.3.1　滚动装卸

如果移植树木所带土球近圆形,直径50 cm以上,可在土球包扎后,在坑口一侧开一与坑等宽的斜坡,将树木按垂直于斜坡的方向倒下,控制住树干将土球推滚出土坑,并在地面与车厢底板间搭上结实的跳板,滚动土球将树木装入车厢。如果土球过重(直径大于 80 cm),可将结实的带状绳网一头系在车上,另一头兜住土球向车上拉,这样上拉下推就比较容易将树木装上车。卸车方法同装车,但顺序相反。

6.3.3.2 滑动装车

在坡面(跳板)平滑的情况下,可用上拉下推的方法滑动装卸。如果是木箱移栽,可在箱底横放滚木,上拉下推滚滑前移装车或缓慢下滑卸车。

6.3.3.3 吊运装卸

(1) 土球吊运

土球吊运的方法有三种:一是将土球用钢索捆好,并在钢索与土球之间垫上草

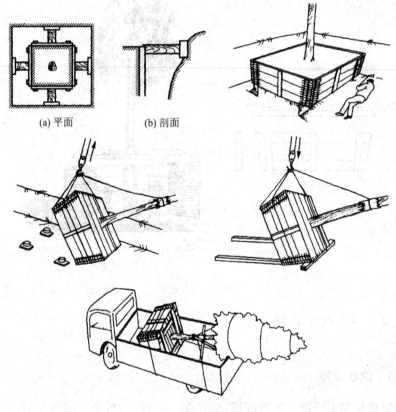

(a) 平面   (b) 剖面

图 6.9　板箱吊运示意图

包、木板等物吊运,以免伤害根系或弄碎土球;二是用尼龙绳网或帆布、橡胶带兜好吊运;三是用一中心开孔的圆铁盘兜在土球下方,再用一根上、下两端开孔铁杆从树干附近与树干平行穿透土球,使铁杆下端开孔部位从铁盘孔中穿出,用插销将两者连接起来,上部铁杆露出 40～80 cm,再将吊索拴在铁杆上端的孔中。吊运与卸车的动力可用吊车、滑护、人字架及摇车等。

（2）板箱吊运

板箱包装可用钢丝围在木箱下部 1/3 处,另一粗绳系在树干(干外面应垫物保护)的适当位置,使吊起的树木呈倾斜状。树冠较大的还应在分枝处系一根牵引绳,以便装车时牵引树冠的方向。土球和木箱重心应放在车后轮轴的位置上,冠向车尾。树冠过大的还应在车厢尾部设交叉支棍。土球下面两侧应用东西塞稳。木箱应同车身一起捆紧,树干与卡车尾钩系紧。板箱吊运操作方法见图 6.9。运输时应由熟悉路线等情况的专人押运。押运时人不能站在土球和板箱处,以保证安全。

6.3.4　大树的栽植

6.3.4.1　挖坑

大树栽植前必须检查树坑的规格、质量及待栽树木是否符合设计要求。栽植底坑的直径一般应大于大树的土台 50～60 cm;土质不好的应该是土球的一倍。如果需换土或施肥,应预先做好准备。肥料应与土壤拌匀。栽植前先在坑穴中央堆一高 15～20cm、宽 70～80cm 的长方形土台,以便于放置木箱。

6.3.4.2　吊树入坑

（1）板箱式

将树干包好麻包或草袋,然后用两根等长的钢丝绳兜住木箱底部,将钢丝绳的两头扣在吊钩上,即可将树直立吊入坑中。若土体不易松散,放下前应拆去中部两块底板,入穴时应保持原来的方向或把姿态最好的一侧朝向主要观赏面。近落地时,一个人负责瞄准对直,四个人坐在坑穴边用脚蹬木箱的上口放正和校正栽植位置,使木箱正好落在坑的长方形土台上。拆开两边底板,抽出钢丝,并用长竿支牢树冠,将拌入肥料的土壤填至 1/3 时再拆除四面壁板,以免散坨。捣实后再填土,每填 20～30 cm 土,捣实 1 次,直至填满为止。按土球大小和坑的大小做双圈灌水堰。

（2）软包装土球

吊装入穴前,应将树冠丰满、完好的一面作为主要观赏面,朝向人们观赏的方

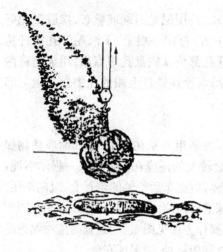

图 6.10　吊树入坑

向。坑内应先堆放 15～25 cm 厚的松土,吊装入穴时,应使树干立直,慢慢放入坑内土堆上,见图 6.10。填土前,应将草绳、蒲包片等包装材料尽量取出,然后分层填土踏实。栽植的深度,一般不要超过土球的高度,与原土痕相平或略深 3～5 cm 即可。

另外对于裸根或带土移栽中球体破坏脱落的树木,可用坐浆或打浆栽植的方法来提高成活率。具体做法是:在挖好的坑内填入 1/2 左右的栽培细土,加水搅拌至没有大疙瘩并可以挤压流动为止。然后将树木垂直放入坑的中央"坐"在浆上,再按常规回土踏实,完成栽植。这种栽植,由于树木的重量使根体的每一孔隙都充满了泥浆,消除了气袋,根系与土壤密接,有利于成活。但要特别注意不要搅拌过度造成土壤板结,影响根系呼吸。

6.3.5　养护管理

树木栽植后的第一年是能否成活的关键时期。新栽树木的养护,重点是水分管理。

6.3.5.1　扶正培土

由于雨水下渗和其他种种原因,导致树体晃动,应将松土踏实;树盘整体下沉或局部下陷,应及时覆土填平,防止雨后积水烂根;树盘土壤堆积过高,要铲土耙平,防止根系过深,影响根系的发育。

对于倾斜的树木应采取措施扶正。如果树木刚栽不久发生歪斜,应立即扶正;如因种种原因不能及时扶正的,落叶树种可在休眠期间扶正,常绿树种在秋末扶正。扶正时不能强拉硬顶,以免损伤根系。首先应检查根颈入土的深度,如果栽植较深,应在树木倒向一侧的根盘以外挖沟,至根系以下内掏,用锹或木板伸入根团以下向上撬起,并向根底塞土压实,扶正即可。如果栽植较浅,可按上法在倒向的对侧掏土,然后将树体扶正,将掏土一侧的根系下压,回土压实。

大树扶正培土以后还应设立支架。

6.3.5.2　水分管理

新栽树木的水分管理是成活期养护管理的最重要内容。

（1）土壤水分管理

一般情况下，移栽第1年应灌水3～4次，特别是高温干旱时更需注意抗旱。栽植后于外围开堰并浇水1次，水量不要过大，主要起到压实土壤的作用；2～3d后浇第2次水，水量要足；7d后浇第3次水，待水渗下即可中耕、松土和封堰。多雨季节要特别注意防止土壤积水，应适当培土，使树盘的土面适当高于周围地面；在干旱季节和夏季，要密切注意灌水，最好能保证土壤含水量达最大持水量的60%左右。

（2）树冠喷水

对于枝叶修剪量小的名贵大树，在高温干旱季节，由于根系没有恢复，即使保证土壤的水分供应，也易发生水分亏损。因此当发现树叶有轻度萎蔫征兆时，有必要通过树冠喷水增加冠内空气湿度，从而降低温度，减少蒸腾，促进树体水分平衡。喷水宜采用喷雾器或喷枪，直接向树冠或树冠上部喷射，让水滴落在枝叶上。喷水时间可在10：00～16：00，每隔1～2h喷1次。

6.3.5.3　抹芽去萌及补充修剪

移栽的树木，如经过较大强度的修剪，树干或树枝上可能萌发出许多嫩芽和嫩枝，消耗营养，扰乱树形。在树木萌芽以后，除选留长势较好、位置合适的嫩芽或幼枝外，其余应尽早抹除。

此外，新栽树木虽然已经过修剪，但经过挖掘、装卸和运输等操作，常常受到损伤，使部分芽不能正常萌发，导致枯梢，此时应及时疏除或剪至嫩芽、幼枝以上。对于截顶（冠）或重剪栽植的树木，因留芽位置不准或剪口太弱，造成枯枝桩或萌发弱枝，应进行修剪。在这种情况下，待最接近剪口而位置合适的强壮新枝长至5～10cm或半木质化时，剪去母枝上的残桩。修剪的大伤口应该平滑、干净，并进行消毒、防腐处理。

对于发生萎蔫经浇水喷雾仍不能恢复正常的树，应加大修剪强度，甚至去顶或截干，以促进其成活。

6.3.5.4　松土除草

因浇水、降雨及人类活动等导致树盘土壤板结，影响树木生长，应及时松土，促进土壤与大气的气体交换，有利于树木新根的生长与发育。但在成活期间，松土不能太深，以免伤及新根。

树木基部附近长出的杂草、藤本植物等，应及时除掉，否则会耗水、耗肥，或藤蔓缠绕妨碍树木生长。可结合松土进行除草,每隔 20～30d 松土除草 1 次,并把除下的草覆盖在树盘上。

任务四　花卉的栽植

6.4.1　无土栽培基质的配制

无土栽培基质是指用以代替土壤栽培观赏植物的物质。栽培基质根据其所含的成分可分为无机基质和有机基质,根据其形态可分为固体基质和非固体基质。无机基质如沙、蛭石、岩棉、珍珠岩、泡沫塑料颗粒、陶粒等;有机基质如泥炭、树皮、砻糠灰、锯末等。非固体基质主要指水和雾。目前世界上 90％的无土栽培均为固体基质栽培。由于固体基质栽培的设施简单,成本较低,且栽培技术与传统的土壤栽培技术相似,易于掌握,故我国大多采用此法。

6.4.1.1　基质的要求

对无土栽培基质的要求主要有:能支持固定植株;有一定保肥、保水能力,透气性好,具有适宜的酸碱度;能固持水分和养分,不断供应植物生长发育的需要;安全卫生,无异味和臭味。病原物和害虫少,材料来源广泛,轻便美观,价格低廉,调制和配制简单。

不同的植物根系要求的最佳环境不同,不同的基质所能提供的水、气、养分比例不同。因此,我们可以根据植物根系的生理需要,选择合适的基质,甚至可以配制混合基质。

6.4.1.2　基质的种类和性质

（1）沙

沙为无土栽培最早应用的基质,特点是来源丰富,价格低,但密度大,持水性差。沙培法不易掌握,太干植株萎蔫,太湿空气不足,大规模生产很少用沙培。沙粒大小以粒径 0.6～2.0 mm 为宜。

（2）石砾

石砾来源不同,其化学组成差异很大,一般适用的石砾以非石灰性(花岗岩等发育形成)的为好。选用石灰质石砾应用磷酸钙溶液进行处理。石砾粒径在1.6～20 mm 的范围内。其特点是通气排水性能好,但持水力差。由于石砾的密度大,日常管理麻烦,在现代无土栽培中已逐渐被一些轻型基质所代替。但在深液流水培方面,作为定植填充物还是合适的。

(3) 蛭石

蛭石系云母族次生矿物,经1093℃高温处理,体积平均膨大15倍而成。其孔隙度大,质轻(密度为 60~250 kg/m³),通透性良好,持水力强,pH 值为中性偏酸,含钙、钾亦较多,具有良好的保温、隔热、通气、保肥、保水作用,因为经过高温煅烧,无菌、无毒,化学稳定性好,是优良的无土栽培基质之一。

(4) 珍珠岩

珍珠岩由硅质火山岩在1200℃下燃烧膨胀而成,其密度为 80~180 kg/m³,易排水、通气,理化性质较稳定。珍珠岩不适宜单独作为基质使用,因其密度较轻,根系固定效果较差,一般和泥炭、蛭石等混合使用。

(5) 岩棉

60％辉绿岩、20％石灰石和 20％焦炭经1600℃高温处理,然后喷成 0.5 mm纤维,再经加压制成供栽培用的岩棉块或岩棉板。岩棉质轻、孔隙度大、通透性好,但持水性略差,pH 值 7.0~8.0。

(6) 砻糠灰

即炭化稻壳。其特点为质轻,孔隙度大,通透性好,持水力较强,含钾等多种营养成分,pH 值高,使用过程中应注意调整。

(7) 泥炭

又称草炭,由半分解的植被组成,因植物母质、分解程度、矿质含量而有不同种类。其特点是密度较小,富含有机质,持水保肥能力强,偏酸性,含植物所需要的营养成分。泥炭一般通透性差,很少单独使用,常与其他基质混合。

(8) 泡沫塑料颗粒

泡沫塑料颗粒为人工合成物质,其特点为质轻,孔隙度大,吸水力强,一般多与沙和泥炭等混合应用。

(9) 锯末

锯末为木材加工的副产品,含有毒物质树种的锯末不宜采用。锯末质轻,吸水、保肥力强并含一定营养物质,一般多与其他基质混合使用。

此外用作栽培基质的还有陶粒、炉渣、砖块、椰子纤维、木炭、蔗渣、苔藓和蕨根等。

6.4.1.3　基质的消毒

任何一种基质在使用前都应进行处理,如筛选去杂质、水洗除泥、粉碎浸泡等。有机基质经消毒后方可使用。基质消毒的方法有三种。

（1）蒸汽消毒

将基质装入柜内或箱内，用通气管通入蒸汽密闭，在 70～90℃ 条件下持续 15～30 min。

（2）化学药品消毒

① 甲醛：将 40% 的甲醛原液（福尔马林）稀释成 50 倍液，按每 400～500mg/m³ 均匀喷洒在基质中，用塑料薄膜覆盖 24 h 以上，使用前揭去薄膜风干 1 周左右，可以杀死各种病菌。

② 溴化甲烷熏蒸法：溴化甲烷熏蒸法能有效地杀死大多数地下害虫、一些真菌和杂草种子以及线虫等。施用时将基质堆起，然后用塑料管将药液混匀喷注到基质上，用量一般为 100～150g/m³，混匀后用薄膜覆盖密封 5～7d，使用前要晾晒 7～10d。

③ 漂白粉：漂白粉适用于砾石、沙子消毒。一般在水池中配制 0.3%～1% 的药液，浸泡基质 0.5 h 以上，最后用清水冲洗，消除残留氯。

④ 石灰消毒法：这种方法适用于南方偏酸性的针叶腐殖质土，它不仅能杀菌，还可起中和作用，改变土壤的 pH 值。碱性土及中性土不适用。消毒方法是：将 100g 石灰粉均匀拌入 1m³ 培养土内，经 7～15d 后可使用。

⑤ 代森锌消毒法：将 65% 代森锌粉剂 50～70g 均匀拌入 1 m³ 培养土内，用塑料薄膜覆盖 3～4d，随后揭去薄膜 7d，待药气挥发后使用。

⑥ 多菌灵消毒法：将 50% 多菌灵粉剂 50g 均匀拌入 1 m³ 培养土内，用塑料薄膜覆盖 3～4 d，揭去薄膜 7d，待药气挥发后使用。

（3）太阳能消毒

利用太阳能消毒是一种廉价、安全、简单实用的基质消毒方法。具体方法是：夏季高温季节在温室或大棚中，把基质喷湿，使其含水量达 80%，然后堆成 20～25 cm 厚的堆，上用塑料薄膜密封，密闭 10～15 d，消毒效果良好。

6.4.1.4　基质的混合及配制

各种基质既可单独使用，亦可按不同比例混合使用。从栽培效果来讲，混合基质优于单一基质，有机基质与无机基质混合优于纯有机或纯无机混合的基质。基质混合总的要求是降低基质的密度，增加孔隙度，增加水分和空气的含量。基质的混合以 2～3 种混合为宜，配制的方法见表 6.2。

表 6.2 花卉盆栽基质的配制

国家	适用范围	成分	体积比
中国	观赏植物	①园土＋腐叶＋黄沙＋骨粉	6:8:6:1
	通用	②泥炭＋黄沙＋骨粉	12:8:1
	草花	腐叶土＋园土＋砻糠灰	2:3:1
	花木类	堆肥土＋园土	1:1
	宿根、球根花卉	堆肥土＋园土＋草木灰＋细沙	2:2:1:1
	多浆植物	腐叶土＋园土＋黄沙	2:1:1
	山茶、杜鹃、秋海棠	腐叶土＋少量黄沙	
	地生兰类、八仙花等	苔藓、椰壳纤维或木炭块	
	气生兰类	壤土＋泥炭＋沙	
	种苗和扦插苗	另加过磷酸钙 117g 和生石灰 58g	2:1:1
	杜鹃	壤土＋泥炭或腐叶＋沙	1:3:1
荷兰	盆栽通用	腐叶＋黑色腐叶＋河沙	10:10:1
英国	盆栽通用	腐叶土＋细沙	3:1
美国	盆栽通用	腐叶土＋小粒珍珠岩＋中粒珍珠岩	2:1:1

6.4.2 花卉上盆和换盆

6.4.2.1 栽培容器的种类

目前,用于花木栽植用的容器种类很多,通常依质地、大小、专用目的进行分类。其主要类别如下:

(1) 素烧盆

又称瓦盆,以黏土烧制,有红盆和灰盆两种。通常为圆形,底部有排水孔,大小规格不一,常用的口径与盆高约相等。最小口径为 7 cm,最大不超过 50 cm。素烧盆虽质地粗糙,但排水良好,空气流通,适合园艺植物生长,而且价格低廉,用途广泛。

(2) 陶盆

陶盆用陶土烧制,可分为紫砂、红沙、青沙等。外形除圆形外,还有方形、菱形、六角形等。盆面常刻有图画,因此外形美观,适合室内装饰之用。与素烧盆相比,水分和空气流通不良,一般质地越硬,通气排水性越差。

（3）瓷盆

瓷盆为上釉盆,常有彩色绘画,外形美观,适合家庭装饰之用。其主要缺陷是,花盆上釉后,空气、水分流通不良,不利于植物生长,故一般不作盆栽用,常作为花盆的套盆使用。

（4）木盆或木桶

木盆或木桶多用作木本园艺植物的栽培。制作木盆的材料应选材质坚硬而不易腐烂的木材,如红松、栗、杉木、柏木等,外部刷上油漆,内部涂环烷酸铜防腐。木盆以圆形较多,也有方形,盆的两侧应有把手,以便搬动。木盆的形状应上口大下底小,盆底应有垫脚,以防盆底直接接触地面而腐烂。

（5）水养盆

水养盆专用于水生花卉盆栽之用。盆底无排水孔,盆面阔大而浅。水养盆常以陶瓷材料制作。

（6）兰盆

兰盆专用于兰花及附生蕨类植物的栽培。盆壁有各种形状的孔洞,以便流通空气。有时也用木条或柳条制成各种形式的兰筐。

（7）盆景用盆

盆景用盆深浅不一,形式多样,常为瓷盆或陶盆。山水盆景用盆常用大理石制成特制的钱盆。

（8）纸盆

纸盆仅供培养幼苗之用。

（9）塑料盆

塑料容器质轻而坚固耐用,可制成各种形状,色彩也极其多样,是目前国内外大规模花卉兰产常用的容器。通气透水性能不良,浇水后盆中基质积水时间过长,因此栽培时应注意其培养土的物理性状,使之疏松通气。

（10）铁容器

铁容器用铁皮制成,常为桶状,下部配有能撤卸的底或无底,主要用于大规格的苗木栽培。

（11）聚乙烯袋

目前我国已经广泛采用穿孔的聚乙烯袋作为栽培容器,并取得了很好的效果。该容器比硬质塑料或金属容器更经济实用,且使用方便,经久耐用,易于折叠和弯曲,便于储藏。但聚乙烯袋作为容器,在填充介质时往往比硬质容器更加费力费时,而且填充后搬运也比硬质容器麻烦。

6.4.2.2　上盆

上盆是指把繁殖的幼苗或购买来的苗木，栽植到花盆中的工作。此外，如露地栽植的植株移到花盆中也是上盆。具体做法如图 6.11 所示。

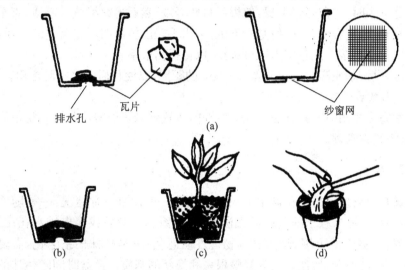

排水孔　瓦片　纱窗网

(a)

(b)　(c)　(d)

图 6.11　上盆

(a) 垫盖排水孔；(b) 垫排水层与底土层；(c) 栽植；(d) 浇透水

（1）选盆

按照苗木的大小选择合适规格的花盆；还应注意栽植用盆和上市用盆的差异。栽植用盆要用通气性的盆，如陶制盆、木盆等；上市用盆选用美观的瓷盆、紫砂盆或塑料盆。花卉幼苗移栽上盆，不宜直接定植在较大的花盆中，而是以后随着幼苗的生长逐级更换较大规格的花盆。一般从幼苗出圃到最后定植，换盆 2~3 次即可。对经分株后获得的分株苗，如果株型完整、根系健壮，也可直接定植上盆。

（2）退火

使用新盆前应退火、去碱，即在栽花前先将花盆放在清水中浸 1 昼夜，刷洗、晾干后再使用，以去其燥性。使用旧盆前应先杀菌、消毒，防止带有病菌和虫卵。

（3）铺底

在花木上盆前，先将花盆底部的排水孔用 1 块碎盆片盖上一半，再用另一块碎盆片斜搭在前一片的上部，呈"人"字形，使排水孔达到"盖而不堵，挡而不死"，遇到下雨或浇水过多，多余的水就能从碎盆片缝隙中流出去，避免盆内积水影响花木生长的问题。

（4）装盆

盆底部填入一层粗粒营养土、碎瓦片或煤渣，作为排水层，再填入1层营养土。

（5）栽植

植苗时，用左手持苗，将花卉植株放入盆中央，扶正后，沿盆周加入基质。当基质加到盆一半时，将苗轻轻上提，使根系自然舒展，然后再继续填入基质，直至基质填满花盆时，轻轻震动花盆，使基质下沉，再用手轻压植株四周和盆边的基质，使根系与基质紧密相接。注意用力不可过猛，以免损伤根系。

苗栽好后，基质离盆缘应保留 2～3cm 的距离，以便日后灌水施肥之用。

（6）上盆后管理

上盆完毕要用喷壶充分灌水、淋洒枝叶，放置到遮荫处缓苗数日。待苗恢复生长后，进入正常管理。

6.4.2.3 换盆

把盆栽植物换入另一花盆中的操作叫换盆。换盆有三种情况：一是随着幼苗的生长，根系在原来较小的盆中已无法伸展，根系相互盘叠或穿出排水孔；二是由于多年养植，盆中的土壤养分丧失，物理性质恶化；三是植株根系老化，需要更新时，盆的大小可不变，换盆只是为修整根系和换新的基质。换盆时间随植株的大小和发育期而定，一般安排在 3～5 片真叶时、花芽分化前和开花前。开花前的最后 1 次换盆称为定植。一二年生花卉生长迅速，从播种到开花要换盆 3～4 次，多年生草本花卉多为 1 年 1 换盆，木本花卉 2～3 年换 1 次。

换盆的操作方法见图 6.12。

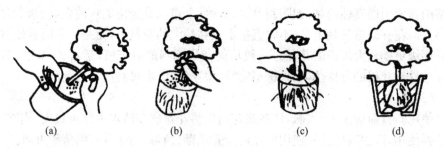

(a)　　　　　　(b)　　　　　　(c)　　　　　　(d)

图 6.12　换盆

(a) 扣盆；(b) 取出植株；(c) 去除肩土、表土；(d) 栽植

（1）扣盆

将一只手的手指分开，叉在植株的茎基部，按置于盆土表面，用另一只手配合，将花盆提起倒置，轻击轻扣盆边，或向他物（以木器为好）上轻扣，将植株连同土球

一起扣出。

（2）整理土球和根系

一二年生花卉不必整理，原土坨栽植；宿根花卉需整理，去掉部分旧土，修剪根系，同时可进行分株繁殖；木本花卉根据种类而异，有的可修剪枝条和根系，有的不能修剪根系。

（3）选盆

一定要选择大小适当的花盆。如用旧盆要洗刷干净，晒干再用；如用新盆应浸泡 1～2 d 再用。播种苗或扦插苗用盆的直径为 7～10cm；地栽大苗上盆盆径为 10～13cm。

（4）垫排水孔、做排水层

先用碎瓦片垫在排水孔上，既防止盆土流失，又能使多余的水流出；再加粗砂粒或煤渣等做排水层，增加排水性，防止烂根。

（5）填培养土，取苗栽植

在排水层上填入 2cm 培养土，放适当底肥，再放适当培养土（大于 2cm）。取苗放入盆中，注意使根系舒展，植株位于花盆中央，保证植株的根茎处在沿口的位置；从四周填土，蹾实盆土，或用手从盆边压实，留出沿口 2cm。从盆边缘浇透水，置于荫蔽处缓苗数日后，逐渐见光，进行正常管理。

巨型盆的换盆较费力。一般先把盆搬抬或吊放在高台上，再用绳子分别在植株茎基部和干的中部绑扎结实，轻吊起来，然后把盆倾斜，慢慢扣出花盆。再把植株修根后，植入新换基质的盆中，最后立起花盆，压实灌水。

6.4.2.4 转盆

转盆，即转动花盆的方向。为防止由于趋光性植株生长偏向光线射入方向，影响观赏效果，所以要经常转换花盆的方向。一般每隔 20～40 d 转盆 1 次。转盆还可防止根系自排水孔穿入盆下面的土壤中。

6.4.2.5 倒盆

倒盆，即调换花盆的位置。经过一段时间后，将温室内摆放的花盆调换摆放位置。倒盆的目的有两个：一是使不同的花卉和不同的生长发育阶段得到适宜的光、温度和通风条件；二是随植株的长大，调节盆间距离，使盆花生长均匀健壮。通常倒盆与转盆结合进行。

图 6.13 松盆

6.4.2.6 松盆

因不断地浇水,盆土表面往往板结,伴生有青苔,严重影响土壤的气体交换,不利于花卉的生长。因此要用小竹签等使上层盆土疏松、细碎,可防止土壤板结,增强透气,有利于对水肥的吸收,如图 6.13 所示。

6.4.3 花卉装饰水养技艺

6.4.3.1 洗根法

(1) 植株的选择

不是所有花卉都适合水养。适合水养的花卉种类主要有以下几类:天南星科、鸭跖草科、百合科的大部分植物、景天科部分植物等。在选择水养试材时,要挑选生长健壮、植株丰满的小型或幼龄植株作为水培试材,此外也可以选用分株后较为完整、小型的植株作为试材。

(2) 洗根

选择春秋季节,从花盆或花圃地中小心起出植株,注意保持根系的完整性。用水仔细冲洗根系,清除根上附着的土壤和杂物,同时清洗全株。

(3) 植株修剪

① 根系修剪:对根系发育繁盛的花卉种类,一般要剪去原来根系的 1/3~1/2,促进水培过程中新根的萌发。修剪时,要根据植株根系的生长状态,剪除着生细根量较少的粗根或影响根系整体外观的骨干根;疏除枯根、弱根;短截断根或较长的生长根;对有气生根的花卉,在不影响植株整体外观的同时,尽量保留。对根系较少的植株,可以少疏除原有的根系,并短截部分根,以促生新根。

② 枝叶修剪:对丛生的花卉种类,要疏除过多的枝叶,尤其是基部的老叶和生长衰弱的枝叶、黄叶、病叶等。枝叶修剪时还要调整枝叶在整个植株上的均衡和布局,以增强其美感。植株的枝叶修剪不要强度太大。对多浆类花卉,最好等上部的切口干燥后再进行水养。

(4) 水的选择

水养花卉选用的水应是无污染和微酸性的水,一般使用自来水即可。由于在水养过程中需要由水中的溶氧供给根系呼吸,所以不可使用蒸馏水或其他加热过的水。此外,水养花卉的水中要加入适量的营养液,供应植株的生长。为抑制水中杂菌的繁殖,也可以在水中添加少量抑菌剂,如 8-羟基喹啉、8-羟基喹啉硫酸盐、阿司匹林等。

(5) 上瓶水养

将修剪定型后的花卉植株放入选定的玻璃器皿中,调整株姿并固定。对有气生根的种类,使气生根依然裸露在瓶外,对植株的生长有利。此外,水养时保持部分根(如基部的根)置于水面以上(提根),有利于植物的生长。

(6) 根系遮光

原有根系生长是处于暗环境条件下的,上瓶后不要立即置于光下养护,可以先用黑布或牛皮纸包住容器放到阴凉环境中 10～15d,之后逐渐加大见光量,使根系逐渐适应较强的散射光条件。

(7) 换水

刚水养的花卉,要每天换水 1 次;植株生长正常后,一般旺盛的季节或气温较高时可以 3～5d 换水 1 次;春秋季气温较低的季节每周换水 1 次;冬季则 10～15d 换水 1 次即可。每次更换新水时,要清洗瓶壁,检查根系的生长情况,随时清除死根、烂根、落叶等,并冲洗根系。

6.4.3.2　水插法

(1) 插条的选择

插条要选择在水中容易生根而且生长速度较快的花卉种类,如天南星科和鸭蹄草科植物;剪取插条时要选择健壮而无病虫害的枝条。

(2) 插条的剪取

剪取插条一般在春秋两季进行。剪插条时,要从枝条茎节下 2～3mm 处斜剪,注意剪口要平整光滑,下部入水叶片要疏除。多浆类花卉剪取插条后要等切口部位完全干燥后方可插入水中。

(3) 换水

水插后要每天换水 1 次,并冲洗剪口。生根后转入正常管理(同洗根法)。

6.4.4　草坪建植技术

6.4.4.1　草坪的播种繁殖

(1) 播种地选择

建坪前,调查和测定拟建植草坪的场地,制定实施方案。对计划建坪的场地,首先清除耕作层的树桩、各种垃圾、杂草及草根等杂物。尤其对建筑施工后的地块,还要进行土壤的筛选和回填,回填土要求植草层至少有 30cm 的耕作土。

（2）翻地

小面积坪床可进行多次人力或畜力翻耕来松土,大面积则可使用特殊的松土机松土。

（3）施肥

① 施化肥。在建坪前可施硫酸铵 $5\sim10$ g/m^2、硫酸钾 15g/m^2、过磷酸钙 30 g/m^2 的混合肥基肥。

② 施石灰和有机肥料。根据土壤测定结果,对一定深度的坪床土壤进行改良并施入氮、磷、钾复合肥及有机肥。在我国南方的酸性土中应预先在耕作层上施足石灰粉;在我国北方的盐碱地上应撒施少量的硫酸亚铁或硫磺粉。

（4）耙平

坪床的平整通常分粗平整和细平整两类。

① 粗平整。是床面的等高处理,通常是挖掉突起部分和填平低洼部分。作业时应把标桩钉在固定的坡度水平之间,整个坪床应设一个理想的水平面。填方应考虑填土的沉陷问题,细质土通常下沉 12％～15％（每米下沉 12～15 cm）,填方较深的地方除加大填量外,尚需镇压,以加速沉降。

② 细平整。小面积人工平整是理想的方法。用一条绳拉一个钢垫也是细平整的方法之一。大面积平整则需借助专用设备,包括土壤犁刀、耙、重钢垫、板条大耙和钉齿耙等。

（5）播种

冷地型禾草最适宜的播种时间是夏末,暖地型草坪草则在春末和初夏。播种前按草坪的建植面积准备好草种,用选定的播种方法进行播种。播种最好在阴天无风的情况下进行。在混合播种中,较大粒种子的混播量可达 40g/m^2;土壤条件良好、种子质量高时,播种量 20～30 g/m^2 适当。草坪播种要求种子均匀地覆盖在坪床上;其次是使种子掺和到 1～1.5 cm 的土层中去,播种深度应适宜。下种后,对苗床应进行镇压。

播种大体可按下列步骤进行:

① 把拟建坪地划分成若干等面积的块（1 m^2）或条（每 2～3 m 一条）。

② 把种子按划分的块数分开,把种子播在对应的地块。

③ 轻轻耙平,使种子与表土均匀混合。

④ 有时可加盖覆物。

⑤ 镇压。在覆土后要用适当重量的碾压器进行碾压,最好使用 500～1000kg 重压路机碾压。凹地宜在每次修剪草后逐次填土镇压,直到与场地拉平为止。

⑥ 覆盖。覆盖材料的选择应根据具体场地的需要。生产中被广泛使用的是秸秆、锯木屑、菜豆秧、压碎的玉米棒心、花生壳等;合成的覆盖物有玻璃纤维、干净的聚乙烯覆盖物和弹性多聚乳胶以及用黄麻网覆盖物、粗袋布条等。

⑦ 浇水。播种后浇水一定要均匀,水量以湿到地面以下 5 cm 为宜。浇水的总原则是少浇勤浇。

⑧ 其他注意事项。

(a) 碾压器的重量及类型。用于坪床修整的碾轮以 200 kg 为宜,对幼坪则以 50～60 kg 为宜。

(b) 碾压的时间。以栽培为目的的草坪应在春季到夏季镇压碾压;需利用的草坪则应在建坪后不久碾压;降霜期、早春应在刈剪时期进行碾压;土壤黏重、水分多时应在生长旺盛时期进行碾压。

(c) 碾压一般要结合刈剪、施土或覆沙进行。运动场草在比赛前通常要进行修剪、灌水、镇压,镇压一般是最后一道工序。可以通过不同走向镇压,形成各种形状的花纹,产生较好的效果。

(d) 翻耕作业最好是在秋季和冬季较干燥时期进行。

(e) 氮肥一般在最后 1 次平整前施入,通常不宜施得太深,以利新生根充分利用和防止肥液流失。

(f) 在坡度较大而无法改变的地段,应在适当的部位建造挡水墙,以限制草坪的倾斜角度。

(g) 播种时应控制适宜的深度。细平整应推迟到播种前进行,以防止表土的板结,同时应注意土壤的湿度。

6.4.4.2 草坪的营养繁殖

(1) 常见草坪营养繁殖的类型

常见草坪营养繁殖的类型有:铺草皮块、塞植、蔓植、匍匐枝植、分栽、分草块等。

(2) 繁殖材料的选择

草坪营养繁殖的材料有:匍匐茎、草皮块、草皮柱、草皮植生带等。

(3) 建植前的准备

建植前的准备工作参见 6.4.4.1"草坪的播种繁殖"。

(4) 营养繁殖的方法

① 铺草皮块。在整平的土地上,应先喷水保持土壤湿润。将在圃地培育成的草坪草,用锹铲或起草皮机将草皮起成厚 2～3cm、宽 30 cm、长 30 cm 的草皮块。铺装时,使草皮块互相衔接。铺完后,用土将缝填满,再用碾子进行碾压。

（a）密铺法。首先切取宽 25～30cm、厚 4～5cm 的长草皮条。切取时先放一定宽度的木板在草皮上，然后沿木板边缘用草铲切取。草皮长不宜超过 2m，以便于工作。铺草皮时，应使草皮缝处留有 1～2 cm 的间距，然后用 0.5～1.0 t 重的碾筒或木夯压紧或压平。在铺草皮以前或以后应充分浇水。凡匍匐枝发达的草种，如狗牙根、细叶结缕草等，在铺装时先可将草皮拉松成网状，然后覆土紧压，亦可在短期内形成草坪。

（b）间铺法。间铺法可节约草皮材料。间铺法包括两种形式（均用长方形草皮块）：一为铺块式，各块间距 3～6m，铺设面积为总面积的 1/3；一为梅花式，各块相间排列，所呈图案亦颇美观，铺设面积占总面积的 1/2。用此法铺设草坪时，应按草皮厚度将铺草皮之处挖低一些，以使草皮与四周土面相平。草皮铺设后，应予碾压和灌水。春季铺设应在雨季后进行，匍匐枝向四周蔓延可互相密接。

（c）条铺法。把草皮切成宽 6～12cm 的长条，以 20～30cm 的距离平行铺植，经半年后可以全面密接，其他同间铺法。

② 塞植。塞植有三种方法。第一种塞植法是采用从心土耕作取得的小柱状草皮柱或利用杯环刀或相似器械取出的大塞。通常塞柱的直径为 5cm，高 5cm。将它们以 30～40 cm 的间距插入坪床，顶部与土表平行。该法最适用于结缕草，也适用于匍匐茎和根茎性较强的草坪草种。

第二种塞植法是采用由草皮条上切下的部分，切割可用人工，也可用机械进行。机械塞植机旋转碾筒具有从草皮块切塞的正方形小刀。草皮块条喂入圆柱碾筒的斜槽里，切下的塞放到用一个垂直小刀挖开的土表沟里，通过位于两个相邻沟间的 V 形钢部件的作用填满沟槽。最后通过位于机械后面的碾压器，把移植床整平和压实。修补受危害的草坪，需采用直径 10～20cm 的大塞。大塞必须用杯环形刀人工挖取，深度 3～4 cm。

第三种塞植法是采用心土耕作时挖出的草皮柱（狗牙根、匍匐剪股颖）进行。将柱状草皮撒播于坪床上，进行碾压。其后应注意保持土壤湿润，直到草皮充分生根为止。此法通常用来建与运动场草坪相似的保护性草坪。

③ 蔓植。蔓植主要用于繁殖匍匐茎的暖地型草坪草，也用于匍匐茎剪股颖。小枝通常种在间距为 15～30 cm、深度为 5～8 cm 的沟内。根据行内幼枝间的空隙，1 m² 需要 0.04～0.8kg 幼枝。每一幼枝应具 2～4 节，并应单个种植。种植后应尽可能立即填压坪床和灌溉。蔓植也可用上述的塞植机来进行，只是把幼枝喂入机器的斜槽中即可。

④ 匍匐枝植。匍匐枝植基本上是撒播式蔓植。植物材料均匀地撒播在湿润的土表，1 m² 通常需要 0.2～0.4 kg。然后在坪床上表施土壤，部分地覆盖匍匐枝，或轻把使部分插入土壤，此后尽快进行地碾压和灌溉。

为了减少种植材料的脱水,匍匐枝以 90～120 cm 的条状种植,种植后应立即表施土壤和轻度灌溉。

通常用于幼枝或匍匐枝繁殖的草坪草,应以正常的高度修剪,以防止种子的产生,尔后停止修剪几个月以促进匍匐枝的发育。当生长足够时间后,收获单皮块,尽可能去掉或少带土,切碎或剁碎制成植物性材料。

(5) 注意事项

① 草皮块:要求草皮块均一,无病虫害,操作时能牢固地结在一起,种植后 1～2 周就能生根。在草地切起草皮时应尽可能薄,带 2 cm 厚的土即可,但应尽量减少或不具有芜枝层。草皮块收获后最好尽早铺装(24～48 h 内),这样可避免发热、脱水等损害。

② 塞植材料:其带土量 2～5cm。它与草皮块一样,也存在严重的发热和脱水问题。塞植适于匍匐茎型且旺盛扩展性的草坪草种的增植。

6.4.4.3　草坪的养护管理

(1) 修剪(轧草)

通常当草长到 5～6 cm 高时就可以开始修剪。新建未完全成熟的草坪应遵循"1/3 规则",即每次修剪时,修剪去的部分应小于叶片自然高度的 1/3,直至完全覆盖为止。新建的公共草坪修剪高度为 3～4 cm。

草坪的修剪通常应在土壤较硬时进行,修剪草机的刀刃应锋利,茬高 4～5 cm。应该在草坪草上无露水时,最好是在叶子不发生膨胀的下午进行修剪。新建草坪,应尽量避免使用过重的修剪机械。

一般来说,冷季型草坪草在春、秋季两个高峰期应加强修剪,至少 1 周 1 次。在晚秋应逐渐减少修剪次数。在夏季冷季型草坪也有休眠现象,也应根据情况减少修剪次数,一般 2～3 周修剪 1 次。暖季型草坪草在夏季应多修剪,1 周 1 次或 2～3 次。

(2) 施肥

施肥以复合肥为主,每次施肥量 20～30g/m²;也可以增施 1 次尿素氮肥,每次 12～15 g/m²。施肥常常在早春和晚秋进行,冷季型草一般夏季不施氮肥。草坪化肥施用量每年应达到 40～50 g/m² 的水平。春季施高氮和足够的磷、钾,每月可达 30 g/m²,其中氮∶磷∶钾=1∶0.5∶0.5,在早春或任何时候与覆土、碾压同时进行。施肥要均匀,少量多次。

新生草不宜早施化肥,最少修剪 3 次后才能施用。一般按每次施 10～15 g/m² 即可。随着草苗的生长,每次施肥量可稍增加。为防灼伤,不要在露水未干或浇水后立即施肥。施肥后需及时浇水。

喷施液体肥和可溶性肥时要注意控制浓度,如尿素的浓度一般在 2%～3%,磷酸二氢钾(KH_2PO_4)的浓度应在 0.2%～0.3%的范围内。浓度过大也容易造成草坪灼烧。

(3) 灌溉

新坪灌水可使用喷灌强度较小的喷灌系统,以雾状喷灌为好;灌水速度不应超过土壤有效的吸水速度,灌水应持续到土壤 2.5～5 cm 深完全浸润为止,避免土壤过涝。床面上有积水小坑时,要缓慢地排除积水。以后灌水的次数逐渐减少,但每次的灌水量要增大。通常在早晨太阳升起、露水干后对草坪进行灌溉较好,一般不在有太阳的中午和晚上灌水。用水量的确定通常采用检查土壤水的实际深度来断定。当土壤湿润到 10～15 cm 深时,草坪草可有充分的水分供给。通常在干旱季节,每周需补水 2～3 次。炎热的夏天应补充更多的水。

(4) 打孔

当草皮形成后,为促进草坪草的营养生长和改善坪床的通气透水状况,应定期打孔或划破处理。打孔或划破宜在早春或深冬进行。实心打孔锥长 10～15 cm,直径 1.3 cm,每立方米孔数不得少于 100 个。过度践踏的草坪场,在春季土壤湿润时,应进行 3～6 次打孔或 2～3 次划破处理。

(5) 地表覆土

铺设的草块要用覆土来弥补接口处的不平整。表施的土壤应与被施的草坪土壤质地相一致。通常选择无杂草种子的细土或黄沙,在接口处撒土或全面覆土。春初和秋末在草坪耙去芜枝层后应覆土。

(6) 梳草

垂直刈割也叫划破草皮,用以清除草皮表面积累的枯枝层,改善草皮的通透性。冷季型草坪在夏末或秋初进行,而暖季型草坪在春末或夏初进行。

(7) 草坪保护

草坪保护主要是指对杂草、病虫害的防治。清除杂草通常在播前进行。当杂草萌生后,可使用非选择内吸性除草剂。当草坪定植后,可使用萌后除草剂。大多数除草剂的使用通常都推迟到新草坪植被发育到足够健壮的时候进行。在第 1 次修剪前,通常不使用萌后除草剂(如 2,4-D,2 甲 4 氯丙酸和麦草畏)或者将其减至正常施量的一半使用(0.046 g/m^2,2,4-D,0.012 g 麦草畏)。

草坪的病害可用避免过多的灌溉和增大播量以加大幼苗密度的方法来防除。在有条件的地方,可在播前用杀菌剂处理种子。如为防止腐霉菌凋萎病,最常用的拌种剂是氧哇灵。此外,也可用克菌丹和福美双防治根茎腐坏真菌。

在新建的草坪上,可利用毒死蜱或二嗪农等防治蝼蛄等害虫的危害。

（8）注意事项

① 进行修剪时，同一块草坪，每次修剪要避免以同一方式进行，要防止在同一地点、同一方向多次重复修剪，否则草坪就会退化和发生草叶趋于同一方向的定向生长。

② 一般情况下，应把草屑清出草坪外，否则在草坪中形成草堆将引起其下的草坪死亡或发生病害，害虫也容易在此产卵。

③ 草坪坪床不平整、刀片钝均会严重影响草坪的修剪质量。

④ 施肥应注意施肥的均匀性，不使草坪颜色产生花斑。施肥前对草坪进行修剪。施肥后一般要浇水，否则易造成草坪烧伤。

⑤ 通常在早晨太阳升起、露水干后对草坪进行灌溉。一般不在有太阳的中午和晚上灌水，前者易引起草坪的灼烧，后者容易使草坪感病。

练习与思考

1. 列出直播蔬菜的种类，总结直播蔬菜的播种过程。
2. 总结直播生产中撒播、点播和条播的优缺点。
3. 分析蔬菜定植技术要点及两种定植方法的差异。
4. 简述提高果树栽植成活率的关键措施。
5. 哪些措施有利于缩短缓苗期？
6. 总结影响大树移植成活率的主要因素及提高移植成活率的关键技术。
7. 如何配置花卉盆栽的基质？
8. 上盆和换盆中应注意哪些问题？
9. 观察逐步换盆和直接更换大盆对花卉幼苗生长发育的影响，分析原因。
10. 观察水养条件下，花卉生长发育与自然条件下的异同。
11. 水养花卉容易出现落叶、叶尖或叶缘枯焦的现象，分析其原因，如何解决？
12. 简述草坪播种繁殖过程。
13. 播种法建坪应注意什么问题？
14. 简述草坪的无性繁殖材料建植步骤。
15. 依据草坪的生态条件，怎样选择适合的无性繁殖材料？
16. 如何进行草坪的修剪？
17. 草坪养护过程中如何进行施肥？
18. 如何进行草坪浇水？

项目七　园艺植物的田间管理

学习目标：

　　重点掌握园艺植物栽培的土壤耕作方法，土壤消毒技术，以及如何选择合适的施肥技术和灌溉技术用于园艺植物的高效栽培。熟练掌握土壤改良的一般方法，了解植物营养诊断的程序。

任务一　间苗、定苗与补苗

7.1.1　间苗

　　间苗的技术要点有三条：一是早间苗；二是分次间苗（2～3 次）；三是选优去劣（小苗、弱苗、杂苗、病虫害苗）。随着农业生产技术水平的不断提高，在杂草化除、优质种子精量播种或整地质量较高等情况下，可免去间苗这一传统工序。

7.1.2　定苗与补苗

　　定苗的技术要点有三条：一是适时定苗。总体原则是在幼苗的木质化程度已提高、根系已较发达、对不良的环境条件抵抗能力增强时定苗。如萝卜等可在 4～5 叶期定苗。但如遇阴雨低温、病虫害严重等情况时可适当推迟定苗。二是按密度确定的株、行距定苗。三是选留壮苗。定苗时若选在晴天中午进行，病弱苗常易萎蔫，便于识别。

　　在定植或定苗后，仍会出现缺株、死株现象，应抓紧时间进行查苗、补苗工作，以免缺株影响群体产量。补种往往赶不上原来的秧苗，此时应以补苗为主。一般应及早在播种或育苗时多留一些预备苗，以备缺苗时补用。要让补栽的晚苗"偏吃、偏喝"，促使晚苗赶大苗，达到全苗、壮苗。

任务二 中耕除草培土技术

7.2.1 中耕

中耕是指在雨后或灌溉后进行的调整土壤结构的田间管理作业。农谚有"锄头下面有三宝:有水、有火、有肥料",指的是通过中耕可疏松土壤,使土壤孔隙度增大,促使土壤内的空气流通,有利于土壤中有益微生物繁殖和活动,调节土壤的肥、水、气、温状况,为植物根系发育创造条件。

中耕技术要点有:

① 中耕时间宜早宜巧。早中耕指除草要早、要小,早松土促进根系发育。巧中耕指中耕要掌握"早时浅,离苗远,涝时深,离苗近","苗旁浅,行间深"。

② 中耕深度因作物种类,植株大小而有不同。一般根系浅的作物,如黄瓜、葱蒜类等宜浅。对根系较深的作物,如茄果类、瓜类等宜深些。生育期间"两头浅,中间深"。

③ 中耕次数要视土壤杂草和板结状况而定,一般 2~3 次,在作物生长封行前结束。

④ 中耕质量标准。每次中耕都要达到土壤疏松、地面干净、平整一致,不伤苗、不压苗、不埋苗。幼苗期及移栽缓苗后,植株个体小,大部分土面暴露于空气中,应及时中耕,可以有效地减少杂草的发生。当幼苗逐渐长大、枝叶覆盖地面、杂草发生困难时,根系已扩大于株间,应停止中耕,否则易因中耕损伤根系,影响植株的生长发育。

7.2.2 除草

杂草主要生长于一二年生草本植物之中,发芽早,繁殖快,适应性强,特别是在苗期,与植物争光、争水、争肥,同时又是多种病虫害的中间寄主或越冬寄主,适时消灭杂草是保证植物正常生长的一项重要措施。应注意在杂草发生之初尽早进行消除,开花结实之前必须消除干净。

清除杂草必须采取综合措施,主要有以下几点:

7.2.2.1 预防措施

① 严格杂草检疫制度,防止杂草种子侵入农田。

② 清选作物种子。用作播种材料的作物种子在播种前应进行清选(风选、水

选、泥水选或盐水选等），将杂草种子彻底清除出去。

③ 清洁园田环境。清除干净园田周围的杂草，以避免杂草种子带入田间。

④ 有机肥料充分发酵腐熟。许多杂草种子通过家畜消化道后仍保有发芽能力，因而，园地施用的有机肥必须充分腐熟，通过高温使杂草种子丧失发芽能力。

7.2.2.2 农业措施

① 合理轮作。通过水旱轮作改变环境条件抑制杂草发生。

② 土壤耕作。利用各种工具和机械进行土壤耕作，将已长出的杂草消灭，同时，应注意因搅动土层使深层杂草种子萌发或刺激多年生杂草休眠芽萌发。

③ 栽培防除。合理施肥、适度密植等栽培措施均可抑制杂草的发生。

④ 生物防除。利用杂草的天敌如昆虫、病原菌、植物、动物等生物来抑制和消灭杂草。

⑤ 物理防除。利用火烧、电磁能、激光、微波等防除杂草，或利用塑料薄膜、秸秆覆盖等方法控制杂草生长。

7.2.2.3 化学防除

① 播前除草。在播前对土壤或已长出的杂草茎叶进行药剂喷雾处理；或用氟乐灵、除草通等进行混土处理。

② 苗前化学除草。在播种后出苗前对播种期的覆土进行药剂喷雾处理，常用扑草净等防除单子叶作物田中的一年生阔叶杂草；用普施特、赛克等防除双子叶作物田中的一年生阔叶杂草；用拉索等防治一年生禾本科杂草等。

③ 苗后化学除草。出苗后，常采用茎叶喷雾处理已长出的杂草。应选择对作物安全的除草剂品种或采用定向喷雾处理装置，并在作物抗药的生育期使用，才能安全有效地防除杂草。

除草剂一般都有选择性，有的除草剂能杀死单子叶杂草，有的能杀死双子叶杂草。如西马津可防除一年生杂草，敌草隆可防除一般杂草。所以，使用时应注意以下事项：

① 正确选择合适的药剂。植物种类不同，对除草剂抗性不同；杂草种类不同，适用的除草剂也不一样。

② 正确地利用除草剂作用的形差、位差、时差，选择性地合理用药，确保清除杂草而不伤苗木。

③ 正确确定用药量：要根据植物种类、苗龄、生长情况和施药时间以及杂草种类和生长情况、土壤、天气等正确确定药量。

④ 正确确定施药方法：应根据植物对药剂的敏感程度、天气、土壤等条件，确

定合理的施药方法。

⑤ 土壤处理时,要做到地面平整、土壤细碎松软,并保持湿润状态。

值得提出的是,由于化学除草剂在生产上广泛应用,又不断有新型除草剂推出,要切实加强对除草剂应用技术的研究和指导,确保施用效果。

7.2.3 培土

培土是在植物生长期间将行间土壤分次培于植株根部的耕作方法。一般结合中耕除草进行,培土作业可固根又可加深畦沟,便于排水。

培土对不同植物有不同的作用。对大葱、韭菜、芦笋等进行培土后可使产品器官软化,增进产品质量;对于马铃薯、芋、生姜等植物,培土可促进产品器官的形成和膨大;对植株高大的茄果类作物培土,有防止倒伏和便于排水的作用。江南多水地区和北方多雨季节,把疏通畦、沟和培土结合起来,保护植株根系不致淹水或干燥,并有利于排水。早春定植的蔬菜和冬季嫁接的果树苗木以及葡萄根茎,通过培土,可提高土温,保护不被冻害。匍匐生长的瓜类,如西瓜、南瓜、冬瓜等培土压蔓可促进发生不定根,提高根系吸收肥水能力,同时又防止茎叶徒长。

任务三 土壤管理技术

土壤是园艺植物根系生长、吸取养分和水分的基础,土壤结构、营养水平、水分状况决定着土壤养分对植物的供给,直接影响到园艺植物生长发育。

7.3.1 土壤酸碱度的调节

土壤的酸碱度对各种园艺植物的生长发育影响很大,土壤中必需营养元素的可给性,土壤微生物的活动,根部吸水、吸肥的能力以及有害物质对根部的作用等,都与土壤 pH 值有关。园艺植物产自世界各地,对土壤的酸碱度要求反应不一。常见园艺植物适宜的土壤酸碱度见表 7.1。

表 7.1 常见园艺植物最适宜的土壤酸碱度(pH)

种类	pH 值	种类	pH 值	种类	pH 值
葡萄	7.5~8.5	大白菜	6.8~7.5	金鱼草	6.0~7.5
西府海棠	6.5~8.5	萝卜	6.0~7.5	鸡冠花	6.0~7.5
山荆子	6.5~7.5	花椰菜	6.5~7.0	仙客来	6.0~7.5

种类	pH 值	种类	pH 值	种类	pH 值
苹果	5.4～8.0	莴苣	6.0～7.0	石竹	6.0～8.0
枣	5.0～8.0	芹菜	6.0～7.5	一品红	6.0～7.5
梨	5.5～8.5	黄瓜	6.3～7.0	郁金香	6.5～7.5
柿子	6.5～7.5	冬瓜	6.0～7.5	凤仙花	5.5～6.5
樱桃	6.0～7.5	菜豆	6.5～7.0	芍药	6.0～7.5
柑橘	6.0～6.5	茄子	6.5～7.3	杜鹃	4.5～6.0
桃	5.5～7.0	番茄	6.0～7.5	秋海棠	5.5～7.0
板栗	5.5～6.8	大葱	6.0～7.5	山茶	4.5～5.5
枇杷	5.5～6.5	大蒜	6.0～7.0	君子兰	6.0～7.5
香蕉	4.5～7.5	韭菜	5.5～7.0	菊花	6.0～7.5
芒果	4.5～7.0	洋葱	6.0～6.5	八仙花	4.6～5.0
菠萝	4.5～5.5	马铃薯	7.0～7.5	月季花	6.0～7.0
兰科植物	4.5～5.0	凤梨科植物	4.0	仙人掌类	7.5～8.0

土壤过酸时可加入磷肥、适量石灰，或种植碱性绿肥植物如肥田萝卜、紫云英、金光菊、豇豆、蚕豆、毛叶苕子、油菜等来调节；土壤偏碱时宜加入适量的硫酸亚铁，或种植酸性绿肥植物如苜蓿、草木樨、百脉根、田菁、扁蓿豆、偃麦草、黑麦草、燕麦、绿豆等来调节。

7.3.2　土壤熟化

对新的园艺植物种植园或有效土层浅的种植园，进行土壤的深翻熟化具有重要的作用。深翻结合腐熟有机肥的增施，既能促进土壤团粒结构的形成、增加土壤养分的含量，又可改善根系分布层土壤的通透性和保水性，同时有利根际环境的改良及根系的生长发育，从而促进园艺植物地上部的生长，提高园艺植物的产量和品质。

7.3.2.1　深翻深度

深翻的深度一般应略深于根系集中分布区，山地、黏性土壤、土层浅的果园宜深些；沙质土壤、土层厚的宜浅些。大多数木本及藤本果树、观赏树木、深根性宿根

花卉根系分布在 $80\sim120cm$ 的土层,故深翻的深度应在 $80cm$ 左右,蔬菜、草本花卉的根系 80% 集中在 $0\sim50cm$ 范围内,其中 50% 分布在 $0\sim20cm$ 的表土层,菜地和花圃一般深翻至 $20\sim40cm$,且深翻土层逐步加深。

7.3.2.2 深翻时期

虽一年四季均可进行深翻,但一般在秋季结合施基肥深翻效果最佳。深翻施肥后立即灌透水,有助于有机物的分解和园艺植物根系的吸收。

7.3.2.3 深翻方式

对所有园艺植物的种植园,种植前必须进行全园深翻。对蔬菜及一年生花卉等园艺植物,每年在园地休闲期(秋季采收后至春季种植前)进行深翻;对木本和藤本果树、观赏树木等多年生园艺植物,多采用深翻扩穴或隔行深翻的方式;对盆栽园艺植物,常结合倒盆或施用有机肥进行盆土的深翻熟化。在深翻的同时,施入腐熟有机肥,土壤改良效果更为明显。

7.3.3 土壤消毒

土壤消毒是用物理或化学方法处理耕作的土壤,以达到控制土壤病虫害、克服土壤连作障碍、保证园艺植物高产优质的目的。尤其在设施栽培中,由于复种指数高,难以合理轮作,加之常处于高温、高湿微环境下,极有利于病虫害的发生和发展,且一旦发生了病虫害侵染,蔓延速度极快,常造成比露地更严重的损失。因此,土壤消毒是保护地果、菜、花栽培中一项非常重要和常见的土壤管理措施。土壤消毒的方法有物理和化学消毒两种。

7.3.3.1 物理消毒法

物理消毒多用蒸汽消毒,结合温室加温进行。将带孔的钢管或瓦管埋入地下 $40cm$ 处,地表覆盖厚毡布,然后通入高温蒸汽消毒。蒸汽温度与处理时间因消毒的对象而异。多数土壤病原菌通过 $60℃$、$30min$ 的处理即可杀死;大多数杂草种子需用 $80℃$ 左右 $10min$ 的消毒处理。对于烟草花叶病等病毒,则需 $90℃$ 消毒 $10min$;但此时土壤中很多氨化和硝化细菌等有益微生物也被杀死,因此为达到既杀死土壤有害病菌又保留有益微生物的目的,一般采用 $82.2℃$ 消毒 $30min$ 的处理。

蒸汽消毒具有三个特点,即:

① 较广谱的杀菌、消毒、除杂草的功效;

② 促进土壤团粒结构的形成,增加土壤通透性和保水、保肥的能力;

③ 不需增加其他设备,与采暖炉兼用。

但是,蒸汽消毒需要埋设地下管道,费用较高;另外较高温度消毒后,往往是氨化细菌还在、而硝化细菌已被杀死,造成土壤铵态氮积累。对 pH 值在 5.5 以上的酸性土壤进行蒸汽消毒时,会引起可溶性锰、铝增加,从而导致植株产生生育障碍。

7.3.3.2　化学消毒法

化学消毒常用药剂有 40％甲醛(福尔马林)、溴甲烷、石灰氮等。

(1) 40％甲醛

将甲醛液均匀地洒拌在土中,用量为 $400\sim500ml/m^3$,用塑料薄膜覆盖 $2\sim4h$ 后打开,在通风条件下经三四天待药挥发后即可播种。甲醛具有一定的毒性,但价格便宜,是目前保护地土壤消毒最常用的药剂。

(2) 溴甲烷

对黄瓜疫病、杂草种子、线虫有较好的防治作用,但对镰刀菌和丝核菌效果稍差。用量为 $15\sim45g/m^3$。溴甲烷比氯化苦的沸点低,具有可在低温下使用的优点。但是其气体比空气重,若土壤不平整,用药后气体易聚积在凹陷部分,对植株造成毒害。

(3) 石灰氮日光消毒处理技术

石灰氮俗称乌肥或黑肥,主要成分为氰氮化钙,其他成分有氧化钙和碳素等。

石灰氮消毒的操作步骤:

① 选择时间:选定作物收获并清洁田园(温室)后,夏季气温提高、光照最好的一段时间。

② 均匀撒施有机物(肥):每 $1\,000m^2$ 施用稻草(最好铡成 $4\sim6cm$ 小段,以利于翻耕)等未腐熟的有机物 $1\sim2t$、石灰氮颗粒剂 80t,均匀混合后撒施于土壤表面。

③ 深翻:用旋耕机将有机物(肥)均匀地深翻入土中(深 $30\sim40cm$ 为佳),以尽量增大石灰氮与土壤质粒的接触面积。

④ 开畦:土壤深翻、整平后做畦(高 30cm 左右,宽 $60\sim70cm$),尽量增大土表面积,以利于迅速提高土壤日积温,延长土壤高温的持续时间。

⑤ 密封:用透明薄膜将土壤表面完全封闭。

⑥ 灌水:从薄膜下往畦间灌满水,直至畦面湿透为止;在渗水多的地方再灌一次,但不用一直积水。

⑦ 密封温室:修理温室破损处,将温室完全封闭(注意出入口、灌水沟处不要漏风)。晴天时,利用太阳能日光照射使 $20\sim30cm$ 深的土层能较长时间保持在 $40℃\sim50℃$(土表温度可达 70℃以上),持续 $20\sim30d$,即可有效杀灭土壤中的真

菌、细菌、根结线虫等有害生物。

⑧ 揭膜晾晒。消毒完成,翻耕土壤,7～14d 后方可播种或定植作物。

注意事项:作业时必须戴眼罩、口罩、橡胶手套,身着长裤长袖作业衣,穿无破损长靴,以免药肥接触皮肤。药肥一旦接触皮肤,请用肥皂、清水仔细冲洗;如误入眼睛,即刻用清水冲洗,严重者应接受医生治疗。作业前后 24h 内不得饮用任何含酒精的饮料。

任务四　施肥技术

肥料是园艺植物的"粮食",化肥和平衡施肥技术的出现是第一次农业科学技术革命的产物和重要特征。但化肥使用不当或使用过量,不但造成浪费,而且导致环境污染和产品品质的下降,因此了解植物所需营养,掌握施肥技术十分重要。

园艺植物生长发育过程中不仅需要二氧化碳和水,还要不断地从外界环境中获得大量的矿质营养。土壤中有一定的营养物质,但远远不能满足园艺植物高产、优质的生产要求,因此,要根据土壤肥力状况、植物营养特点与生长发育的需要及肥料自身的特性,科学施肥,才能使肥料真正起到增产的效果。

7.4.1　园艺植物营养诊断

营养诊断是通过植株分析、土壤分析及其他生理生化指标的测定,以及植株的外观形态观察等途径对植物营养状况进行客观的判断,从而指导科学施肥,改进管理措施的一项技术。通过营养诊断技术判断植物需肥状况是进行科学施肥的基础,在此前提下,才可以对症下药,做到平衡合理施肥。可见营养诊断是果树、蔬菜及花卉等园艺植物生产管理中的一项重要技术。对园艺植物进行营养诊断的途径主要有缺素的外观诊断、土壤分析、植株养分分析及其他一些理化性状的测定等。在生产实践中,前三种途径应用较多,而理化性状测定受仪器、技术等多种条件的限制,因而还不能广泛地应用于生产实践。

7.4.1.1　缺素的外观诊断

外观诊断是短时间内了解植株营养状况的一个良好指标,简单易行,快速实用。根据植株的外观特征规律制成的缺素检索表见表 7.2。

表 7.2 植物缺素检索表

1. 症状在衰老的组织中先出现
  2. 老组织中不易出现斑点
    3. 新叶淡绿色,老叶黄化枯焦,早衰————————————缺氮
    3. 茎叶暗绿色或呈紫红色,生育期延迟————————————缺磷
  2. 老组织中易出现斑点
    4. 叶尖及边缘枯焦,并出现斑点,症状随生育期的延长而加重——缺钾
    4. 叶小,簇生,叶面斑点可能在主脉两侧先出现,生育期延迟——缺锌
    4. 叶脉间明显失绿,出现清晰网状脉,有多种色泽斑点或斑块——缺镁
1. 症状在新生的幼嫩组织中先出现
  5. 顶芽易枯死
    6. 叶尖弯钩状,并粘在一起,不易伸展————————————缺钙
    6. 茎、叶柄粗壮,薄脆易碎裂,花朵发育异常,生育期延长————缺硼
  5. 顶芽不易枯死
    7. 新叶黄化,均匀失绿,生育期延迟————————————缺硫
    7. 叶脉间失绿,出现褐色斑点,组织有坏死————————缺锰
    7. 嫩叶萎蔫,有白色斑点,花朵、果实发育异常————————缺铜
    7. 叶脉间失绿,严重时整个叶片黄化甚至变白————————缺铁
    7. 畸形叶片较多,且叶尖上出现斑点————————————缺钴

外观诊断为一种简洁有效的诊断方法,但如果同时缺乏两种或两种以上营养元素时,或出现非营养元素缺乏症时,易造成误诊,不易判断症状的根源。有些情况下,一旦通过观察发现缺素症时,采取补救措施则为时已晚,所以外观诊断在实际生产中还存在着显著的不足之处。

7.4.1.2 土壤分析诊断

通过分析土壤质地、有机质含量、pH 值、全氮和硝态氮含量及矿质营养的动态变化水平,提出土壤养分的供应状况、植物吸收水平及养分的亏缺程度,从而选择适宜的肥料补充养分之不足。虽然采用土壤分析进行营养诊断会受到多种因素,如天气条件、土壤水分、通气状况、元素间的相互作用等影响,使得土壤分析难以直接准确地反映植株的养分供求状况。但是土壤分析可以为外观诊断及其他诊断方法提供一些提示和线索,提出缺素症的限制因子,印证营养诊断的结果。

7.4.1.3 植株营养诊断

植株营养诊断是以植株体内营养状态与生长发育之间的密切关系为根据的,

但两者之间的相关性并非一成不变,在某些生长发育阶段营养的供给量与植物的生长量成正相关,但达到某一临界浓度时,就会出现相关性逐渐减少的情况,最终出现限制生长发育的负面效应。在植物吸收利用营养元素的过程中,元素的变化会引起其他元素的缺乏或过量,而在进行营养诊断时不能只注重单一元素在组织中的浓度,还要考虑到各种元素间的平衡关系。

用以上诊断方法初步确定营养元素缺乏或过量后,可以用补充施肥或在田间实验减少施肥的方法,进一步证实。最简单的方法如叶面涂抹或喷施尿素可以很快看出植株缺氮的症状是否消失。

7.4.2 施肥技术

在了解了营养元素与园艺植物生长发育关系的基础上,对园艺植物采取合理、科学的施肥技术,即把握施肥时期、施肥种类和数量、施肥方法等方面的技术。科学施肥是保证园艺植物高产、优质、高效的重要技术环节。

7.4.2.1 施肥原则

(1) 有机肥与无机肥结合

高产田要求较肥沃的土壤条件,除了对矿物质含量的基本要求外,还需要较高的有机质,有机质构成了土壤肥力的基础。我国农业土壤的有机质普遍偏低,东北地区的蔬菜田有机质含量只有 3%～5%,华北等地一般仅在 1.5% 左右。随着土壤有机质含量的增加,作物的产量也会提高。

增施有机肥,虽然能提高土壤有机质,但有机肥中的营养元素通常都是以化合物形式存在的,肥效迟缓且肥效低,必须与无机肥配合施用,可以缓急相济、取长补短。有机肥在施用时要充分发酵腐熟,使其中的一些有害成分通过发酵分解掉,以减少病虫害的传播和对植物根系造成伤害。

(2) 以基肥为主,进行有效追肥

一般基肥施用量可占总施肥量的 50%～60%,在地下水位较高或土壤径流严重的地区,可适当减少基肥的施用量,以避免肥效损失。结合植物不同生育时期的需肥特点,可进行必要的追肥。除进行土壤追肥外,叶面喷肥也是生产上常用的追肥方式。

(3) 看天看地看苗,科学施肥

施肥必须根据当地当时的气候特点、土壤状况、植株长势长相进行。为了施肥更科学,可根据土壤和植株养分含量的亏缺对施肥种类和数量进行计算,效果会更好。

（4）掌握作物施肥关键时期

实践证明，掌握植物需肥的有利时期，及时追施关键肥，是提高植物产量的重要措施。如禾谷类植物的拔节—孕穗期，花生、大豆及花卉的开花期，棉花的花铃期，瓜果的果实膨大期等都是施肥的关键时期，施肥增产增质的效果最显著。

（5）肥水配合、以水调肥

水和肥是相依关系，只有施肥后及时浇水，使水肥相互结合，才能起到较好的肥效。

7.4.2.2 施肥的方式方法

（1）基肥

基肥是植物播种或移栽（定植）前，结合耕（整）地施入土壤中的肥料。

① 基肥施用的意义：其一，满足植物整个生育期内能获得适量的营养，为植物高产打下良好的基础；其二，培养地力，改良土壤，为植物生长创造良好的土壤条件。

② 基肥施用的原则：一般以有机肥为主，无机肥为辅；长效肥为主，速效肥为辅；氮磷钾（或多元素）肥配合施用为主，根据土壤的缺素情况，个别补充为辅。

③ 基肥的施用量：基肥施用量应根据植物的需肥特点与土壤的供肥特性而定。一般基肥施用量占该植物总施肥量的50％左右为宜。质地偏黏的土壤应适当多施；反之，质地偏砂的土壤适当少施。

④ 基肥的施用方法：一般情况下是撒施，在土地翻耕前，将肥料均匀撒于地表，然后翻入土中。凡是植物密度大，植物根系遍布于整个耕层，且施肥量又相对较多的地块，都可采用这种方法。撒施肥料时要求均匀，防止集堆，影响植物生长不平衡。

（2）种肥

在植物播种或移栽时局部施用的肥料称为种肥。

① 种肥施用的意义：其一，满足植物临界营养期对养分的需要；其二，满足植物生长初期根系吸收养分能力较弱的需要。

② 种肥的施用原则：一般以速效肥为主，迟效肥为辅；以酸性或中性肥为主，碱性肥为辅（浓度过大或强酸、强碱肥不宜）；有机肥必须施用腐熟好的肥料，未腐熟的肥料不宜施用（易产生高温）。

③ 种肥的用量：一般占该植物总施肥量的5％～10％为宜。但若以种肥代替基肥施用时，也应少于基肥的施用量。

④ 种肥的施用方法：种肥在生产上一般有三种施用方法。一是沟施法，即在播种沟内施用肥料的方法。如植物开沟播种时，先将肥料施入沟中，使肥土充分融

合,然后再播种覆土,这种肥料一般以施用大量元素为主。二是拌种法(包括浸种、蘸秧根等),当肥料用量少或肥料价格比较昂贵及各种生物制剂、激素肥料等均可采用此法。三是浸种法,即先将肥料用水溶解配制成一定浓度的溶液,然后将种子浸入溶液中一段时间。

（3）追肥

追肥一般是指在植物生长期间,根据植物各生长发育阶段对营养元素的需要而补施的肥料。

① 追肥的施用原则:一要看土施肥。即肥沃土壤少施轻施,瘠薄土壤多施重施;砂土少施轻施,黏土适当多施、重施。二要看苗施肥(长势长相)。即旺苗不施,壮苗轻施,弱苗多施偏施。三要看植物的生育阶段。一般苗期少施轻施,营养生长和生殖生长均旺盛时需肥增加,但蔬菜应重施肥;结果植物应在果实开始膨大时重施肥,常要进行 1～2 次,甚至多次追肥。四要看肥料性质。一般追肥在苗期以速效肥为主,主要是促苗长壮,而在营养生长与生殖和生长旺盛时则以有机、无机配合施用。五要看植物种类。播种密度大的植物(如稻、麦等)以速效肥为主,地下结根、长茎类的植物应多施用有机肥和磷、钾肥。

② 追肥的施用量:一般追肥施用量应占总施肥量的 40%～50% 为宜,其中植物生长的旺盛时期或结实关键时期应占追肥量的 60%。

③ 追肥的施用方法:植物生育期间追肥方法很多。其一是撒施法,主要适宜于播种密度大的植物(如水稻等)。其二是沟施法,即开沟施肥,适宜于植株较大的植物(如玉米、棉花)和单株产量高的植物(如大白菜、甘蓝等)。其三是环施法,如树木的施肥多是在其周围开围沟施肥。其四是喷施法(根外追肥),任何植物都适用,可作为补充施肥的办法。

7.4.2.3 果树施肥

（1）施肥时期

合理的施肥时期应根据果树的物候期、土壤内营养元素和水分的变化规律等,选取适宜的肥料进行施肥。经过多年的观察研究,随着果树物候期的变更,养分在树体内具有不同的分配中心。养分的分配以坐果为中心时要追肥,即使过量也有利于提高坐果率;而错过了这一时期,追肥量不多也会加速营养生长,加剧生理落果。在果树生长的年周期中,对氮、磷、钾的需求有周期性的变化,一般在春季发梢期对氮的需求量较大,而在 7 月份以后迅速下降,果实采收后需要量相对稳定。钾在生长初期需求较大,在果实迅速生长的中期吸收量达到最大值,80%～90% 的钾肥在这一时期被吸收。磷的需求量在生长初期有所增加,中后期变化较小。不同种类的果树对氮、磷、钾的吸收亦有差异。

（2）施用量

一般情况下，幼年果树新梢生长量和成年果树果实年产量是确定施肥量的重要依据。试验发现，幼树期间氮、磷、钾的施肥比例一般是 2∶2∶1 或 1∶2∶1，结果期间的比例是 2∶1∶2。

（3）施肥方法

果树施肥的方法有两种：土壤施肥和根外追肥，其中土壤施肥是目前应用最为广泛的施肥方法。

土壤施肥：将肥料施在根系分布层以内，有利于根系吸收，并诱导根系向纵深与水平方向扩展，从而获取最大肥效。果树水平吸收根多分布在树冠外围，所以施肥位置应在根系分布区稍深、稍远的地方，利用根的趋肥性，诱导根系向深度、广度方向伸展，扩大吸收面积。不同树种、品种、树龄的果树，施肥的深度和广度也有所不同，如苹果、梨、核桃、板栗的根系发达，施肥宜深、宜广；桃、杏、李及矮化果树根系范围小且浅，因而施肥宜浅、宜窄。幼树宜小范围浅施，随着树龄的增大，施肥范围也随之扩大和加深。不同土壤情况、肥料种类、施肥的深度和范围亦有差异。沙地、坡地基肥宜深施，追肥宜少量多次，局部浅施。沙质土壤中，磷的移动范围为 10～15cm，钾为 23～35cm，氮为 35～45cm，所以氮肥宜浅施，磷、钾肥应当深施。磷在土壤中易被固定，因而施过磷酸钙和骨粉时应与有机粪肥堆沤腐熟后混合施用。追施化肥后不要立即浇水，施后 10d 以内不能灌大水。

土壤施肥的方法较多，可以视具体情况来确定。

（a）环状沟施：在树冠投影外围稍远处挖宽 30～50cm、深 40～60cm 的环状沟，将肥料与土拌匀后施入沟内，覆土填平即可。环状沟施操作方便，用肥经济，但范围较小，伤根较多。幼树施基肥多采用此种方法。追肥时沟挖在投影的边缘，沟深 20cm 即可。

（b）辐射状沟施：是在距树干 1m 处外挖辐射状沟 4～8 条，沟宽 30～65cm，深 30～65cm，长度要超过树冠投影的外缘，且内浅外深，内窄外宽，施肥覆土即可，伤根少，施肥范围大，适宜大树施用基肥。

（c）条施：在果树行间开沟施肥，基肥沟宽 30～50cm、深 40～60cm，追肥沟宽 20～30cm、深 15～20cm。此法可以进行机械操作，适宜宽行密植果园。

（d）穴施：在树冠垂直投影边缘的内外不同方向挖若干个坑，施肥填平即可。追肥时穴直径 20～30cm、深 20～30cm，施基肥时穴的直径为 40～50cm，深 40～60cm。穴施每年要更换穴的位置，适用性广泛。

（e）撒施：包括全园撒施和局部撒施。全园撒施是将肥料均匀撒在整个地面，翻入土中，深约 20cm，基肥、追肥均可应用，施肥范围大，能够充分发挥肥效。应注意若施基肥较浅，根系易上浮。全园撒施与辐射状施肥法交替使用，在成年果园应用较广。局部撒施是将肥料撒在树盘或树行上,翻入土中,施肥范围广且不伤根,适用于幼龄果园的基肥、追肥的施用。

(d) 灌溉施肥:是结合树行、树盘灌溉进行施肥的方法,将肥料掺入水中,从而使得灌溉与施肥同时进行,人粪尿做追肥采用此法,而施用无机化肥采用此法则营养元素易流失。

7.4.2.4 蔬菜施肥

(1) 施肥时期

确定适宜施肥时期,首先应了解不同营养型蔬菜的生长发育特性。

蔬菜大致分为以下三种营养类型:

第一类是以变态的营养器官为养分贮藏器官的蔬菜,如结球白菜、花椰菜、萝卜、洋葱、姜、山药、茭白、结球莴苣、西瓜等。这类蔬菜从播种到产品采收整个生长周期中,分为发芽期、幼苗期、扩叶期和养分积累四个时期,其中扩叶期较长,营养供应是否充足直接影响着后期养分积累的多少,是管理的关键。养分不足时,植物生长势弱或过早进入养分积累前期,因此均衡施肥是十分重要的。

第二类是以生殖器官为养分贮藏器官的蔬菜,如番茄、辣椒、菜豆、黄瓜、丝瓜等。这类蔬菜的生长发育分为发芽期、幼苗期、开花着果期和结果期四个时期。一般情况下花芽分化在幼苗期已经开始,产品器官的雏形已经开始形成,叶片生长与果实发育同步进行,因而在幼苗后期平衡调节营养生长与生殖生长的需肥矛盾是管理的关键。

第三类以绿叶为产品的蔬菜,如菠菜、生菜、茼蒿、苋菜等。这类蔬菜的生长发育分为发芽期、幼苗期和扩叶期三个时期,一般生长期短,单位时间内生长速度快,产量高,肥水管理比较简单。

下面是蔬菜生育中发芽期、幼苗期、扩叶期以及养分积累期四个阶段重点施肥时机。

① 发芽期。针对绿叶菜类蔬菜来说在种子直播后浇盖施肥,补充苗期营养需要。

② 幼苗期。以量少质精、薄肥勤施为原则。一般在幼苗后期,当植株没有封行、操作方便时进行一次性施肥,如番茄、菜豆、黄瓜在立架前,西瓜等在甩蔓后。

③ 扩叶期。第一类蔬菜在扩叶后期节制用肥。第二类型在坐果后补充营养,如茄果类在果径达 3cm 左右时,菜豆类在果长达 5cm 以上时进行。第三类型从苗期进入扩叶期后,营养供应一促到底。

④ 养分积累期。第一类型蔬菜要在产品器官形成后大量补充营养。

（2）施肥量

施肥量应根据蔬菜种类、物候期、土壤情况、气候条件及肥料种类来确定。

基肥以有机肥为主，一般每季施用75 000～150 000kg/hm²。基肥施用量为总施肥量的50%～60%。通常情况下菜地土壤中有机质的含量要在3%左右；如果有机质含量超过3%，只补充矿质营养；如果有机质含量低于3%，则同时补充有机质和矿质营养。追肥可施用稀薄粪尿肥或化肥，也可采用0.2%～0.5%浓度尿素进行根外追肥。值得指出的是蔬菜整个生长周期中需要充足的氮肥，尤其是以绿叶为产品器官的蔬菜更为重要。磷肥主要在蔬菜生长期需要，形成养分积累器官的蔬菜要补充适量的钾肥。一般情况下，在南方蔬菜天然供肥率为40%～50%，肥料利用率氮为40%～70%，磷为15%～20%，钾为60%～70%。对于棚室蔬菜，其化肥施用量可参考下列公式，酌量施用。

施肥量＝[(1－土壤天然供肥率)/肥料利用率]×蔬菜吸肥量

（3）施肥方法

主要分为土壤施肥和根外追肥两大类。

① 土壤施肥：又因基肥和追肥而不同。基肥在播种或定植前整地做畦时施入。基肥促进根系深入生长，一般为有机肥或少量的速效性化肥。可以采用撒施，施后翻入土中即可。追肥是在蔬菜生长期间依生育周期不同而相应补充营养的施肥方式。如穴施、条施、随水追施等方式应用较多。肥料以粪肥或化肥为主，但肥料的浓度要低。追肥时要保持肥料与根系的距离，以免烧根。

② 根外追肥：蔬菜上主要是利用叶面喷施，见效快。一般尿素的浓度为0.2%～0.3%，磷酸二氢钾为0.2%，过磷酸钙浸出液为1%。叶面喷施的适宜时间在傍晚叶片气孔开放时进行。

此外，保护地栽培条件下，薄膜或玻璃妨碍空气流动，CO_2供应不足，影响光合速率。CO_2施肥的适宜浓度为0.08%～0.1%，施用的时间宜在10：00左右。

7.4.2.5　花卉施肥

（1）露地花卉的施肥

① 施肥时期：植物大量需肥期是在生长旺盛或器官形成的时期。一般来说春季要大量施用肥料，尤其是氮肥；夏末秋初则不宜多施氮肥，否则会引起新梢生长。幼嫩的新梢不能抵御初冬的寒冷，减少施肥有利于新梢老化，预防冻害。秋季当花卉顶端停止生长时施入复合肥料，对冬季或早春根部急需生长的多年生花卉有促进作用。冬季或夏季进入休眠期的花卉，应减少或停止施肥。根据花卉生长发育的物候期、环境气候及土壤营养状况，适时适量追肥，一般在苗期、叶片生长期及花

前、花后施用追肥,在高温多雨或沙质土壤上追肥要采取"少量多次"的原则。像碳酸氢铵、过磷酸钙等速效肥应在需要时施用,而有机肥等迟效肥宜提早施用,前者多作追肥,后者多作基肥。

② 施肥量:施肥量因花卉种类、物候期、肥料种类、土壤状况及气候条件不同而异,所以也无统一的标准。施肥前要通过土壤分析或叶片分析来确定土壤所能供给的营养状况及植物营养供给水平,据此选用相应的肥料种类及施肥量。有研究报道,施用 $N-P_2O_5-K_2O$ 为 5-10-5(kg)的复合肥料,每 $10m^2$ 的土地面积上,球根类花卉施用 0.5～1.5kg,草花类施用 1.5～2.5kg,落叶灌木类施用 1.5～3.0kg,常绿灌木类施用 1.5～3.0kg。露地花卉化肥的施用量见表 7.3。

表 7.3 露地花卉化肥施用量(kg/100cm²)

花卉种类	化肥种类					
	硝酸铵		过磷酸钙		氯化钾	
	基肥量	追肥量	基肥量	追肥量	基肥量	追肥量
一二年生花卉	1.2	0.9	2.5	1.5	0.9	0.5
多年生花卉	2.2	0.5	5.0	1.8	1.9	0.3

(2) 盆栽花卉的施肥

盆栽花卉多在温室、阴棚等保护地进行精心的栽培管理。盆栽花卉的养分来源除了培养土以外,还在上盆或换盆时施入基肥,以及上盆后生长期间的多次施肥。给盆花施肥应注意以下问题:第一,不同花卉种类、不同观赏目的以及不同生长阶段施肥是不同的。苗期多施氮肥,花芽分化和孕蕾期多施用磷、钾肥。观叶植物如绿萝不能缺氮肥,观茎植物如仙人掌不能缺钾肥,观花植物如一品红不能缺磷肥。有些花卉还需要特殊的微量元素,喜微酸性土壤的花卉如杜鹃要补充施用铁素等。第二,肥料必须充分腐熟,以免产生臭气或其他有害气体。第三,肥料要配合施用,营养元素的种类不能单一,否则易引起缺素症,应多施复合肥。第四,肥料的酸碱性要与花卉的生长习性相适应。腐熟的堆肥、厩肥、马蹄片、尿素、草木灰等呈碱性,而麻酱渣、硫酸铵、磷酸二氢钾和鸡鸭粪肥呈酸性。杜鹃、山茶、茉莉、栀子等是喜酸性土壤的花卉,施肥时就要慎重选择肥料。

① 施肥时期:盆栽花卉生活在固定的介质中,所以营养物质要不断地补充才能满足盆花不断生长的需要。对不同种类的植物及不同生长发育期来说,施肥的最佳时期亦不同。一般情况下,1 年中生长旺盛期和入室前要追肥,生长期间根据生长状况每 6～15d 追施 1 次肥,以氮肥为主,夏季或冬季室内养护阶段处于休眠或半休眠状态的盆花少施或不施;1 年中多次开花的花卉,如月季、香石竹等,花

前、花后要重施肥；1d 中施肥应在晴天傍晚进行，且施肥前松土，施肥后浇少量水即可。

②施肥量：基肥以有机肥为主，施入量一般不超过盆土总量的 20%；追肥以"薄肥勤施"为原则，通常采用腐熟的液肥为主，也可以用化肥或微量元素溶液追施或叶面喷施。有机液肥的浓度不超过 5%，一般化肥的浓度不超过 0.3%，微量元素的浓度一般不超过 0.05%，过磷酸钙追肥时浓度可达 1%～2%。

③施肥方法：盆栽花卉的施肥常常结合浇水进行或直接施用液体薄肥，操作简便易行。根外追肥也以叶面喷施为主，在缺少某种元素或根部营养吸收不足时采用此种方法，切忌浓度过高。

此外，温室盆栽花卉还可以增施 CO_2 气肥，在 CO_2 浓度为 0.03%～0.3% 的范围内，光合效率随着 CO_2 浓度的增加而提高，具体操作同蔬菜。

在花卉施肥方面，目前国外还生产了很多商品性花卉专用缓解肥，既节省人力，又能够使植物均匀吸收。比较著名的有塞拉系列产品，这种缓解肥是用多种聚合的半渗透性包衣剂包在水溶性肥料基质的表层，呈球状，当施入土壤时，水渗入膜内溶解养分产生渗透压，这种压力使包衣剂里的养分向土壤中扩散，被植物的根系吸收。不同类型及不同厚度的包衣能有效地控制养分的扩散速度，供给不同需肥特性的花卉。

任务五　水分管理技术

7.5.1　灌溉技术

7.5.1.1　地面灌溉

地面灌溉包括畦灌和沟灌。

沟灌是通过植物行间开沟的灌水方式，可以逐行灌，也可隔行灌。沟灌水渗透量小，土壤通透性好，土壤不易形成板结现象。沟灌适于雨水较多地区或多雨季节，用于玉米、棉花、马铃薯、番茄、多数果树等中耕植物。

畦灌是引水漫灌畦面的一种灌溉方式，北方菜田普遍采用，优点是灌得透，灌得匀；缺点是灌后地面板结，通气性差，蒸发量较大。同时畦灌要求地势平坦，畦面要平，否则会造成土壤干湿不匀。

7.5.1.2 节水灌溉技术

（1）喷灌

喷灌利用专门的设备将水加压，或利用水的自然落差将高位水通过压力管道送到田间，再经过喷头喷射到空中散成细小的水滴，均匀地散布在农田上，达到灌溉的目的。喷灌的优点很多：既可用来灌水，又可用来喷洒肥料、农药；可人为控制水量，对作物适时适量灌溉，不会产生地表径流和深层渗漏；可节水30%～50%，且灌溉均匀，利于实现机械化、自动化等。喷灌主要有固定式、半固定式、机组移动式三种喷灌形式应用于生产。

（2）滴灌

滴灌用管道系统输水，通过滴头，缓慢地把水送到作物根区。一般采用干、支、毛三级轻质软管系统供水，是机械化与自动化的先进灌水技术。

（3）微喷

微喷技术又比喷灌省水15%～20%，优点更多：其一是更省水节能（在低压条件下可运行）；其二是灌水更均匀，水肥更便于同步，微喷系统更有效地控制每个灌水管的位置和出水量；其三是还可调节株间温度和湿度，不会造成土壤板结；其四是适应性强、操作方便，适用于山区、坡地等各种地形条件，无需平整土地，开沟打畦，因而可大大减少劳动强度。微灌的不利因素在于系统建设的一次性投资大，灌水器易堵塞等。

（4）地下灌溉

地下灌溉是把水输入到地下铺设的透水管道或采用其他供水系统，通过毛细管作用，水自下而上供给作物吸收利用。优点是不损坏土壤的物理性和克服地面灌溉一些缺点，但设备投资大，不易检修。

另外各地也应用了一些灌溉的新技术，如膜上灌溉技术，即在地膜栽培的情况下，改地膜旁侧灌水为膜上放苗孔和膜旁侧渗灌溉；如作物调亏灌溉技术，即从植物生理角度出发，在一定时期内主动施加一定程度的有益水度，来调控地上部的生长量，实现矮化密植，减少整枝等工作量。

7.5.2 排水技术

植物排水的目的在于除涝、防渍，防止土壤盐碱化，改良盐碱地、沼泽地等。通过排水调整土壤通气和温湿状况，为植物正常生长创造条件。排水工作在南方多雨地区与北方的灌溉区，对植物的正常生育是同等重要的。

田间排涝的方式很多，主要有明沟、暗沟和井排三种。生产上仍以传统的明沟排水为主。明沟排水成本低,且能迅速排除地表积水。但缺点是占地面积大,影响机械作业,需不断修整,又易滋生杂草,且难于排除土壤中的积水。暗沟即在地下铺设暗管排水,不占地不影响田间耕作,可根据需要调整埋深和间距,所以排水效果好于明沟,但费用较高。竖井排水是在田间按一定的间距打井,井群抽水时在较大范围内形成地下水位降落漏斗,从而起到降低水位的作用。竖井的优点是排水和灌溉结合,雨涝季节容纳较大的渗水,减轻涝、渍危害,又可贮备一定水源,供旱季抽水灌溉。但在土壤质地太黏、渗透系数太小时,效果不好;水质矿化度过高时,抽出的水不能用于灌溉,仅作排水成本太高。

练习与思考

1. 简述间苗技术要点。
2. 简述定苗技术要点。
3. 何谓中耕? 中耕有什么作用?
4. 简述中耕的技术要点。
5. 如何防除杂草?
6. 什么叫培土?
7. 如何进行土壤酸碱度的调节?
8. 如何进行土壤熟化处理?
9. 土壤蒸汽消毒有什么特点?
10. 简述石灰氮日光消毒技术。
11. 如何开展园艺植物营养诊断?
12. 园艺植物施肥的原则是什么?
13. 结合生产实践操作,分析果树施肥各种方法的优缺点。
14. 生产实际中如何理解土壤施肥和根外追肥的关系?
15. 总结蔬菜施肥的种类及各种施肥的技术要求。
16. 露地花卉施肥与盆栽花卉有什么异同点?
17. 总结节水灌溉技术的要点。

项目八　园艺植物生长发育调控

学习目标:

　　重点掌握植物生长控制的目的、果树的修剪时期与修剪方法、草本植物的植株调整措施与应用,了解观赏植物在造型中的应用。

任务一　园艺植物的整形修剪

　　修剪的含义有狭义和广义之别。狭义的修剪指对植物的某些器官,如芽、干、枝、叶、花、果、根等等进行剪截、疏除或其他处理的操作。整形是指通过修剪、锯、捆绑、扎等处理,使植物长成栽培者所希望的特定形状的措施。广义的修剪包括整形在内,是指在植物生产过程中,人为采用特殊的工具和手法,使植株形成并维持一定的结构和形状的技术。因此,修剪包括两个阶段:前期造型和后期维形。前期的造型过程靠修剪完成;而后期的维形中也有造形过程,尤其是在株形因故发生变化的情况下。

8.1.1　果树的整形修剪技术

　　果树整形修剪的发展趋势呈现两个方面的特点:一是简化,主要表现在树冠结构简化、整形修剪技术简化,广泛利用矮化品种、砧木,并逐步采用化学和机械修剪;二是模糊种类和品种间的差异,如变则主干形、自然开心形等树形的应用范围更加广泛,木本果树亦采用架式栽培。

8.1.1.1　树形结构

　　所谓树形结构是指树的骨干成分。了解这些成分,对掌握整形修剪技术很重要。以有中心干的树形为例,观赏树木的树形结构见图8.1。

　　(1) 主干

　　一般指树的地面到分枝处的距离,大多数为60~100cm。干矮,树冠形成快、体积大;干高,树冠较小,树势易控制,适宜密植。主干的高矮是幼树定植后修剪决定的,称定干。

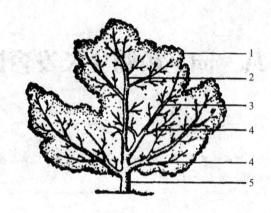

图 8.1　树体结构
1. 树冠；2. 中心干；3. 主枝；4. 侧枝；5. 主干

（2）中心干

中心干又称中央领导干,指主干以上的中心主枝。中心干不适宜太高,2～3m即可。中心干有直立的,也有弯曲的;生长势太强的宜取弯曲中心干;而生长势弱的则宜取直立中心干。

（3）主枝

主枝是中心干上的骨干枝,向外延伸占领较大的空间。主枝大的,上面有 2～4 个侧枝以及许多结果枝组或辅养枝。稀植的树,主枝大;密植的树,主枝小,甚至与中心干上出的其他枝(如辅养枝)无区别。纺锤形树,主枝就不明显了。

（4）辅养枝

辅养枝是中心干上或主枝上长出的临时性枝,插空存在,空间允许时保留结果或长叶养树;待骨干枝上枝量大、空间拥挤时,辅养枝就逐渐"让路",或缩小或疏除。

（5）枝组

枝组又称枝群或单位枝,是两个或两个以上结果枝集于一起的枝。苹果、柑橘、梨、桃等果树的枝组,其寿命长短、结果枝多少、结果能力如何,对果树的生产性能影响极大,培养枝组是修剪的重要任务。

（6）结果枝

结果枝是指着生果实的枝,1 年生或当年生。结果枝多、健壮、分布均匀合理,是果树生产能力的主要指标之一。

8.1.1.2　修剪的时期

理论上说,以生长控制为目的的修剪,什么时期都可以进行。但从影响植物生长发育的效率和可行性上来说,不同园艺植物、不同品种或不同生长情况等,应当讲究修剪时期。多年生木本植物修剪时期主要分冬剪和夏剪。

(1) 冬剪

落叶果树秋末冬初落叶至翌年春季萌芽,或常绿果树冬季生长停止的时期,这一段时间即休眠期,进行的修剪称为冬剪或休眠期修剪。在生产上是最重要的修剪时期。一是因为这个时期劳动力便于安排,无其他活挤占,可以从容进行;二是落叶后树冠内清清爽爽,便于辨认和操作;三是这个时期修剪,果树的营养损失少,即使是常绿果树也如此。另外,果园土壤管理上,不论是长草或种植间作植物,以冬剪影响最小。

一个大面积的果园,整个冬季内要进行修剪,应先剪幼树、先剪经济效益大的树、先剪越冬能力较差的树、先剪干旱地块的树。从时间上讲,应先保证技术难度大的树先进行修剪。

(2) 夏剪

除冬剪的时间外,由春至秋季末的修剪都称夏剪,又称带叶修剪。理论上讲,调节光照、调节果实负载量、调节枝梢密度,夏剪更准确一些,也较合理;但夏季果园劳力紧张,夏剪的及时性难以保证,甚至容易被忽略。

(3) 有"伤流现象"树木的修剪时期

葡萄、核桃等果树每年有个固定的时期出现剪口的"伤流现象",这个时期称"伤流期"。伤流是树体营养物质的损失,因此这类果树的修剪应避开"伤流期"。葡萄的"伤流期"是春季萌芽前后,约两三周;核桃的"伤流期"是秋季落叶后至春季萌芽前数月之久。"伤流期"修剪果树,剪口愈合慢,剪口下芽的生长势弱。

8.1.1.3　果树修剪的基本步骤

进行果树修剪时,必须首先了解果树修剪的基本步骤。果树修剪的基本步骤可以概括为四个步骤:

(1) 第一步是"看"

在修剪一棵果树之前,首先要"绕树三圈",亦即"看"。其内容有:

① 看树体结构。果树是多年生植物,修剪有其继承性,尤其是骨干枝培养需要多年才能完成,在修剪之前必须首先弄清上年的修剪意图。

② 看生长结果习性。果树种类和品种繁多,修剪应根据不同种类和品种的生长结果习性特点而采用相应的方法。

③ 看修剪反应。修剪反应是修剪方法和程度、外界环境、管理水平等因素的"自动记录器"。一般对反应敏感的轻剪,反应迟钝的重剪。

④ 看树势。树势强弱是树龄、立地条件、管理水平等因素的综合反映,树势强

的应轻剪,树势弱的应重剪。

"看"的目的是在对上述四方面进行观察之后,确定修剪的程度和方法。

(2)第二步是"锯"

为了简化树体结构,要求对主、侧枝之外的非骨干枝(辅养枝)进行处理。基本原则是辅养枝的生长以不影响骨干枝的生长为前提,如果辅养枝影响骨干枝的生长时,应部分甚至全部锯除。此外,对中心干上的大型结果枝组有时也采用辅养枝的处理办法。

(3)第三步是"剪"

"剪"的对象主要是骨干枝和枝组。对骨干枝,主要调节主枝和侧枝延长方向、强度和均衡度;对枝组,主要是进行枝组的配备和更新(细致修剪)。对非生产性枝条,如徒长枝、交叉枝、竞争枝、下垂枝、病虫枝等,一般予以疏除。"剪"的顺序通常是从上到下,从外到内,从大枝到小枝。

(4)第四步是"查"

修剪之后,再"绕树三圈",谓之"查"。查的目的是看与修剪意图是否相符,如果有不完善之处则按照修剪意图适当修改。

8.1.1.4 果树修剪的基本手法

(1)常规修剪

基本修剪手法有"截、疏、伤、变、放"五种,实践中应根据修剪对象的实际情况灵活运用。果树冬季修剪主要以采用疏、截、放三种手法为主。

① 截:把一年生枝剪去一段称作短截。根据短截的程度不同,可分轻短截、中短截、重短截和极重短截。短截修剪方法见图8.2。

(a)轻短截。剪去一年生枝的$1/4 \sim 1/3$。轻短截对于局部的刺激作用较小,剪口附近的芽生长势较弱,但芽眼萌发率高,形成中、短果枝较多,易形成结果枝,全枝总生长量大,加粗生长快,有缓和营养生长促进成花的作用。

(b)中短截。一般剪去一年生枝的$1/3 \sim 1/2$。中短截枝条芽眼萌发率较高,形成中、长枝较多,全枝生长量较大,有增强部分枝条营养生长的作用,但不利于花芽的形成。

(c)重短截。在一年生枝的中下部进行短截,一般剪去枝条长度的$2/3 \sim 3/4$。重短截对局部的刺激大,特别是全枝总生长量减小,可以使少数枝条加强营养生长,但花芽难以形成。

(d)极重短截。在一年生枝基部只留$2 \sim 3$个瘪芽短截。可以强烈地削弱其生长势和总生长量,既不利于营养生长,又不利于花芽的形成,一般是用作削弱生长势,为来年分化花芽打基础。

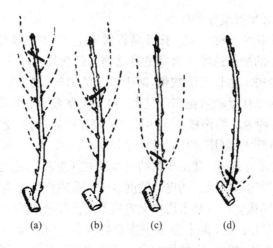

图 8.2 短截

(a)轻短截;(b)中短截;(c)重短截;(d)极重短截

② 疏:即把枝条从基部去掉,见图 8.3。"疏"的作用主要是促进通风透光、削弱树势。

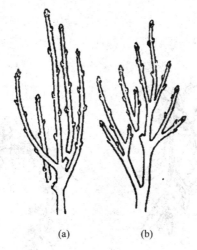

图 8.3 疏枝

(a)疏除一年生枝;(b)疏除多年生枝

疏的强度分为轻疏(疏枝量占全树的 10%以下)、中疏(疏枝量占全树的 10%～20%)、重疏(疏枝量占全树的 20%以上)。疏剪强度因植物的种类、生长势和年龄而定。萌芽力和成枝力都强的植物,疏剪的强度可大些;萌芽力和成枝力较弱的植物,疏剪强度宜小些。一般幼树轻疏或不疏;成年树中疏;衰老期的植物枝条有限,只能疏去必须要疏除的枝条。

抹芽和除蘖是疏的一种形式。抹芽是将树木主干、主枝基部或大枝伤口附近等萌发出的不必要的嫩芽抹除。除蘖是将植物基部新抽生的不必要的萌蘖剪除。抹芽与除蘖可减少树木生长点的数量,减少养分的消耗,改善光照与水肥条件,还可减少冬季修剪的工作量和避免伤口过多。抹芽与除蘖宜在早春进行,越早越好。

③ 伤:是用各种方法损伤枝条。其目的是缓和树势、削弱受伤枝条的生长势。"伤"的主要方法有环剥、刻伤、扭梢、折梢等。

(a) 环剥。在发育期,用刀在开花结果少的枝干基部的适当部位环状剥掉一定宽度的韧皮部,深达木质部。剥皮的宽度以 1 个月内伤口能愈合为宜,一般为枝粗的 1/10 左右。环状剥皮有利于伤口上方枝条的营养物质的积累和花芽形成。

(b) 刻伤。是用刀在芽的上方或下方横切并深达木质部。在春季植物萌芽前,应在芽的上方刻伤;相反,在植物的生长旺盛期,应在芽的下方刻伤。此法可使伤口附近的芽获得较多的养分,有利于芽的萌发和抽新枝。

(c) 扭梢。在生长季内,将生长过旺的枝条扭伤或将其折伤(只折断木质部)。其目的是阻止无机养分向生长点输送,削弱枝条的生长势。扭梢见图 8.4。

(d) 折梢。

图 8.4　扭梢

图 8.5　拿枝

④ 变:是改变枝条的生长方向,并控制枝条的生长势的方法,如曲枝、拉枝、抬枝等。其目的是使枝条的顶端优势转位、加强或削弱。将直立生长的背上枝向下曲成拱形时,其生长势减弱,生长转缓;将下垂枝抬高,使枝顶向上,枝条的生长势会由弱转旺。

拿枝：对1年生枝用手从基部起逐步向下弯曲,应尽量伤及木质部又不折断,做到枝条自然呈水平状态或先端略向下。拿枝的时期以春夏之交、枝梢半木质化时为宜,容易操作,开张角度、削弱旺枝生长的效果最佳,还有利于花芽分化和较快形成结果枝组。树冠内的直立枝、旺长枝、斜生枝,可以用拿枝的方法改造成有用的枝。幼年树一些枝用拿枝的方法可以提早结果,还避免了过多地疏剪或短截,做得好省工省力。冬剪时对1年生枝也可以拿枝,但要特别细心操作,弄不好则枝条折断。拿枝不能太多,应当有计划地安排。(图8.5)

⑤ 放：一般称"长放"或"甩放",利用单枝生长势逐年减弱的特点,对部分长势中等的枝条长放不剪,保留大量枝叶,以积累更多的营养物质,从而促进花芽的形成,使旺枝或幼旺树提早开花、结果。

(2) 机械化修剪

利用辅助修剪设备,如气动剪、升降台、环切刀等,可提高常规修剪的工作效率。国外还直接采用修剪机,但修剪效果并不理想。

(3) 化学修剪

使用植物生长调节剂对果树生长发育进行调控,以达到简化修剪的目的。

8.1.1.5　果树整形修剪过程

(1) 定干

果树定干是果树定植后的第1次修剪,按干的高度剪定;剪口芽应饱满、健壮。剪口下20cm左右的一段干长,称整形带,是最早形成骨干枝的部位。一般定干高度为60~100cm。栽植苗健壮、密植,可以定得高些;相反,栽植苗弱,又是稀植时,定干应当低一些。有的观赏树木可以定干高一些,如孤植风景树,可定干1.5m以上。

(2) 主枝的选定和修剪

幼树定干后,剪口芽以下出2~5个枝,第1年可选2个好的枝作主枝。枝"好"的条件是:健壮或中庸、方向相互错开、角度适中。对主枝的领导枝短截,剪口芽应向外、饱满健壮。角度不理想的,采取措施开角。主枝上长出的侧枝,稀植的树还可以培养为骨干枝,仿照主枝剪法,短截领导枝;一般侧枝当成辅养枝或枝组处理,长放、摘心或弯枝等。

第2年或第3年再选定第2层主枝。第4年或以后选定第3层主枝,共3~5个主枝。主干上的其他枝,尽量不疏除。幼树多留枝,树势好控制,易早结果。主干上疏除多造成伤口多,不利于幼树的发育。

(3) 辅养枝的处理和结果枝组的培养

辅养枝的处理,主要看该枝所在的位置、空间大小而定。位置太低的辅养枝,幼年树可保留一段时间,早结果用;大树不要太低的辅养枝。树干中层的辅养枝,只要不影响骨干枝,尽量保留,利用其结果,其大小、长短,全服从骨干枝,给骨干枝让路。树冠上端也可留辅养枝,用来牵制下面的骨干枝,使骨干枝生长势稳定,并有一定的遮荫;上端的辅养枝,体积一定不要大。

枝组多数是由辅养枝培养来的;有的是利用徒长枝。培养辅养枝有多种方法,多用缩剪、长放、弯枝等。

(4)成年树的修剪

成年树修剪,也还有整形的任务,但已不是主要的。成年树修剪,主要是保持树形、调节结果量(负载量),结果少的要通过修剪促进多出结果枝、多成花;结果多的要通过修剪疏除一些结果枝,促进枝叶旺长,增强树势,使果实多的情况下还能保证果实质量。果树生产上常说的克服"大小年结果"(亦称"隔年结果"),正确的修剪是很重要的措施。

成年树修剪,骨干枝应少短截。重点放在枝组和结果枝的修剪上,注意应用缩剪使一些开始衰弱的枝更新;注意树冠内通过修剪改善光照。

(5)衰老树的修剪

幼树的生长是离心式的,而衰老树的生长是向心式的,因此在修剪上幼树与老树应有很大的不同。幼树少短截,老树多短截。幼树树冠中不宜留旺长枝、徒长枝;老树树冠中的旺长枝、徒长枝是很宝贵的枝,恢复树冠和增加质量、恢复产量要靠它们。老树树冠中的旺长枝、徒长枝,对它们像对幼树似的修剪,让它们去占领较大的空间,取代衰老骨干枝的位置。衰老树除了更新的复壮式修剪以外,还要减轻果实负载量的配合,否则更新复壮的目的达不到。

8.1.1.6 桃的修剪

桃树喜光,芽具有早熟性,花芽形成容易,但结果枝寿命短,潜伏芽寿命短,顶端优势明显,结果部位易外移,需及时培养结果枝组和更新结果枝。幼旺树、南方品种群以中、长果枝结果为主。盛果期、北方品种群以中、短果枝结果为主。主侧枝的延长枝为徒长性结果枝(>60 cm)的是理想树势。

目前应用较多的桃树三主枝自然开心到树形见图8.6。株行距3.5m×5.0m;树高小于3.5 m;主枝3个,在基部错落着生,互为120°;主枝基角60°,腰角以上接近直立,弯曲延伸;每主枝配备2个侧枝,第一侧枝基角大于主枝,为70°~80°,第二侧枝60°。成功修剪的简易标准是:大枝少而精(粗),小枝多(密)而近,内膛开心,从属分明。

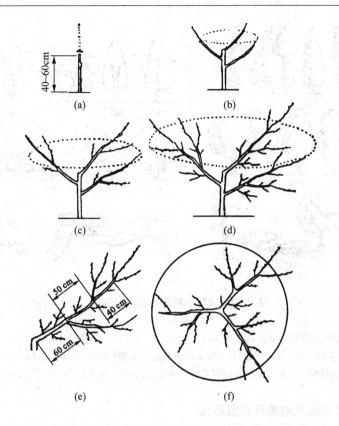

图 8.6 桃三主枝自然开心形整形过程

(引自王元裕,1992)

(a)定干;(b)第一年选出 3 个错落的主枝;(c)第二年选第一副主枝(侧枝);
(d)第三年选第二副主枝;(e)副主枝配置距离;(f)平视图

8.1.2 观赏植物的整形修剪技术

8.1.2.1 株型

在观赏木本植物中,株型不仅指树冠内枝干骨架的轮廓,而且还包括叶幕的形状和整株的造型。木本观赏植物的株型种类极多,较常见的有柱型、圆筒形、圆锥形、伞形、塔形、圆盖形、长圆形、卵形、杯形、球形、波状圆盖形、垂枝形、匍匐形、覆盖形、藤蔓形、单干形、双干形、二挺身、三挺身、灌木式、倾斜式、水平式、半悬崖式、曲干式等,见图 8.7。

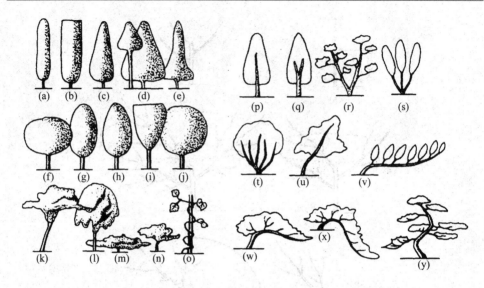

图 8.7 木本观赏植物的树冠形状(左)和树干形状(右)

(李光晨,2000)

(a) 柱形;(b) 圆筒形;(c) 圆锥形;(d) 伞形;(e) 塔形;(f) 圆盖形;(g) 长圆形;(h) 卵形;(i) 杯形;(j) 球形;(k) 波状圆盖形;(l) 垂枝形;(m) 匍匐形;(n) 覆盖形;(o) 藤蔓形;(p) 单干形;(q) 双干形;(r) 二挺身;(s) 三挺身;(t) 灌木式;(u) 倾斜式;(v) 水平式;(w) 半悬崖式;(x) 悬崖式;(y) 曲干式

8.1.2.2 观赏树木的整形修剪形式

(1) 自然式修剪

各种树木都有它自身的形态。在自然生长的基础上,对树木的形状作辅助性的调整和促进,使之始终保持自然形态所进行的修剪,称为自然式修剪。自然式修剪符合树木原有的生长发育习性,基本上保持了树木的自然形态,促进树木良好的生长发育,因而能充分发挥该树木种类的特点,充分表现树木的自然美,进而提高了树木的观赏价值。庭荫树、园景树及部分行道树多采用自然式修剪。

自然式修剪应当注意维护树冠的匀称完整,对由于各种原因产生的干扰、破坏自然树形的因素加以抑制或剪除,因而修剪对象只是徒长枝、内膛过密枝、下垂枝、枯枝、病虫枝和少量其他影响株形的枝条。

自然式修剪常见的形式有:

① 尖塔形:有明显的主干,是单轴分枝、顶端优势明显的树木形成的冠形之一,如雪松、南洋杉、落羽杉等。

② 圆球形:如黄刺梅、榆叶梅、栾树。

③ 垂直形:有明显的主干,但所有枝条均向下垂悬,如垂柳、龙爪槐等。

④ 伞形:冠形如一把打开的伞,如合欢、鸡爪槭。

⑤ 匍匐形:树木枝条匍地而生,如沙地柏、铺地柏等。

⑥ 其他:其他还有丛生形、拱枝形、倒卵形、钟形等。

(2) 人工式整形

由于园林绿化的特殊目的,有时用较多的人力物力将树木整剪成各种规则的几何形体或非规则的各种形体,如动物、建筑等。

① 几何形体的整形方法:以几何形体的构成规律作为标准来进行修剪整形。例如正方形树冠应先确定每边的长度,球形树冠应确定半径,柱形应确定半径和高度等。

② 雕塑式整形:主要是将萌枝力强、耐修剪的树木密植,然后修剪成动物等形状。例如侧柏、桧柏等,南方榕属的一些种,由于萌枝力强,耐修剪,可进行雕塑式修剪。

(3) 自然与人工混合式整形

对自然树形辅以人工改造而成的造型。

① 中央领导干形:这是较常见的树形,有强大的中央领导干,在其上较均匀地保留主枝,适用于轴性强的树种,能形成高大的树冠。养护、修剪时要注意保护好顶芽(顶梢),防止损伤,一旦损伤应及时在顶芽附近选择一个强壮的侧芽或侧枝代替顶芽(顶梢),对这个侧芽附近的芽进行摘心或轻短截,以抑制生长,促进代替芽的生长,对其余主枝、侧枝、枯死枝、重叠枝、病虫枝等进行适量修剪,保持匀称的结构。

中央领导干形所形成的树形有圆锥形、圆柱形、卵圆形,这类树冠共同的特点是有明显的中央领导干,顶端优势明显。

(a) 圆锥形:大多数主轴分枝形成的自然式树冠,主干上有很多主枝;主枝多在节的地方长出,主枝自下而上逐渐缩短,主枝平伸,形成圆锥形树冠,如雪松、水杉、桧柏、银桦、美洲白蜡等。

(b) 圆柱形:从主干基部开始向四周均匀地发出很多主枝,自下而上主枝的长度差别不大,形成近圆柱形的形状,如桧柏、龙柏等。

(c) 卵圆形:这类树木主干比较高(主枝分枝点较高),分布比较均匀,开张角度较小,形成卵圆性树冠。这类树形比较常见,如大多数杨树。修剪时注意留够主干的高度。

(d) 半圆形:这类树木高度较小,主枝疏散平直,自下而上逐渐变短,形成半圆形树冠,如元宝枫等。有的树木主枝分层着生,第一层留 3~4 个主枝,第二层留 2~3 个主枝,层间距离 80~100cm;第三层 1~2 个主枝,距第二层 50~60 cm;以后每层留 1~2 个主枝,直到留够 6~10 个主枝。

② 合轴主干形:还有一类树种的中央领导干虽然不是顶芽顶梢生长的,但也能形成明显的领导干,如合轴分枝树木剪除顶端枝条后由下部侧芽获得顶端优势而形成中央领导干。这类树木也能形成卵圆形树冠。修剪时要注意培养侧芽。

③ 杯状形:树形无中心主干,仅有相当一段高度的树干,自主干部分生 3 个主枝,均匀向四周排开,主枝间的角度约为 120°,三个枝各自再分生 2 个枝而成 6 个枝,再以 6 枝各分成 12 枝,即所谓的"三股、六杈、十二枝"的树形。这种方式要求冠内不允许存在直立枝、向内枝,一经出现必须剪除。

此种树形虽整齐美观,但修剪比较麻烦,浪费较多的人力,而且违背树木本身的生长发育规律,缩短树木寿命,目前只在城市行道树和个别花灌木树种的修剪中应用。

④ 自然开心形:此形无中心主干,中心也不空,但分枝较低。三个主枝在主干上错落分布,自主干上向四周放射而出,中心开展,主枝上适当分配侧枝。园林中的碧桃、榆叶梅、石榴等观花、观果树木修剪常采用此形式。

⑤ 多领导干形:保留 2~4 个领导干,在各领导干上分层配置侧生主枝,形成整齐优美的树冠,宜作观花乔木、庭荫树的整形。多领导干形的树木可形成馒头形、倒钟形树冠。多领导干形还可以分为高主干多领导干和矮主干多领导干。矮干多领导干形一般从主干高 80~100 cm 处培养多个主干,如紫薇、西府海棠等;高主干多领导干形一般从 2m 以上的位置培养多个领导干,如馒头柳等。

⑥ 伞形:多用于一些垂枝形的树木修剪整形,如龙爪槐,垂枝榆、垂枝桃等,保留 3~5 个主枝,一级侧枝布局得当,使以后的各级侧枝下垂并保持枝的相同长度,形成伞形树冠。

⑦ 丛球形:主干较短,一般 60~100 cm,留数个主枝呈丛状,多用于小乔木及灌木的整形。

⑧ 灌丛形:没有明显主干的丛生灌木,每丛保留 1~3 年生主枝 9~12 个,各个年龄的 3~4 个,以后每年将老枝剪除,再留 3~4 个新枝,同时剪除过密的侧枝,适合黄刺玫、玫瑰、棣棠、鸡麻、小叶女贞等灌丛树木。

⑨ 棚架形:适用于藤本植物。在各种各样的棚架、廊、亭边种植藤本树木后,按树木生长习性加以剪、整、引导,使藤本植物上架,形成立体绿化效果。

8.1.2.3 株型控制

观赏木本植物的株型控制手段与果树类似。观赏植物的株型控制主要有以下几种方式:

(1) 摘心

摘心的作用有去除顶端优势,促进侧枝生长,使枝条粗壮;促进植株矮化,使树形丰满、花繁果茂等。如四季海棠、倒挂金钟等单枝摘心,可促进腋芽萌发,形成多枝的丰满株型。

（2）疏剪

用于去除多余的侧枝、生长不整齐的枝梢，以及枯枝、病虫枝、细弱枝、重叠枝、密生枝和花后残枝，以调整观赏植物的株型。

（3）短截

对当年枝条上开花的种类，可在春季短截，促发更多的侧枝；对二年生枝上开花的种类，可在花后短截残枝，重新促发新枝。如天竺葵、扶桑等，花后生长势减弱，可在枝条基部第二、第三芽处短截。

（4）曲枝

改变枝条的生长方向和状态，达到平衡枝条生长或使枝条分布合理、造型美观的目的。

（5）抹芽

限制枝数的增加，以节约营养，使营养集中供应主芽。

（6）疏蕾和疏果

去除过多的花蕾和果实，以集中营养。

（7）摘叶

在生长季特别是生长后期，摘除黄叶、病虫叶，以及遮盖花、果的多余叶片，增加美感。

8.1.2.4　整形修剪的安全事项

① 检查使用的工具是否锋利，上树用的机械或折梯的各个部件是否灵活，有无松动，防止发生事故。

② 上树操作必须系好安全带、安全绳，穿胶底鞋，不穿带"钉"鞋；手锯要拴绳套，套在手腕上，防止掉下砸伤人。

③ 在高压线附近作业时，应特别注意安全，避免触电，必要时应请供电部门配合。

④ 修剪行道树及锯除大枝时，必须有专人指挥及维护现场。树上树下要互相配合，以防锯落大枝砸伤过往行人和车辆。

⑤ 刮五级以上大风、喝醉酒时不宜上高大树木修剪。

⑥ 作业时思想要集中，严禁嬉笑打闹，以免错剪。

8.1.3　蔬菜的植株调整

在蔬菜植物生长发育过程中，进行植株调整可平衡营养器官和生殖器官的生长,使产品个体增大并提高品质;使通风透光良好,提高光能利用率;减少病虫和机械的损伤;可以增加单位面积的株数,提高单位面积的产量。

蔬菜的植株调整包括搭架、整枝、摘心、打叶、引蔓、压蔓、吊蔓、防止落花、疏花疏果与坐果节位选择等。

8.1.3.1 搭架

搭架的主要作用是使植株充分利用空间,改善田间的通风、透光条件。

架子一般分为单柱架、人字架、圆锥架、篱笆架、横篱架、棚架等几种形式,见图8.8。

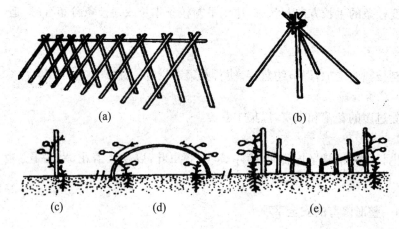

图 8.8　支架的形式

(a)人字架;(b) 四角架;(c) 单杆架;(d) 拱架;(e) 小型联架(篱架)

（1）单柱架

在每一植株旁插一架竿,架竿间不连接,架形简单,适用于分枝性弱、植株较小的豆类蔬菜。

（2）人字架

在相对应的两行植株旁相向各斜插一架竿,上端分组捆紧,再横向连贯固定,呈"人"字形。此架牢固程度高,承受重量大,较抗风吹,适用于菜豆、豇豆、黄瓜、番茄等植株较大的蔬菜。

（3）圆锥架

用3~4根架竿分别斜插在各植株旁,上端捆紧,使架呈三脚或四脚的锥形。这种架形显然牢固可靠,但易使植株拥挤,影响通风透光,常用于单干整枝的早熟番茄,以及菜豆、豇豆、黄瓜等。

（4）篱笆架

按栽培行列相向斜插架竿，编成上下交叉的篱笆，适用于分枝性强的豇豆、黄瓜等。支架牢固，便于操作，但费用较高。搭架也费工。

（5）横篱架

沿畦长或在畦四周每隔 1～2m 插一架竿，并在 1.3m 高处横向连接而成，茎蔓呈直线或圈形，引蔓上架，并按同一方向牵引，多用于单干整枝的瓜类蔬菜。这种架形光照充足，适于密植，但管理较费工。

（6）棚架

在植株旁或畦两侧插对称架竿，并在架竿上扎横杆，再用绳、杆编成网格状。棚架有高、低棚两种，适用于生长期长、枝叶繁茂、瓜体较长的冬瓜、长丝瓜、长苦瓜、晚黄瓜等。

搭架必须及时，宜在倒蔓前或初花期进行。浇灌定植水、缓苗水及中耕管理等，应在搭架前完成。

8.1.3.2　引蔓、绑、落蔓技术

（1）引蔓

引蔓时期为果菜类（如黄瓜、西瓜、甜瓜、番茄等）株高约 30 cm 时开始吊蔓。

① 棚室果菜类用绳吊蔓、引蔓的操作流程

第一步，尼龙绳绕过拱杆，吊成人字架。

第二步，尼龙绳的两端系在两个相邻畦相对应的植株根茎部，系活扣，留出茎增粗后生长的余地。以后随着茎蔓增粗，适当松绑 2～3 次。最好是在畦两头各插 1 个 20～30 cm 深的 8 号铁扞或木棍，紧贴畦面内侧，拉一道底线。吊蔓绳子的下端系在底线上面，而不系在植株的根茎部，防止茎隘缩损伤。

第三步，通过调节使绳拉紧，吊蔓后，架面松紧一致。

第四步，将瓜蔓缠绕在尼龙绳上，每节缠绕 1 次。注意在叶柄对面走线，防止叶、花、瓜组损伤或被缠绕。

② 棚室或露地果菜类搭架引蔓的操作流程

第一步选架材。选用直径约 2 cm、高 1.7～2 m 左右的竹竿插成棚架或人字架。

第二步插架条。竹竿下端距离果菜类根部约 5～10 cm，插在畦的外侧，深度约达 20 cm。

第三步搭架。竹竿垂直地面，每畦竹竿上端再绑扎一横杆则构成棚架。若竹竿与畦面呈一定角度，相邻两畦相对应的竹竿绑扎在一起则构成人字架。

第四步引蔓、绑蔓。搭好架后，将果菜类茎蔓沿架面引蔓上架，以后每穗果下

方都绑 1 次蔓。

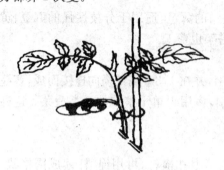

图 8.9 番茄"8"字形绑蔓

（2）绑蔓

对搭架栽培的蔬菜,需要进行人工引蔓和绑扎,使其固定在架上。对攀缘性和缠绕性强的豆类蔬菜,通过 1 次绑蔓或引蔓上架即可;对攀缘性和缠绕性弱的番茄,则须多次绑蔓。瓜类蔬菜长有卷须可攀缘生长,但由于卷须生长消耗养分多,攀缘生长不整齐,所以一般不予采用,仍以多次绑蔓为好。绑蔓松紧要适度,不使茎蔓受伤或出现缢痕,又不能使茎蔓在架上随风摇摆磨伤。露地栽培蔬菜应采用"8"字扣绑蔓,使茎蔓不与架竿发生摩擦。例如,番茄"8"字形绑蔓见图 8.9。绑蔓材料要柔软坚韧,常用麻绳、稻草、塑料绳等。绑蔓时要注意调整植株的长势。如黄瓜绑蔓时,若使茎蔓直立上架,有助于其顶端优势的发挥,增强植株长势;若使茎蔓弯曲上升,则可抑制顶端优势,促发侧枝,且有利于叶腋间花的发育。

（3）落蔓

保护设施栽培的黄瓜、番茄等蔬菜,生育期可长达 8～9 个月,甚至更长,茎蔓长度可达 6～7m,甚至 10m 以上。为保证茎蔓有充分的生长空间,需在植物生长期内进行多次落蔓。当茎蔓生长到架顶时开始落蔓。落蔓前先摘除下部老叶、黄叶、病叶,将茎蔓从架上取下,使基部茎蔓在地上盘绕,或按同一方向折叠,使生长点置于架上适当高度后,重新绑蔓固定。

8.1.3.3 压蔓、摘心技术

（1）压蔓

压蔓就是待蔓长到一定长度时用土将一段蔓压住,并使其按一定方向和分枝方式生长。压蔓能促进发生不定根,增加植株的养分吸收能力,增加防风能力。

压蔓的方法:

① 明压。在瓜蔓长近 30 cm 时,开始压蔓。以后间隔 30～40 cm 把瓜蔓压上一块土块或带杈枝条,固定瓜蔓。明压法适于早熟和长势弱的品种。

② 暗压。一种是先用瓜铲在准备压蔓的地方松土除草铲平,挖成深 3～7 cm 的小沟,然后把瓜蔓拉紧轻放入沟内,上面再盖一瓜铲土,拍实即可。另一种是在压蔓处松土,整平后,右手持瓜铲侧插入土中,再向右压,左手将瓜铲把沟土挤紧压实。暗压时,若长势较强的,可压深一些,每隔 4～5 节压 1 次;若长势弱的,可隔

5～6节压1次,且要压浅、压轻。

压蔓时间宜下午进行。主、侧蔓一起压,每隔4～6节压1次。在结果处前后2个叶节不能压,以免影响果实发育。主蔓宜瓜前压3次,以后压2次,一次比一次重,土块也由小到大。瓜后第1次不要离幼瓜太近,至少有10 cm距离。群众的经验是"瓜前一次压得狠,瓜后一次压得紧"。侧蔓每隔3～4节压1次,共压3～4次。压到开始坐果前,应每3～4 d压1次。南方有些地区,在畦面只铺草,也可起到压蔓作用。引蔓时可用土块压蔓。

(2)摘心

当无限生长类型的果菜类蔬菜,在生长到一定果穗数目时,可在顶穗果的上方再留2～3片叶真叶,用手或镊子或剪刀掐掉或剪掉生长点。掐尖作业完成后,应及时喷1次杀菌剂。

摘心应根据品种及生长期而定,一般摘心时间应掌握"稍早勿晚"的原则。

8.1.3.4 整枝技术

整枝的方式和方法应以蔬菜的生长和结果习性为依据。一般以主蔓结果为主的蔬菜(如早熟黄瓜、西葫芦等)应保护主蔓,去除侧蔓;以侧蔓结果为主的蔬菜(如甜瓜、瓠瓜等)应及早摘心,促发侧蔓,提早结果;主侧蔓均能正常结果的蔬菜(如冬瓜、西瓜、丝瓜、南瓜等),大果型品种应留主蔓除去侧蔓,小果型品种则留主蔓,并适当选留强壮的侧蔓结果。

(1)番茄整枝

番茄整枝主要有五种,见图8.10。

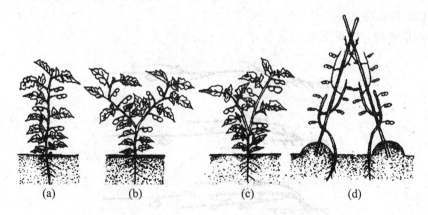

图8.10 番茄的整枝方式

(a)单杆整枝;(b)双杆整枝;(c)改良单干整枝;(d)三次换头整枝

① 单干整枝:第一步,保留主干,陆续除掉所有侧枝。第二步,主干上保留 3～4 穗果,顶穗果上方留 2～3 叶摘心。第三步,对整枝后的植株立即喷杀菌剂防病。

② 双干整枝:第一步,除保留主干外,再留下第 1 花序下第 1 个侧枝。第二步,除掉其余侧枝。第三步,主干保留 4～5 穗果,侧枝留 3～4 穗果,在顶穗果上方各留 2～3 片叶摘心。第四步,对整枝后的植株立即喷杀菌剂防病。

③ 改良单干整枝:第一步,除保留主干外,还保留第 1 花序下的第 1 侧枝。第二步,主干留 3～4 穗果,侧枝留 1～2 穗果,顶穗果上面再各留 2 片真叶摘心。第三步,其余侧枝陆续摘除。第四步,对整枝后的植株立即喷杀菌剂防病。

④ 换头整枝:第一步,主干留 3 穗果后上面留 2 片真叶摘心。第二步,保留主干第二花穗下的侧枝。第三步,侧枝上也留 3 穗果再留 2 片真叶摘心。第四步,再保留侧枝的第 2 花穗下的副侧枝。第五步,每个侧枝上都保留 3 穗果摘心。如此继续重复,直到栽培结束。第六步,每次摘心后都要扭枝,使果枝向外开张 80°～90°。第七步,每个果枝番茄采收后,把枝条剪掉。第八步,对整枝后的植株立即喷杀菌剂防病。

⑤ 大棚番茄老株更新整枝法:第一步,春早熟番茄采用单干或改良单干整枝。第二步,其余侧枝一律摘除。第三步,每株番茄只留 3 穗果,加强管理,促进早熟高产。第四步,番茄第 2 穗果采收后开始留枝,选择节位低、无病虫害、长势强的侧枝进行秋茬延后更新。第五步,对整枝后的植株立即喷杀菌剂防病。第六步,新侧枝采用单干整枝,仍留 3 穗果,顶部留 2 片叶摘心。第七步,其余侧枝全部打掉。继续加强管理,促进成熟高产,提高经济效益。第八步,对整枝后的植株立即喷杀菌剂防病。

（2）西瓜整枝

西瓜整枝方法见图 8.11。

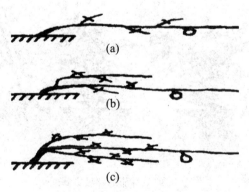

图 8.11　西瓜整枝方式

（a）单蔓整枝;（b）双蔓整枝;（c）三蔓整枝

① 单蔓整枝:只保留主蔓,侧蔓全部去除,多用于早熟栽培。

② 双蔓整枝:除保留主蔓外,从茎基部 3～5 节叶腋再选留 1 条长势健壮的侧枝,其余侧枝全部去掉,适于中熟和早熟品种。

③ 三蔓整枝:除保留主蔓外,从茎基部 3～5 节叶腋再选留 2 条长势健壮的侧枝,其余侧枝全部去掉,适于大果型的晚熟品种。

（3）甜瓜整枝

甜瓜整枝方法见图 8.12。

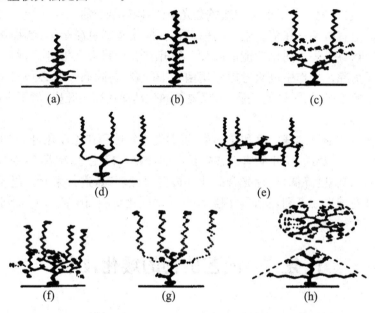

图 8.12　甜瓜的整枝方式

(a)单蔓式主蔓坐果不整枝;(b)单蔓式子蔓坐果;(c)双蔓式;
(d)三蔓式;(e)六蔓式;(f)四蔓式;(g)孙蔓四蔓式;(h)十二蔓式

① 双蔓整枝:在幼苗 3 片真叶时进行母蔓摘心,然后选留 2 根健壮子蔓任其自然生长不再摘心。

② 三蔓整枝:在幼苗 4 片真叶时主蔓摘心,选留 3 条健壮子蔓任其自然生长不再摘心。

③ 四蔓整枝:在幼苗 5 片真叶时进行主蔓摘心,然后选留 4 个健壮子蔓任其自然生长不再摘心。

8.1.3.5 摘叶与束叶技术

（1）摘叶

园艺植物不同成熟度（叶龄）的叶片，其光合效率是不相同的。植株下部和膛内的老叶片，光合效率很低，同化的营养物质还抵不上本身呼吸消耗的营养物质。对这样的叶片应摘叶。黄瓜生长到45～50d的叶片，已对植株生长和果实的生长有害而无益了。番茄植株长到50cm高以后，下部叶片已变黄和衰老，及时摘除有利于果实的生长，也改善了植株的通风透光条件，减轻病虫害。

摘叶的适宜时期是在植物生长的中、后期，摘除基部色泽暗绿、继而黄化的叶片，以及严重患病、失去同化功能的叶片。摘叶宜选择晴天上午进行，留下一小段叶柄用剪子剪除。操作中也应考虑到病菌传染问题，剪除病叶后必须对剪刀做消毒处理。摘叶不可过重，即便是病叶，只要其同化功能还较为旺盛，就不宜摘除。

（2）束叶

束叶技术适合于结球白菜和花椰菜，可以促进叶球和花球软化，同时也可以防寒，增加株间空气流通，防止病害。在生长后期，结球白菜已充分灌心，花椰菜花球充分膨大后；或温度降低，叶片光合同化功能已很微弱时，进行束叶。过早束叶不仅对包心和花球形成不利，反而会因影响叶片的同化功能而降低产量，严重时还会造成叶球、花球腐烂。

任务二　园艺植物的矮化技术

8.2.1　果树矮化技术

果树矮化栽培与乔砧稀植栽培相比，具有下列优点：树体矮小，管理方便，生产效率高；早结果、早丰产，单位面积产量高；果实成熟早，品质好；密植果树生命周期短，便于品种更新换代。

8.2.1.1 矮化栽培的途径

（1）利用矮化砧木

利用矮化砧或矮化中间砧可使嫁接在其上的普通型品种树体矮小紧凑。矮化砧木不仅能限制枝梢生长、控制树体大小，又能促进果树早结果、多坐果、产量高、品质好，而且矮化效应持续期长而稳定。还可根据不同的立地条件、栽培要求选用不同矮化效应的砧木。

（2）利用短枝型品种

短枝型品种是指树冠矮小、树体矮化、密生短枝,且以短果枝结果为主的矮型突变品种。它主要包括两方面的含义,即生长习性方面的矮和结果方面的短果枝结果。现有的短枝型品种都是由普通型品种变异而来的,其特点是枝条节间短,易形成短果枝,树体矮小、紧凑,只有普通型树体的 $1/2 \sim 3/4$。此外,也具有结果早、果实着色好等优点。若选择适当的砧穗组合,将其嫁接到矮化砧木或矮化中间砧上,树体更矮小,更适于高密度栽植。由于短枝型品种自身具有矮化特性,可以选用适应性好的砧木,因而有广泛的应用前景,目前国内外园艺生产上都很重视。

（3）采用矮化栽培技术

利用栽培技术致矮,主要包括三方面:一是创造一定的环境条件,以控制树体生长,使其矮化;二是采用致矮的整形修剪技术措施;三是采用化学矮化技术。

① 环境致矮。选择或创造不利于营养生长的环境条件,如易于控制肥水的沙质土壤,利用浅土层限制垂直根生长;适当减少氮肥,增加磷、钾肥用量,控制灌水等,控制树体生长,使树体矮化

② 修剪致矮。致矮的修剪技术措施很多,如环状剥皮、环割、倒贴皮、绞缢、拉枝、拿枝、扭梢、短枝修剪和根系修剪等。

③ 化学致矮。在果树上用喷施植物生长延缓剂,如 CCC、MH 和 PP333 等,通过抑制枝梢顶端分生组织的分裂和伸长,使枝条伸长受阻碍,达到树体致矮的作用。

8.2.1.2　果树矮化栽培技术

（1）繁育矮化苗木

利用乔化砧木嫁接短枝型品种进行矮化栽培时,砧木可用实生种子播种繁殖。有些果树的矮化砧也可用种子繁殖。但目前多数矮化砧是通过无性繁殖而来。利用无性系矮化砧繁育果苗时需考虑以下特点:建立矮化砧母本圃;繁育自根矮化砧果苗;矮化中间砧果苗的繁育。

（2）栽培方式及密度

矮化密植栽培,大都采用长方形栽植,宽行密植,行向一般采用南北向,植株配置可分为双株丛栽、单行密植、双行密植和多行密植等方式,其中单行密植是主要栽植方式。

栽植密度主要决定于砧木、接穗品种、立地条件和采用的树形。

① 矮化树型。生产上常采用的矮化树形有自由纺锤形、细长纺锤形、圆柱形以及自由篱壁形等。它们共同的特点是低干、矮冠、树体结构简单、中心干上直接着生结果枝组。这些树形冠内通风透光良好,树势缓和,容易形成花芽,故结果较

早,果实着色好,品质优。由于树冠矮小,修剪技术简单,花果管理方便,容易操作。

② 修剪技术。矮化密植果树整形修剪的原则,与乔化砧稀植果树相同,但在方法上有以下特点:矮化砧密植树需考虑砧穗组合,骨干枝分枝部位必须降低,分枝级次少,严格控制中心干及骨干枝延长部位开花结果(柑橘除外),合理控制花量,及时更新枝组,适当加重修剪量,使结果部位靠近植株中央不外移过远,重视夏季修剪。

(3) 土肥水管理

① 土壤管理。在栽培上应该创造矮化树根系生长的良好土壤条件,必须重视果园的土壤改良,保证有 1m 左右深度的活土层,土层疏松、通气、保肥、保水,含较多腐殖质,并使根系分布层内春季温度上升快,秋季降低慢,夏季不过高,冬季冻土浅,昼夜温差小,保证根系有适宜而稳定的温度。同时矮化砧果树群体根系的密度大,树冠矮,栽后进行土壤深翻的操作比较困难,所以在栽植以前改良土壤、深翻熟化最好一次完成。

② 施肥。矮化密植果园单位面积内枝叶多,产量高,所以单位面积内的需肥量较多,但是又要注意土壤溶液浓度不能过高。基肥以秋施为宜。追肥可在开花前后、春梢停长、果实膨大、秋梢停长时进行。

根外追肥和土壤施肥结合,前期以氮为主,中期磷、钾结合,后期氮、钾结合。施肥量要根据土壤理化性质和果树需肥情况来确定。

8.2.2 花卉矮化技术

8.2.2.1 通过无性繁殖矮化花卉

采用嫁接、扦插、压条等无性繁殖方法都可以达到矮化效果,使开花阶段缩短,植株高度降低,株型紧凑。可以通过选用矮化品种嫁接来达到矮化的目的。扦插可从考虑扦插时间来确定植株高度。另外,用含蕾扦插法可使株形高大的大丽花植于直径十几厘米的盆内,株高仅尺许且花大色艳。

8.2.2.2 通过整形修剪矮化花卉

通过整形,在植株年幼时去掉主枝促其萌发侧枝,再剪去过多的、长得不好的侧枝,以达到株型丰满、植株低矮、提高观赏性的目的。菊花、月季、一串红、杜鹃等观叶花卉等通过修剪来进行矮化。在小型盆景的制作中主要应用人工扭曲枝干、环剥、扭梢等,使植株运输通道受阻,减慢植株生长速度,达到花卉株型低矮的目的。

8.2.2.3　使用生长调节剂矮化

高品质的盆花要求株型矮小、紧凑,茎部粗壮,花繁叶茂,仅采用栽培手段进行矮化还远远不够,要辅以激素类物质来抑制植株生长达到矮化。常用的激素类物质包括多效唑、缩节胺、B9、矮化素等。例如用 40~80mg/kg 的多效唑作用于一串红植株,可以使其节间变短,叶面积变小,叶色加深,从而改变一串红株高茎细、花叶稀疏、脱脚严重的现象,以提高观赏价值。

8.2.2.4　辐射处理

有些花卉,还可以通过辐射处理来改变植株的生长状况,从而达到矮化的目的。例如,用 γ 射线处理水仙鳞茎,可控制水仙生长,矮化水仙植株。用钴 60 处理美人蕉,可以使美人蕉高度降低 30~50cm,提高观赏价值。

8.2.2.5　其他特殊措施

如菊花采用脚芽繁殖来达到矮化的目的,水仙通过针刺、雕刻破坏生长点来进行矮化等。

任务三　园艺植物的花果调控

8.3.1　疏花疏果技术

8.3.1.1　疏花疏果的作用

(1) 提高果实品质

疏花疏果是调节园艺植物花果数量和布局的一项花果管理措施。疏花疏果后,由于减少了花果数量,有利于留下的果实生长发育。由于疏掉了小果、病虫果和畸形果,果实在植株上分布均匀,因而提高了好果率,留下的果实个大、形正、色艳、光洁度好、含糖量高且整齐一致。在品种相同时对果实品质影响最大的因素是留果量。严格疏花疏果是提高果实品质的有效措施。

(2) 提高坐果率

园艺植物开花坐果,需要消耗大量的营养。疏花疏果减少了养分的无效消耗,可将节省的养分集中于所留花果的发育,增加有效花比例,防止因养分竞争而产生的落花落果现象,因而可提高坐果率。

(3) 使植株健壮

对于多年生果树,疏去多余花果,可提高树体营养特别是贮藏营养水平,有利于枝、叶和根系生长,树体健壮,抗性增强,病虫害发生较少,树体更新复壮较快,结果期相应延长。对于栽培以收获营养器官为产品的蔬菜植物,疏花疏果可减少生殖器官对同化物质的消耗,有利于产品器官膨大,如大蒜、马铃薯、莲藕等。

(4) 使多年生植物连年稳产

多年生园艺植物的花芽分化和果实发育往往是同时进行的,当营养条件充足或花果负载量适当时,既可保证果实膨大,也可进行花芽分化;营养不足或花果过多时,营养供应与消耗之间发生矛盾,过多的果实抑制花芽分化,易削弱树势,出现大小年结果现象。因此,合理疏花疏果既可减少营养物质过度消耗,又可减少种子产生的赤霉素对花芽分化的抑制作用,是调节营养生长与生殖生长的关系、避免大小年现象发生、达到连年稳产高产的有效措施。

8.3.1.2 疏花疏果的方法

(1) 人工疏花疏果

从节约营养的角度而言,疏花疏果应及早进行。但在生产实践中,为了保证充分坐果和产量,疏花疏果要根据花量、叶片发育状况及花期气候条件而定。当具备了保证充分坐果的内外界条件,而且花量能够满足丰产的要求时,就可以疏花。人工疏花宜从现蕾期到盛花末期进行。疏果应在谢花后开始,分次完成。

花序类型不同,所留花朵的部位也不一样。如苹果疏花时要留花序中的中心花,梨则留边花。菊花一枝上会产生许多花蕾,为了使每个枝条顶端只开1朵丰满、硕大、鲜艳的花朵,必须将侧蕾疏除,见图8.13。对于花朵量大的穗状花序,一般结合疏花进行花序整形,以使果穗紧凑美观。如许多葡萄品种在花前掐去花序先端1/5～1/4的穗尖,并除去副穗,使穗形美观,见图8.14。

人工疏花疏果目标明确,可以严格按负载量标准人为地选择所留花果,并在植株上合理分布。但缺点是费时费工,面积较大和劳动力紧缺的果园难以及时完成疏除任务。

(2) 化学疏花疏果

① 常用的化学药剂:二硝基邻苯酚(DNOC),常用浓度为500～800mg/L;石硫合剂,常用浓度为1.0～1.5Be(波美度);西维因常用浓度1500～2000mg/L效果较好;萘乙酸常用浓度为5～10mg/L;萘乙酰胺常用浓度为25～50mg/L。

除以上药剂外,国外应用的还有乙烯利、6-苄基腺嘌呤(BA)等。生产中常用两种或两种以上药剂混合施用,如美国纽约州多数苹果品种用萘乙酸和西维因的混合液进行化学疏除。

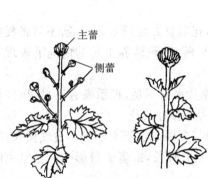

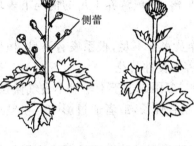

图 8.13　菊花疏蕾示意图　　　　　图 8.14　葡萄花序整形示意图

② 影响疏除效果的因素：

化学疏花疏果虽然在国外已应用于生产,但受环境、品种和植株生长势等因素的影响,其疏除效果变化很大。因此,生产上大面积应用前应弄清楚疏除难易的影响因素,并进行小范围试验。另外,化学疏除只能作为人工疏除的辅助手段,不能完全代替人工疏除。

(a) 时期。从节约养分的角度出发,疏除越早,效果越好。但许多疏除剂有其最适的施用时期。同时,还要考虑不同品种特性和花期的气候条件。

(b) 用药量。通常用药量大,疏除效果明显。但用药量与气候条件、植株生长势等有关。

(c) 品种。自花结实能力强的品种不宜用化学疏除,异花授粉的品种用化学疏除效果较好。对坐果不稳定的品种和在坐果不稳定地区,疏果较疏花更安全。

(d) 气候。喷药时的天气状况会影响一些药剂的疏除效果。如在空气湿度较高的地方不宜用二硝基邻苯酚。

(e) 植株生长势。植株生长势弱,不宜采用化学疏花疏果。

(f) 展着剂和表面活性剂。在药剂中加入展着剂或表面活性剂,可增加药效,降低使用浓度,从而降低成本。

8.3.2 保花保果

8.3.2.1 落花落果的原因

（1）落花的主要原因

① 花芽质量差。花芽质量差，发育不良，花器官败育或生命力低，不具备授粉受精的条件。多年生果树在环剥过重、叶片早落、贮藏营养不足的情况下表现较明显。

② 花期营养不良。开花期如果土壤营养及水分不足，根系发育不良，植株徒长或生长势弱时，养分供应不平衡，会造成营养不良性落花。

③ 花期气候条件差。如大风、低温或晚霜、多雨或过于干旱等不良气候条件，常直接导致花器官受害或影响花粉萌发和花粉管伸长，或者通过影响传粉昆虫的活动导致授粉受精不良。

④ 授粉植株缺乏。异花授粉的种类在定植建园时若未能按要求配置授粉植株，主栽品种则无法正常授粉。

（2）落果的主要原因

① 前期落果主要原因是由于授粉受精不良，子房所产生的激素不足，不能调运足够的营养物质促进子房继续膨大而引起幼果脱落。

② 中期落果主要原因是植株营养物质不足，器官间养分竞争加剧，引起分配不均，果实发育得不到应有的营养而脱落。如果结果过多或营养生长过旺、营养消耗大时易引起落果。

③ 后期落果与品种的遗传特性、成熟前的气候因素等有关。成熟前气温高易产生落果。此外，结果过多、生长势衰弱、土壤干旱时也引起果实脱落。

8.3.2.2 保花保果的途径

（1）加强综合管理，提高植株营养水平

培育壮苗，适时定植并注意保护根系，提高定植质量。加强肥水管理，防止土壤干旱和积水，保证充足的营养，防止过多地偏施氮肥；及时进行植株结构调整，改善通风透光条件，调节营养生长与生殖生长平衡。这是增加植株营养水平，改善花器发育状况，提高坐果率的基础措施。

（2）创造良好的授粉条件

① 合理配置授粉品种。异花授粉的品种应在定植建园时，做好授粉树的选择和配置。

② 人工授粉。人工授粉是解决花期气候不良、授粉品种缺乏,提高坐果率和品质的有效措施。

(a) 花粉采集。选择适宜授粉品种,当花朵含苞待放或初开时,从健壮植株上采集花朵,带回室内去掉花瓣,拔下花药,筛去花丝,或两花心相对互相摩擦,让花药全部落于纸上。把花药薄薄地摊在油光纸上,放在干燥通风的室内阴干,室内温度保持 20℃~25℃,相对温度 50%~70%,随时翻动以加速散粉,1~2d 花药裂开散出花粉,过箩后即可使用。如果不能马上应用,最好装入广口瓶内,放在低温干燥处保存。

(b) 授粉方法

人工点授。授粉前可用 3~4 倍滑石粉或淀粉作填充物与花粉充分混合,用毛笔或软橡皮蘸粉点授初开花的柱头上,蘸 1 次可授 7~10 朵花。

机械喷粉。用农用喷粉器喷,喷时加入 50~250 倍填充剂。

液体授粉。把花粉配成一定的粉液,用喷雾器喷洒在花朵上。粉液配制比例为:水 10kg、砂糖 1kg、尿素 30g、花粉 50mg,使用前加入硼酸 10g,粉液配好后应在 2h 时内喷完,喷洒时间宜在盛花期。

③ 花期放蜂。花期放蜂主要利用蜂类等昆虫在采粉时传播花粉。

(3) 防止花期和幼果期霜冻

根据天气预报,采用喷水、灌水和熏烟等方法预防花期和幼果期霜冻。发芽前对果树喷水,可推迟花期,避免晚霜危害。开花前灌水,可以稳定土壤和近地面空气温度,减轻霜冻危害。在霜冻将要出现前,在园地周围熏烟,可获得良好的防霜效果。

(4) 应用植物生长调节剂和叶面施肥

用于提高果树坐果率的生长调节剂主要有萘乙酸(NAA)、赤霉酸(GA3)、6-苄基腺嘌呤(BA)及多效唑(PP333)、矮壮素(CCC)和 B_9 等。茄果类蔬菜常用的生长调节剂有 2,4-D、对氯苯氧乙酸(PCPA),又称防落素、番茄灵、萘乙酸等,可用其涂抹、蘸花或喷花。用于提高坐果率进行叶面施肥的化合物主要有尿素、硼酸、硫酸锰、硫酸锌、钼酸钠、硫酸亚铁及磷酸二氢钾等,生长季节使用浓度多为 0.1%~0.5%。

(5) 其他措施

通过摘心、环剥、打杈和疏花等措施,可以调节树体营养分配转向开花坐果,提高坐果率。如许多多年生木本果树,如枣花期环剥和控水、葡萄花前摘心和去副梢、茄果类和瓜类蔬菜摘心和打杈均有提高坐果率的效果。合理的疏花疏果也可提高坐果率。

8.3.3 果实管理

8.3.3.1 果实套袋

(1) 果实套袋的作用

① 促进着色。果实套袋后,由于果面不受阳光直接照射,从而抑制了果皮中叶绿素的合成,减轻了果面底色。除袋后因果皮叶绿素含量少,果面发白,对着色特别有利。因此,套袋果实着色率高,色泽艳丽。

② 改善果面光洁度。套袋后果实处于果袋内较稳定的环境中,不易发生果锈。同时,套袋减少了尘埃、煤垢等污染和农药的刺激,使果皮细嫩,果点小,果面光洁美观。

③ 减少病虫害。套袋能有效地避免病虫害危害果实,同时可减少农药使用量,降低用药成本。

④ 降低农药残留量。果实套袋后,树体喷药时果实不直接接触农药,减少了果实中的农药残留量。因此,果实套袋是无公害生产的重要环节。

由于果实套袋对提高果实外观品质的效果十分显著,市场竞争力和售价大幅度提高,经济效益十分可观。但套袋果实一般会降低可溶性固形物含量,使果实风味变淡,贮藏过程中易失水和褪色。同时,套袋也增加了生产成本。

(2) 果实套袋的技术环节

果实套袋如果不加强综合管理,套袋果会出现风味变淡、硬度下降等现象。因此,果实套袋必须采用配套的技术措施。现主要以苹果为例,介绍套袋的技术方法。

① 套袋前的管理。

(a) 选择套袋树。在计划套袋时,应对园内每棵树的生长结果情况进行全面考察,选择肥水条件好、全园通风透光的果园和树体生长健壮、结构合理、枝量合适者套袋。

(b) 套袋前的肥水管理。计划套袋果园,应在头年秋季施足基肥,使树体积累充足的营养。在施基肥时,应增施适量过磷酸钙。果实套袋以后,蒸腾量减少,随蒸腾液进入果实中的钙也较少;而果实中的生长素浓度在黑暗条件下升高,果个相应增大。进行套袋栽培时,必须增施钙肥。除土壤增施钙肥外,最好在套袋前对果实喷 2~3 次钙肥。

套袋期如果天气过于干旱,应在套袋前 3~5d 浇 1 次水,待地皮干后再开始套袋。套袋果园最好具备灌溉条件,否则当旱情严重时,套袋果易发生日灼。

（c）严格疏花疏果。套袋前必须按要求严格疏花疏果。

（d）病虫防治。套袋前的病虫防治对提高套袋效果至关重要。套袋前应细致周到地喷一次杀菌剂和杀虫剂，务求使幼果果面全面均匀受药。此外，苹果幼果套袋前，果皮对农药非常敏感，应选用刺激性小的农药，否则易发生果面锈斑。

② 果袋选择。果袋质量是决定套袋成功与否的前提。套袋用的果袋有纸袋和塑料薄膜袋两种类型。纸袋应是全木浆纸，耐水性强，能抗日晒雨淋且不易破碎变形，若经过药剂处理，还可防止病虫危害果实。纸袋有双层袋和单层袋之分。塑料薄膜袋的原料是一种新的聚乙烯微膜，厚度为 0.005mm 左右，袋上有透气孔，袋下部有排水口。塑膜袋有全开口、半开口、角开口等多种类型。塑膜袋最大的优点是成本低，但在果实着色等方面达不到双层纸袋的效果。

选择果袋类型应依品种、立地条件及栽培水平不同而有差异。较易着色的品种可采用单层纸袋，较难着色的品种主要采用双层纸袋，黄绿色品种应套单层纸袋或塑膜袋。在海拔高、温差大的地区，单层纸袋的效果也很明显。栽培条件较好的果园，为了生产精品果，可以双层纸袋为主，辅助套单层纸袋和塑膜袋；栽培条件较差的地区，套单层纸袋和塑膜袋为主。

③ 套袋时间和方法。

（a）套袋时间。套袋时间早晚对产量、品质、采收期及日灼轻重等都有一定影响。套纸袋时间早，套袋果退绿好，摘袋后易着色；但由于果柄幼嫩，易受损伤影响生长，同时日灼较重，减产明显。套塑膜袋时间越早，越有利于减少病虫害，增加产量，促进早熟，但日灼果也较多。早套袋也不利于幼果补钙。套袋过晚会影响套袋效果，还容易损伤果柄造成落果。我国多数苹果产区套纸袋的时间为 6 月份，套塑膜袋的时间为花后 15～30 d。

（b）套袋方法。选定幼果后，手托果袋，先撑开袋口，或用嘴吹，使袋底两角的通风放水孔张开，袋体膨起；手执袋口下端，套上果实，然后从袋口两侧依次折叠袋口于切口处，将捆扎丝反转 90°，于折叠处扎紧袋口，让幼果处于袋体中央，不要将捆扎丝缠在果柄上。果实套袋方法见图 8.15。

套袋时应注意 4 点：一是套袋时的用力方向始终向上，以免拉掉幼果。二是袋口要扎紧。若封口不严，一些害虫易进袋繁殖，污染、损害果面；雨水易进入袋内，果实梗洼处积水，阴雨天气袋内长时间湿度过大，会造成果皮粗糙，病害发生。三要使果实处于袋口中部，不要让果面贴袋，特别是纸袋向阳面与幼果之间必须留有空隙，以免造成日灼。四要注意捆扎丝不能缠在果柄上，而要夹在果袋叠层上，以免损伤果柄，造成落果。

④ 摘袋时间和方法。

（a）摘袋时间。摘袋时间因不同品种、立地条件和气候条件而异。易着色的

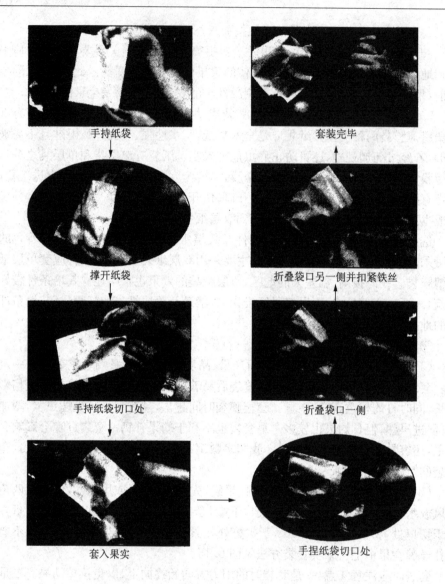

手持纸袋　　　　　　　　　　　套装完毕

撑开纸袋　　　　　　　折叠袋口另一侧并扣紧铁丝

手持纸袋切口处　　　　　　　折叠袋口一侧

套入果实　　　　　　　　手捏纸袋切口处

图 8.15　果实套袋操作方法示意图

(引自王少敏等,2002)

地区和品种应适当晚摘袋;而不易着色和着色条件差的地区或秋季阴雨多时,应适当早摘袋。

摘袋时,最好选择阴天或多云天气进行。若在晴天摘袋,为使果实由暗光逐步过渡至强光,在一天内应于 10∶00～12∶00 去除树冠东部和北部的果实袋,15∶00～17∶00 去除树冠西部和南部的果实袋,这样可减少因光照强度的剧烈变化引起的日灼的发生。晴天、阳面的果实,应在袋内果温与气温相近时除去果袋(10∶00前)。

(b) 摘袋方法。摘除双层纸袋时先去掉外层袋,间隔3～5个晴天后再除去内袋。若遇阴雨天气,摘除内层袋的时间应推迟,以免摘袋后果皮表面再形成叶绿素。摘除单层纸袋时,首先打开袋底放风或将纸袋撕成长条,3～5d后除袋。

8.3.3.2　果实增色技术

果实颜色是评价果实外观品质的一个重要指标。果实色泽发育受光照、温度、树体营养水平及果实内糖分积累等因素的影响。在栽培管理方面应根据不同种类和品种的色泽发育特点,制定有效的技术措施,增加果实的色泽,达到该品种的最佳色泽程度。

(1) 加强综合管理,创造良好的植株条件

① 改善群体和个体的光照条件。应保持合理的栽植密度、叶面积指数、覆盖率和留枝量。在合理的留枝量的前提下,树体结构要合理,骨干枝宜少,枝条角度要开张,生长势适中。果实着色期对果树进行修剪,清除树冠徒长枝,疏去外围竞争枝和直立旺枝,改善树体受光条件。

② 合理负载,保持适宜的叶果比。留果过少,常导致生长势偏旺,着色不良;结果过多,果实含糖量低,同样影响果实色泽的正常发育。适宜的叶果比,可维持良好的光照条件,并有利于果实中糖分的积累,从而增加果实着色。

③ 肥水调控。增施有机肥,提高土壤有机质含量,有利于着色。果实发育中后期增施钾肥,可增加果实着色面积和色泽度。果实发育后期保持土壤适度干燥,有利于果实增糖着色,故成熟前应控制灌水。

(2) 果实套袋

果实套袋是改善果实色泽的主要技术措施之一。

(3) 摘叶

摘叶是采收前一段时间,把影响果面受光的叶片剪除,以提高果实的受光面积,增加果面对直射光的利用率,从而避免果实局部产生绿斑,促进果实全面着色的一项措施。摘叶宜在果实着色期进行。果实生长期短或较易着色的品种应适当晚摘叶;而不易着色的品种应适当早摘叶。但摘叶过早,会减少光合产物的积累,对果实增大不利,影响产

图 8.16　摘叶示意图
(引自马锋旺等,1999)

量,降低树体贮藏营养水平,影响花芽质量。

摘叶时应保留叶柄。摘除的对象是果实周围遮荫和贴果的叶片,见图 8.16。应多摘枝条下部的衰老叶片,少摘中上部叶片。摘叶可一次进行,也可分 2~3 次进行。

（4）转果

果实采收前将果实阴面转向阳面,称为转果。转果能促进果实全面着色,提高全红果率。转果时期是在果实阳面已充分着色后进行。转果时用手托住果实,轻巧而自然地将果实朝一个方向转动 180°,使原来的阴面转向阳面,见图 8.17。转果时切勿用力过猛,以免扭落果实;同时,转果应避免在晴天中午的高温高光强下进行。

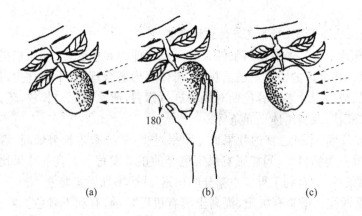

图 8.17 转果示意图

(引自马锋旺等,1999)

(a) 转果前;(b) 转果方法;(c) 转果后,阴面朝阳,可迅速着色

（5）铺反光膜

树冠下部的果实往往因光照不足而着色差。在树盘下铺设反光膜,能明显地增加树冠下部的光照强度,改善光的质量,使树下部果实和果实顶部受光条件改善,促进着色,增加全红果率。铺反光膜的时间宜在果实着色前期,套袋的果园应在除袋后立即铺膜。

任务四　花卉花期调控

通过人为地控制环境条件或采取一些特殊的栽培管理方法,满足各种花卉的生长发育习性,改变自然开花期,使之根据人们的意愿开花,称为花期控制栽培。

比自然花期提前,称为促成栽培;比自然花期延迟的,称为抑制栽培。切花作为流通的鲜活商品,最显著的特点是必须保证周年均衡供应和节日旺季消费。因此,通过花期调控,可大大地提高切花的商品性。

自然界的开花植物有上万种,由于它们的原产地不同,各自的生态习性也存在着很大的差异。对于每一种花卉来讲,影响其开花的限制因子也各不相同。如影响菊花开花的限制主导因素是光照,影响牡丹开花的主导因素是温度。但是花卉花期控制都是建立在花卉的营养生长完善的基础上。无论采用什么处理方式,都是要在良好的肥水管理条件下,配合各种栽培技术措施和技术处理,才能达到预想的目标。

8.4.1 花期调控技术方案的制定

(1) 确定目标花期

通过对市场需求信息的调查了解,根据各类花卉的需求状况以及花卉的市场价格,确定各类花卉的目标花期。

(2) 熟悉生长发育特性

充分了解栽培对象生长发育特性,如营养生长、成花诱导、花芽分化、花芽发育的进程所需要的环境条件,休眠与解除休眠所要求的条件,光周期所需要的日照时数、花芽分化的临界温度等。

(3) 了解各种环境因子的作用

在控制花期调节开花的时候,需了解各环境因素对栽培花卉起作用的有效范围以及最适范围,分清质性范围还是量性范围。同时还要了解各环境因子之间的相互关系,是否存在相互促进或相互抑制或相互代替的作用,以便在必要时相互弥补。如低温可以部分代替短日照,高温可以部分代替长日照,强光也可以部分代替长日照作用。应尽量利用自然季节的环境条件以节约能源降低成本。如木本花卉促成栽培,可以部分或全部利用户外低温以满足花芽解除休眠对低温的需求。

(4) 配合常规管理

不管是促成栽培还是抑制栽培,都需要土、肥、水、病虫害防治等相应的栽培技术措施相配合。

8.4.2 花期调控的准备工作

为保证花期调控能顺利进行并达到预期目的,在处理前要预先做好准备工作。

8.4.2.1 花卉种类和品种的选择

在确定花期时间以后，首先要选择适宜的花卉种类和品种。一方面被选花卉应能充分满足花卉应用的要求，另外要选择在确定的用花时间里比较容易开花、不需要过多复杂处理的花卉种类，以节省处理时间、降低成本。如促成栽培宜选用自然花期早的品种，晚花促成栽培或抑制栽培应选用晚花品种。同时，花卉的不同品种，对处理的反应也不相同，有时甚至相差较大。例如一品红的短日照处理，一些单瓣品种处理 35d 即可开花，而一些重瓣品种则需要处理 60d 以上。

8.4.2.2 球根成熟程度

球根花卉进行促进栽培，要设法使球根提早成熟。成熟程度不高的球根，促成栽培反应不良，开花质量降低，甚至球根不能正常发芽生根。

8.4.2.3 植株或球根大小

要选择生长健壮、经过处理能够开花的植株或球根。植株和球根必须达到一定的大小，经过处理开花才能有较高的观赏价值。如采用未经充分生长的植株进行处理，结果植株在很矮小的情况下开花，花的质量低，其欣赏价值和应用价值都很低。同时，有些花卉要生长到一定年限才能开花，处理时要选用达到开花苗龄的植株。球根花卉当球根达到一定大小才能开花，如郁金香鳞茎重量为 12g 以上，风信子鳞茎周径要达到 8cm 以上等。

8.4.2.4 了解设施和处理设备

实现开花调节需要控制环境的加光、遮光、加温、降温以及冷藏等特殊的设施，常用的有温度处理的控温设备；日照处理的遮光和加光设施等。在实施促成或抑制栽培之前，要充分了解或测试设施、设备的性能是否与花卉栽培的要求相符合，否则可能达不到目的。如冬季在日光温室促成栽培唐菖蒲，如果温室缺乏加温条件，光照过弱，往往出现"盲花"、花枝产量降低或小花数目减少等现象。

8.4.2.5 熟练的栽培技术

花期调控成功与否，除取决于处理措施是否科学和完善外，栽培技术也是十分重要的。优良的栽培环境加上熟练的栽培技术，可使处理植株生长健壮，提高开花的数量和质量，提高商品欣赏价值，并可延长观赏期。

8.4.3　花期控制技术

8.4.3.1　温度处理

通过温度处理来调节花卉的休眠期、花芽形成期、花茎伸长期等主要进程而实现对花期的控制。温度调节还可以使花卉植株在适宜的温度条件下生长发育加快,在非适宜的条件下生长发育进程缓慢,从而调节开花的进程。大部分冬季休眠的多年生草本花卉、木本花卉,以及许多夏季处于休眠、半休眠状态的花卉,生长发育缓慢,通过加温或防暑降温可提前度过休眠期。温度处理可从两方面进行。

(1) 升高温度

冬季温度低,花卉植株生长缓慢或停止,如果升高温度可使植株加速或恢复生长,提前开花。这种方法使用范围很广,包括露地经过春化的草本、宿根花卉,如石竹、三色堇、矮牵牛等;春季开花的低温温室花卉,如天竺葵、仙客来;南方的喜温花卉,如扶郎花、五色茉莉;以及经过低温休眠的露地木本花卉,如牡丹、寿桃、杜鹃等。原来在夏季开花的南方喜温花卉,当秋季温度降低时停止开花,如果及时移进温室加温,则可使它们继续开花,如茉莉、扶桑、白兰花等。

(2) 降低温度

一些二年生花卉、宿根花卉、秋植球根花卉、某些木本花卉,可以提前给予一个低温春化阶段,使其提前开花。如毛地黄、桂竹香、桔梗等,欲使其提前开花,必须提前给予一个低温春化阶段。风信子、水仙、君子兰等秋植球根花卉,需要一个6℃~9℃的低温能使花茎伸长。而桃花、榆叶梅等木本花卉,需要经过 0℃的人为低温,强迫其通过休眠阶段后,才能开花。

在春季自然气温未回暖前,对处于休眠的植株给予 1℃~4℃的人为低温,可延长休眠,延迟开花。一些原产于夏季凉爽地区的花卉,在夏季炎热的地区生长不好,不能开花,如采取措施降低气温(如<28℃),植株处于继续活跃的生长状态中,就会继续开花,如仙客来、吊钟海棠、天竺葵等。

8.4.3.2　光照处理

光照处理与温度处理一样,既可以通过对成花诱导、花芽分化、休眠等过程的调控达到控制开花期的目的,也可以通过调节花卉植株的生长发育来调节开花的进程。光照处理的方法很多。

(1) 延长光照时间

用补加人工光照的方法延长每日连续光照的时间,达到 12h 以上,可使长日照植物在短日照季节开花。如蒲包花用连续14～15h的光照处理能提前开花。也能使短日照花卉推迟开花,如菊花是短日照花卉,在其花芽分化前(一般在8月中旬前后花芽分化),每天日落前人工补加4h光照,可使花芽分化推迟,花期推迟。

(2) 缩短光照时间

用黑色遮光材料,在白昼的两头,进行遮光处理,缩短白昼,加长黑夜,这样可促使短日照植物在长日照季节开花。如一品红用10h白昼,50～60d可开花;蟹爪兰用9h白昼,2个月可开花。遮光材料要密闭,不透光,防止低照度散光产生的破坏作用。又因为是在夏季炎热季节使用的,对某些喜凉的花卉种类,要注意通风和降温。

(3) 人工光中断黑夜

短日照植物在短日照季节形成花蕾开花,但在0∶00～2∶00加光2h,把一个长夜分开成两个短夜,破坏了短日照的作用,就能阻止短日照植物形成花蕾开花。在停光之后,因为是处于自然的短日照季节中,花卉就自然地分化花芽而开花。

(4) 光暗颠倒

适用于夜间开花的植物。如昙花,在花蕾长约10cm的时候,白天把阳光遮住,夜间用人工光照射,则能动摇其夜间开花的习性,使之在白天开花。

(5) 调节光照强度

花卉开花前,一般需要较多的光照,如月季、香石竹等。但为延长花期和保持较好的质量,在开花之后,一般要遮荫减弱光照强度,以延长开花时间。

8.4.3.3　园艺技术措施

(1) 分期播种和栽种

利用分期播种和栽种,可以使花期错开。如翠菊一般播种至开花需要70～80 d时间,早播种则早开花,晚播迟开。唐菖蒲切花若要错开花期,可采用分期排球的方法,早花种60～70 d开花,晚花种120 d左右开花。

(2) 外科手术

用摘心、修剪、摘蕾、剥芽、摘叶、环割、嫁接等措施,均可调节植株生长速度,对花期控制有一定作用。摘除植株嫩茎,将推迟花期。推迟的日数依植物种类及摘去量的多少与季节而不同。常采用摘心方法控制花期的有一串红、康乃馨、万寿菊、大丽花等。在当年生枝条上开花的木本花卉用修剪法控制花期,在生长季节内,早修剪,早长新枝,早开花;晚修剪则晚开花。剥去侧芽、侧蕾,有利于主芽开花。摘除顶芽、顶蕾,有利于侧芽侧蕾生长开花。9月把江南槐嫁接在刺槐上,1个月后就能开花。

(3) 控制肥水

某些花卉在生长期间控制水分,可促进花芽分化。如梅花在生长期适当控制水分(俗称"扣水"),形成的花芽多。干旱的夏季充分灌水有利于生长发育,促进开花。如唐菖蒲抽穗期充分灌水,开花期可提早1周左右。一些球根花卉在干燥环境中,分化出完善的花芽,直至供水时才伸长开花。只要这些花卉掌握吸水至开花的天数,就可以用开始供水的日期控制花期,如水仙、石蒜等。一些木本花卉在花芽分化完善后,遇上自然的高温、干旱,或人为给予干旱环境,就落叶休眠;此后,再供给水分,在适宜的温度下又可开花或结果,如丁香、海棠、玉兰等。

施肥对花期也有一定的调节作用。在花卉进行一定的营养生长以后,增施磷、钾肥有助于抑制营养生长而促进花芽分化。菊花在营养生长后期追施磷、钾可提早开花约1周。经常产生花蕾、开花期长的花卉,在开花末期,用增施氮肥的方法,延迟植株衰老,在气温适当的条件下,可延长花期,如仙客来、高山积雪等。花卉开花之前,如果施了过多的氮肥,常会使植株徒长,延迟开花,甚至不开花。

8.4.3.4　应用植物生长调节剂

应用植物生长调节剂控制花卉生长发育和开花,是现代花卉生产常用的新技术。赤霉素在花期控制上的效果最为显著。如用 500 ～1000ml/kg 浓度的赤霉素液点在牡丹、芍药的休眠芽上,可促进芽的萌动;待牡丹混合芽展开后,点在花蕾上,可加强花蕾生长优势,提早开花。用此液涂在山茶、茶梅的花蕾上能加速花蕾膨大,使之在 9～11 月间开花。蟹爪兰花芽分化后,用 20～50ml/kg 赤霉素喷洒能促使开花,用 100～500ml/kg 涂在君子兰、仙客来、水仙的花茎上,能使花茎伸出植株之外,有利观赏。用 50ml/kg 赤霉素喷非洲菊,可提高采花率。用 1000ml/kg 的乙烯利灌注凤梨,可促使开花、结果。天竺葵生根后,用 500ml/kg 乙烯利喷 2 次,第 5 周喷 100ml/kg 赤霉素,可使提前开花并增加花朵数。

8.4.3.5　采后调控

切花采后人工催花或低温贮藏,也是进行花期调控的有效方法。

(1) 人工催花

冬季低温时,有些切花的花苞已形成但难以完全开放,而若在栽培地实施大面积加温则耗用成本高,可剪切后集中在室内进行人工催花,操作简便,成本较低。如香石竹、满天星等在花苞期切割,置于温度 25℃～27℃的室内,并给予每天 12～16 h 的光照和 90%～95%的相对湿度,经 5～7d 即可开花。

(2) 切花贮藏

切花的贮藏是延长采后切花寿命的主要方法。低温是最基本和最有效的贮藏手段,贮藏的最适温度应根据不同切花的生理特性加以选择。如香石竹应保持在 0℃～1℃,月季宜在 0℃下贮藏,唐菖蒲的适宜贮温为 1℃～2℃,红掌的适宜贮温为 13℃。为了提高冷藏效果,还可结合减压贮藏和气调贮藏法。

练习与思考

1. 为什么园艺生产上要对植株生长进行适宜的控制? 主要控制的内容有哪些?

2. 什么叫修剪?

3. 怎样确定果树与观赏树木的修剪时期?

4. 修剪的基本方法中,短截、疏剪、缩剪、长放最常用,各自功能是什么? 应用的条件是什么?

5. 果树与观赏树木主要有哪些树形?

6. 果树幼树、成年树、衰老树,修剪上有什么不同?

7. 蔬菜进行植株调整有何作用?

8. 果菜类蔬菜引蔓、绑蔓、压蔓过程中应注意哪些事项?

9. 简述番茄引蔓操作流程。

10. 简述番茄的绑蔓过程。

11. 简述西瓜的压蔓过程。

12. 摘心操作过程中应注意哪些事项?

13. 简述番茄单杆整枝、双杆整枝、改良式单杆整枝、换头整枝的操作流程。

14. 简述番茄老株更新整枝的操作流程。

15. 简述西瓜双蔓整枝的操作流程。

16. 简述甜瓜三蔓整枝的操作流程。

17. 果树矮化技术有什么优点?

18. 果树矮化技术的途径有哪些?

19. 叙述果树矮化栽培技术。

20. 简述花卉矮化技术途径。

21. 园艺植物疏花疏果有什么作用?

22. 园艺植物疏花疏果方法有哪些?

23. 园艺植物落花落果的原因是什么? 如何克服?

24. 果实套袋有什么作用?

25. 简述果实套袋操作流程。

26. 简述果实增色技术。

27. 何谓花期调控? 如何进行花卉花期调控?

项目九 园艺植物病虫害调查与防治

学习目标：

本项目介绍了植物病虫害调查方法，园艺植物病虫害的类型、危害性、发生特点及防治策略和方法；要求熟悉如何进行植物病虫害调查，重点掌握园艺植物病虫害的防治策略和手段。

园艺植物的生长发育常受到各种不利因素的影响，造成生长发育受阻、停滞或早衰，甚至死亡，栽培效益明显下降，严重者全军覆没。其中病虫害和自然灾害常严重影响园艺植物的产量、质量和效益。在病虫害的防治过程中，使用化学农药，虽然对增产和提高商品性有益，但农药对产品的污染、对环境的污染都是不可避免的。因此，如何通过栽培调控来增强植物对病虫草害和自然灾害的抵抗力，合理使用化学农药，逐步应用生物农药替代化学农药，并最终弃用化学农药进行园艺作物的无公害生产是园艺作物保护的主要任务。

任务一 植物病虫害调查

9.1.1 调查的类别

对病虫害调查可分为一般调查、重点调查、系统调查研究、抽样调查。

（1）一般调查

目的在于广泛了解病虫害种类、分布情况、发生时期、危害程度，对某一区域的病情、虫情形成宏观概念，为病虫害的重点调查奠定基础。

（2）重点调查

对重要的病虫害进行系统全面的调查，以明确病虫害在当地的发生情况、环境条件及影响，了解病虫害可能的活动途径，为制定防治方案提供依据。

（3）系统调查研究

针对重要病虫害的某一个问题做深入的调查研究。

（4）抽样调查

在植物检疫时,对大批量的货物采用抽样调查方法,样品可做多方观察和试验。

9.1.2　调查方法

（1）调查前的准备

调查之前,首先应明确本次调查的目的、任务和要求,安排好调查计划,准备好所需的用具(标本夹、扩大镜、标签、记录本等)。

（2）调查的时间和次数

调查的人员、时间和次数应根据具体情况和调查目的事先确定。对于一般发病情况的调查,可以选在该病害发病盛期调查1～2次。如一次需同时调查几种植物或几种病害的发生时,可选择较为适中的、决定性的阶段进行。重点调查的次数可多一些。

（3）调查方式

一般以田间观察和调查为主。

（4）取样方法

原则是取样必须准确且要有代表性。样点数目应根据病虫害种类、发生时期和环境条件等而定。一般情况是在一块田内随机调查4～5个点,在一个地区内随机调查5～10块田。为保证取样具有代表性,一般应离开田边、地边2～3m以上取样。取样可用棋盘式、五点式和对角线式等方法。应坚持随机取样、随机选田。

样本要根据不同病虫情况以整株、穗秆、叶片、果实等作为计算单位。一般每样点的取样数量为:全株性病虫100～200株,叶部病虫10～20片叶,果部病虫100～200个果。

9.1.3　田间记载

病虫害调查取样后,要进行记录。田间记载分为一般调查记载和重点调查记载。

（1）一般调查记载

一般病虫害调查可参照表9.1进行记载。

表 9.1 蔬菜病害调查表

调查地点_____ 调查日期_____ 调查人_____

病　名	发病率					
	1	2	3	4	5	平均
大白菜病毒病						
大白菜软腐病						
大白菜霜霉病						
猝倒病						
立枯病						

（2）重点调查记载

重点调查时，调查表格可根据具体病虫害来设计，一般可参照表 9.2 的格式进行记载。

表 9.2 病虫害调查记载表

调查地点_____ 调查日期_____ 病虫害名称_____ 调查人_____

发生日期_____

发生情况_____

植物品种名_____ 种子来源_____ 播栽期_____

土壤情况_____

施肥情况_____

轮作或连作_____ 前作_____

植物环境_____

栽培环境_____

栽培情况_____

其他病虫害情况_____

气象条件_____

防治效果_____

备注_____

9.1.4 调查结果的整理和计算

调查取得大量资料后，要及时整理、计算、分析，以指导生产实践。

被害率：反映病虫危害的普遍程度。

$$被害率（\%）=有虫（发病）株数/总株数×100\%$$

虫口密度：表示在 1 个单位内的虫口数量。

$$虫口密度（头/株）=调查总虫数/调查总株数$$

病情指数：按照被害的严重程度分级，再计算病情指数。

$$病情指数 = \sum (各级病情数 \times 各级样本数) /$$

$$(最高病情指数 \times 调查总样本数) \times 100\%$$

损失情况估计：一般以生产水平相同的受害地与未受害地的产量或经济总产值对比来计算，也可用防治区与不防治的对照区产量或经济总产值对比来计算。

$$损失率 = 未受害地平均产量或产值 - 受害地平均产量或产值 /$$

$$未受害地平均产量或产值 \times 100\%$$

9.1.5　病虫害的两查两定

为了准确指导植物病虫防治工作，一般要在上一级测报部门调查预测的基础上，对田间病虫害进行两查两定。对害虫要查虫口密度，定防治地块；查发育进度，定防治适期。对病害，要查普遍率，定防治地块；查发病程度，定防治适期。

任务二　园艺植物病害防治

植物受到病原物的侵染和不适宜的环境条件的影响，正常的生理活动遭到干扰，在生理、组织、形态上都发生了一系列的异常变化，这一现象称为植物病害。植物生病后其外表的不正常表现称为症状，具有症状的植株为病株。例如，大白菜受病毒感染后叶脉表现为透明状，这就是发病的症状，具有这种明显症状的大白菜植株就是病株。有时在植株的发病部位可见一些病原物的结构，称为病症。由细菌、真菌引起的病害往往可见明显的病症，如一些真菌病害，受害部位常可见到霉状物、锈状物或粉状物等。病毒病害和线虫病害看不到病症。

病害发生的原因称为病原。植物病害的病原按不同性质分为两大类：一类为传染性病原，包括细菌、真菌、病毒、线虫和寄生性种子植物；另一类为非传染性病原，包括不适宜的物理和化学因素，如营养元素的缺素症、各种逆境障碍、空气中有毒物质的毒害等。

9.2.1　园艺植物的细菌病害

9.2.1.1　病原细菌

细菌是一类具有固定细胞壁但无真正细胞核的单细胞生物。病原细菌不含叶绿素,只能寄生生活。细菌寄生所引起的植物病害称为细菌性病害。细菌的个体极小,必须用高倍显微镜才能看到。细菌没有营养体与繁殖体之分。细菌根据形状将其分为杆菌、球菌、螺旋菌三种类型,侵染植物的细菌多为杆菌。

9.2.1.2 植物细菌病害的症状特点

植物细菌病害的症状可分为组织坏死、腐烂、萎蔫和畸形四种类型。病症为脓状物,在潮湿条件下常从感病部位的气孔、伤口、皮孔等向植物体表面溢出,呈微黄色或乳白色,又称菌脓。菌脓干后,成为胶粒或胶状薄膜。

9.2.2 园艺植物的真菌病害

真菌在自然界种类繁多,分布极广,土壤、水中和地面各种物体上都有真菌,估计世界上真菌种类在10万种以上,目前已有报道的真菌约4万5千种。真菌大部分是腐生的,小部分寄生在植物、牲畜和人类上而引起病害。在园艺植物病害中,大约有80%以上的病害是由真菌寄生所引起。

9.2.2.1 病原真菌

真菌无叶绿素,不能进行光合作用,必须依赖其他生物才能生存,故为异养生物,其中以活的生物为营养的称为寄生,以死的有机质为营养的称为腐生。真菌一般由营养体与繁殖体组成。

(1)营养体

真菌营养体主要是菌丝体,由菌丝交错而成。菌丝呈管状结构,具细胞壁和真核结构。真菌通过菌丝的细胞壁直接渗透而吸收养分。真菌侵入寄主后,以菌丝在寄主的细胞间隙或细胞内扩展。

(2)繁殖体

真菌的营养体发育到一定的阶段,则产生繁殖体。繁殖体由子实体与孢子组成。子实体是产生孢子的特殊器官,如分生孢子器、分生孢子盘、子囊等,相当于高等植物的果实。孢子是真菌的基本繁殖单位,相当于高等植物的种子。孢子又可分为无性孢子和有性孢子两类,前者不经过两性细胞的结合,而后者是经过两性细胞结合所形成的孢子。

(3)真菌的生活史

真菌的生活史是指从一种孢子开始,经过生长和发育阶段,最后又产生同一种孢子的过程,通常包括无性阶段和有性阶段。菌丝体在适宜条件下形成无性孢子,无性孢子萌发形成芽管,芽管继续生长形成新的菌丝体,这是无性阶段。无性阶段在生长季节中多次循环,因此,无性孢子数量大。当环境条件不适宜时(一般为其生长后期),真菌转入有性阶段,产生有性孢子,真菌一般通过有性孢子度过不良环境。条件适宜时,有性孢子萌发,产生芽管发育成为菌丝体,进入无性繁殖阶段,这就实现了有性与无性世代的交替。

9.2.2.2　植物真菌病害的症状特点

植物真菌病害的症状可分为以下几类:一是形成肿瘤,在根、块茎、叶鞘等部位膨大形成肿瘤,如十字花科蔬菜根肿病;二是造成腐烂,根、茎、果均可受害腐烂,如瓜类和茄果类绵疫病;三是形成坏死,如各种园艺植物的霜霉病、叶斑病、枝枯病等。真菌病害的病症有粉状物,如瓜类蔬菜白粉病;锈状物,如果树锈病等。

9.2.3　园艺植物的病毒病害

现已知植物病毒种类达 700 多种,而且寄主范围广,一种病毒往往可以危害几十种植物,如黄瓜花叶病毒能危害 40 个科的植物,烟草花叶病毒能危害 250 种以上的植物。几乎所有的园艺植物都可发生病毒病害,由病毒引起的病害仅次于真菌而排在第二位。

9.2.3.1　病原病毒

植物病原病毒自身都缺乏代谢能力,只能通过寄主细胞的部分代谢机制来繁殖生存。病毒是一类非细胞形态、具有传染性的寄生物,其构成简单,外壳为蛋白质,内部为核酸。从形态上病毒大致可分为杆状、球状和多面体几种类型。

9.2.3.2　植物病原病毒所致病害的症状

普通病毒病的症状分为外部症状和内部变化。外部症状表现最明显的部位通常是生长旺盛的幼嫩部位,而成熟的组织则不明显。外部症状大致有以下几种表现:

① 褪色:主要表现为花叶和黄化两种。花叶是指叶片上呈现浓淡相间的绿色斑驳,黄化是指叶片不同程度地表现为黄绿色或黄色。

② 组织坏死:主要表现为叶片枯斑、枝条坏死等。

③ 畸形:主要表现为萎缩、小果、小叶、皱叶、丛枝等。

内部变化则指感病的细胞组织内出现的病变,较为明显的如叶绿体的破坏和形成多种形状的内含体结构。

9.2.4　病害综合防治措施

园艺植物病害综合治理的措施有:植物检疫、园艺技术防治(栽培技术途径和育种技术途径)、生物防治、物理防治和化学防治等。

9.2.4.1　植物检疫

植物检疫是一项法规防治措施,是指由国家颁布法律规章,对植物及其产品,特别是苗木、种子、接穗、插条等繁殖材料进行管理和控制,防止危险性病、虫、草传播蔓延。

植物检疫的主要任务是:禁止危险性病虫草进出境;将已在国内局部发生的危险性病虫草封锁在一定范围内,严格禁止其传播到尚未发生的地区,并且采取措施逐步将其消灭;当危险性病虫草传入新区时要采取一切可能措施,不惜人力、物力、财力将其全部铲除。

9.2.4.2　园艺技术防治

园艺技术防治包括栽培技术途径和育种技术途径。栽培技术途径即通过栽培方式和栽培制度的调整,合理应用一系列栽培技术调节病原物、寄主和环境三者之间的关系,创造有利于植物生长发育而不利于病菌生存发展的条件,减少病菌的初侵染源和降低病害的发展速度,从而减少病害的发生和减轻病害的危害。育种技术途径即选育和利用抗病品种来抵抗病原物对作物的危害,是防治植物病害最经济最有效的途径。

(1) 建立无病苗圃,培育无病种苗

有些病害的病原物是随种子和苗木传播的,这类病害往往难以防治。如果树病毒病、根癌病可随病苗、接穗传播,部分豆科和葫芦科蔬菜病毒病可通过种子传播;白菜黑斑病菌的菌丝不仅能深入种子内部,而且其分生孢子还可以粘附在种子表面越冬。防治这类病害,培育无病苗木是至关重要的措施。如苹果无病毒苗木的繁育和推广,既避免了病毒病的发生,也避免了根部病害——白纹羽病、紫纹羽病、根癌病的发生,同时大大提高了苗木生长势,增强了自身抗病能力。

(2) 改善栽培措施,加强栽培管理

① 调整播种时间:在不影响植物生长的前提下,提前或错后一段时间播种,使植物的感病期与病菌的侵染期错开。如秋播的十字花科蔬菜,播种期早的病毒病发生较重,播期晚的则发病较轻。

② 改变种植方式:改平畦栽培为高畦栽培,可减轻白菜软腐病的发生。因为

白菜软腐病菌喜欢高湿环境,并随水流传播,高畦栽培不利于病菌发生和传播。改过度密植为合理密植。过度密植导致通风透光性差,湿度高,有利于叶部和茎部病害发生,而且密植田块易发生脱肥和倒伏而加重病情。

③ 加强水肥管理,合理施肥和灌溉:一般多施有机肥可以改良土壤,促进根系发育,提高植株抗病性;偏施氮肥容易造成幼苗徒长,组织柔嫩,抗病性降低;适当增施磷肥、钾肥和微量元素,有助于提高植株的抗病能力。水分不足或水分过多也会影响植株的正常生长发育,从而降低抗病性。如各种蔬菜苗期水分过多,土壤温度偏低,造成根系发育不良,极易引起各种苗期病害。在北方果园,果树进入休眠期前若灌水过多则枝条柔嫩,极易受冻害,从而加重枝干病害的发生;相反,如果春季提早灌水,可增加树皮含水量,从而降低苹果树皮腐烂病病斑的扩展速度。

（3）嫁接

通过嫁接把接穗嫁接在抗病性强的砧木上以达到提高抗病性的目的。

（4）清洁田园

一是将生长期间初发病的枝条、叶片、果实或病株等及时清除或拔去,以免病原菌在田间扩大、蔓延;二是采收后,把遗留在地面上的病残株集中烧毁或深埋。

9.2.4.3　生物防治

生物防治主要是利用有益微生物对病原物的各种不利作用来减少病原物的数量和削弱其致病性。有益微生物还能诱导或增强植物抗病性,或通过改变植物与病原物的互作关系来抑制病害发生。如用武夷菌素(BH-10)水剂防治瓜类白粉病。

9.2.4.4　物理防治

物理防治主要利用热力、冷冻、干燥、电磁波和核辐射等手段抑制、钝化或杀死病原物,达到防治病害的目的。前几种方法多用于处理种子、苗木等繁殖材料和进行土壤消毒,核辐射则用于处理食品和贮藏期农产品。

（1）热力处理

利用热力治疗感染病毒的植株或无性繁殖材料是生产无病毒种苗的重要途径。苹果、梨、桃、草莓、马铃薯和香石竹等作物的热力治疗,已成为防治这些作物病毒病害的常规措施。

（2）射线处理

射线处理对病原物有抑制和杀灭作用,该方法多用于防治水果和蔬菜的贮藏期病害。例如,用 250 Gy/min 的 γ 射线处理桃子,当照射总剂量达 1250～1370 Gy 时,可以有效地防止桃贮藏期由褐腐病引起的腐烂。

（3）外科手术处理

对于多年生的果树和林木，外科手术是治疗枝干病害的必要手段。例如，治疗苹果树皮腐烂病，可直接用快刀将病组织刮干净后涂药。当病斑绕树干1周时，还可采用桥接的办法将树救活。刮除枝干病斑可减轻果实轮纹病的发生；环割枝干可减轻枣疯病的发生。

9.2.4.5　化学防治

化学防治即使用化学药剂来防治植物病害。化学防治是目前农业生产中一项很重要的防治措施，具有作用迅速、效果显著、方法简便等优点。但是，化学药剂如果使用不当，容易造成对环境及果品蔬菜的污染，破坏自然界的生态平衡。如果长时间连续使用同一类杀菌剂，容易诱发病菌产生抗药性，降低杀菌剂的杀菌效果。

9.2.5　园艺植物的根结线虫

线虫又名蠕虫，属于动物界原体腔动物门线虫纲，是一种低等动物，数量极多，广泛分布于水和土壤中，大多数腐生。而植物病原线虫大多数是专性寄生，只能在活组织上取食，可以危害植物的各个部位。由于线虫大都在土壤中生活，所以植物的地下部分最易受侵染。根据线虫的寄生方式可分为内寄生和外寄生。虫体全部钻入植物组织内的称为内寄生（如桃树线虫引起桃树根部形成结状肿瘤，影响根系正常活动）。虫体大部分在植物体外，只是头部穿刺入植物组织吸食的为外寄生。

植物受线虫危害而表现的症状有：顶芽、花芽坏死，茎叶组织坏死或畸形，根部形成肿瘤和丛根，植株矮小，叶色变淡等。

根结线虫都是好气性的，凡地势高燥、结构疏松、含盐量低而呈中性反应的沙质土壤，都适宜于根结线虫的活动，因而发病重。连作地根结线虫发病重，连作期愈长，危害愈严重。

防治根结线虫的措施有：

（1）轮作

最好与禾本科作物轮作，因为禾本科作物一般不发生根结线虫病。

（2）大水漫灌

土壤如长期浸水4个月，可使土中线虫全部死亡。

（3）深翻土壤

根结线虫的虫瘿多分布在土表层下20 cm的土中，特别是在3～9 cm内最多。深翻后，处于下层的虫瘿由于通气性差而使线虫死亡。

（4）土壤杀虫

此法主要用于苗床。用80％二溴氯丙烷1∶10溶液于播前2～3周施于表土下15～25 cm的土中。施药前土壤应保持湿润，施药后覆土压实；或用1.8％阿维菌素1 000倍液喷于土壤。加强栽培管理，包括彻底深埋病残株、合理施肥和灌水等。每667m² 施用3％米乐尔颗粒剂3～5kg，或10％克线灵颗粒剂1.0～1.5kg，定植前施入土壤，然后移栽定植幼苗，效果良好。

任务三　园艺植物虫害防治

9.3.1　园艺植物害虫的特性

9.3.1.1　害虫的繁殖

害虫的繁殖方式主要有三种，即两性生殖、孤雌生殖和卵胎生。经过雌雄两性交配，形成受精卵，排出体外，再发育成新个体的方式称为两性生殖。昆虫的卵不经过受精就能发育，称为孤雌生殖。昆虫的卵在母体内发育成幼虫后才产出体外，称为卵胎生。多数昆虫一生只以一种方式繁殖，有的昆虫则兼有几种繁殖方式。昆虫的繁殖力很强，通常一生可产卵几百至数千粒。

多样性的繁殖方式和强大的繁殖力，是昆虫的突出特性，利于昆虫能用少量的生活物质，在较短时间内大量繁殖后代，使它们更多地获得生存机会。

9.3.1.2　害虫的变态

害虫自卵至成虫性成熟为止，在外部形态和内部构造上要经过复杂的变化，形成几个不同的发育阶段，这种现象称为变态。昆虫分为不完全变态和完全变态两种基本类型。不完全变态的昆虫，一生只经过卵、幼虫、成虫三个发育时期，它的幼虫除体形较小、生殖器官和翅尚未充分发育外，其形态和生活习性与成虫基本相似，如蝗虫、叶蝉等。完全变态的昆虫，一生要经过卵、幼虫、蛹、成虫四个发育时期，它的幼虫无翅芽和复眼，有的腹部还有足，在形态上与成虫差异极大，其生活习性绝大多数也与成虫不同，如蝶蛾类、蜂类等。

9.3.1.3　害虫的习性

害虫的习性是它们在长期演化过程中形成的一种适应性特性，没有这些特性，害虫就不能生存。

（1）食性

食性是昆虫在长期演化过程中所形成的对食物的选择。害虫的食性有三类：只取食一种植物的叫单食性，如水稻三化螟等；能取食一个科或旁及近缘科植物的叫寡食性，如菜粉蝶等；能取食亲缘关系较远的多种植物的叫多食性，如棉铃虫等。害虫也有分为植食性、肉食性和腐食性三类。了解害虫的食性，便可以通过合理调整种植制度和植物布局，来减轻和控制它们的危害。

（2）趋性

趋性是昆虫受到外界某种刺激后所表现的反应运动。趋向刺激物来源称正趋性；避开刺激物来源称负趋性。害虫的主要趋性有趋热性、趋光性和趋化性等。利用害虫的不同趋性，应用于防治工作，如采取灯诱法防治夜出性扑灯害虫；应用引诱剂或驱避剂防治趋化性害虫等。

（3）假死性

某些昆虫受到惊动后会立即跌落，呈假死状态，这称为假死性，目的是为避敌，在防治上可利用振落法加以捕杀。

（4）迁飞

某些昆虫在一定季节和特定的生长发育阶段，有规律地长距离迁移飞行的行为。迁飞性昆虫大多是农业上的重要害虫，对这类害虫，必须摸清它们的迁飞规律，才能有效地进行预测和防治。

（5）休眠

昆虫在生长发育的特定阶段或受到不良环境的影响，会出现生长和繁育暂时停止的现象，称之为休眠。休眠一般发生在冬季或夏季，故称为越夏或越冬。各种昆虫都有相对稳定的休眠场所。据此，可采取相应的防治措施。

9.3.2　害虫综合防治

园艺害虫的防治不是彻底消灭所有害虫，而是通过各种有效措施把害虫危害造成的经济损失控制在经济损失水平之下，使园艺生产获得最大的经济、生态和社会效益。害虫危害能否造成显著的经济损失与寄主植物、园艺害虫和环境条件三者密切相关。因此，园艺害虫综合治理需要同时从以上三个方面入手，综合运用农业防治、生物防治、物理防治和化学防治等各种防治手段，控制园艺生态系统中生物群落的物种组成、害虫的种群数量和害虫的危害程度。

9.3.2.1　园艺技术防治

园艺技术防治指利用园艺生产过程中各种技术措施和植物生长发育的各个环

节,有目的地创造有利于植物生长发育的特定生态条件、不利于害虫生长繁殖的条件,以控制和减少害虫对植物生长造成的危害。

(1) 合理安排植物布局和播种日期

合理安排植物布局,避免相邻田块种植同种害虫的嗜食植物,可以在空间上阻止害虫扩散蔓延、交叉侵染,并能充分利用害虫的天敌资源。如在蒜地周围不种葱、韭菜、洋葱等其他寄主植物,或在适宜根蛆发生的低湿地带种植小麦或辣椒,能有效地减少葱蝇和种蝇的发生。在栗园附近不种栗属或栋类植物,消灭栗大蚜的过渡寄主,能减轻来年蚜害。此外,在非寄主植物的行间种植害虫嗜食植物,吸引目标害虫,然后用杀虫剂集中消灭诱虫植物上的害虫。如利用芥菜作诱虫作物诱捕小菜蛾,可以大大减轻甘蓝类蔬菜的小菜蛾危害程度。合理安排播种日期可将植物的敏感生长期和害虫的发生危害期错开,在时间上降低害虫侵染机会。如调节大豆播种期,使其结荚期避开豆荚螟的产卵盛期,能减轻豆荚螟对大豆的危害。

(2) 实行轮作与间作

合理轮作可以破坏害虫的寄主桥梁,使某些害虫失去转寄主,从而恶化其生存环境,使其种群数量大幅度下降。合理的间作与套作不仅能改变田间小气候,增强植株的抗病虫能力,同时还能较好地发挥天敌的控制作用和某些作物的驱虫作用。如辣椒地里套种苋菜或空心菜,可避免地老虎的危害,在温室中,每隔一定距离点种蒜苗,对白粉虱、蚜虫有驱避作用。蔬菜轮作时,前后茬选用亲缘关系较远的菜种,可起到恶化单食性和寡食性害虫营养条件的作用。

(3) 合理施肥

葱蝇和金龟子幼虫均是腐食性昆虫,未充分腐熟的粪肥常常诱引葱蝇、金龟子成虫产卵。因此,在种植大葱、大蒜等植物时,使用粪肥必须充分腐熟,并避免撒在地表上。对于大多数植物来讲,植株嫩绿,行间郁闭,可诱发蚜虫、红蜘蛛、茶黄螨等。在有机肥比较充足的田块,若缺少水分,则易遭受种蝇、葱蝇的危害。因此,根据不同园艺作物对肥料的需求,合理施肥浇水,注意氮、磷、钾的适当配合,是防治虫害的有效措施。

(4) 清洁田园

翻耕灭虫、清除农作物的残留物、破坏害虫繁殖和越冬的场所,是控制害虫危害的重要措施。蔬菜采收后,遗留于田间的残株败叶是多种害虫如白粉虱、茶黄螨、蚜虫、棉铃虫、斑潜蝇、甜菜叶蛾和斜纹夜蛾等繁殖的主要场所,应及时清除以减少田间虫口数量。翻耕可以深埋农作物残留物、自生苗和杂草,破坏害虫的隐藏场所;深耕还可以把害虫埋到很深的土中,使其窒息死亡。如大豆食心虫喜在表土0~3cm处化蛹,及时翻耕可降低该虫羽化率。此外,深耕土地还可将有机质迅速埋到土内并改良土壤理化性状。

（5）选育抗虫品种

作物的抗虫性是指作物以各种机制防卫昆虫侵害的能力。植物的抗虫性可表现为抗选择性、抗生性和耐害性三个方面。植物的抗选择性是指植物不具备引诱昆虫产卵或刺激昆虫取食的特殊物理和化学性状，或者昆虫的发育期与植物生长期不适应而不被危害的属性。植物的抗生性是指植物不能全面满足昆虫营养上的需求或含有对昆虫有毒的物质，或缺少一些对昆虫发育必不可少的特殊物质，昆虫取食后发育不良，生殖力减弱，甚至死亡。植物抗生性是植物的主要抗虫机制。耐害性是指植物被害虫取食后具有很强的补偿能力，受害后植物仍长势旺盛或受害组织再生，从而抵消虫害造成的损失。

9.3.2.2　生物防治

生物防治就是利用生物及其产物控制虫害。从保护生态环境和可持续发展的角度讲，生物防治是最好的害虫防治方法之一。

（1）合理利用天敌昆虫

利用赤眼蜂防治棉铃虫、菜青虫等，利用丽蚜小蜂防治温室白粉虱，利用烟蚜茧蜂防治桃蚜、棉蚜等。此外，还可运用植物源诱虫产卵，人工杀灭。如芋芳是斜纹夜蛾最早、最喜欢产卵的植物，种植芋芳诱集斜纹夜蛾产卵，然后及时检查，灭杀卵块或幼虫，可降低第三代田间虫口密度。

（2）应用生物农药防治害虫

目前所应用的生物农药有微生物农药、农用抗生素和植物源农药三类。用苏云金杆菌（Bt）防治菜青虫、小菜蛾等。植物源农药有百草一号、苦参碱、烟碱等，防治青虫、小菜蛾、蚜虫、粉虱、红蜘蛛等效果比较明显。

（3）线虫和昆虫原生动物的利用

有些线虫能从害虫自然孔口或表皮钻入害虫体内，释放所携带的共生细菌，此后线虫与细菌同时以害虫组织为食料增殖，产生毒素，杀死寄主害虫。比较重要的类群有索科线虫、斯氏线虫、异小杆线虫等。

9.3.2.3　化学防治

化学防治是指应用化学农药来防治害虫，在害虫综合防治中占有重要的地位。化学防治具有高效、快速的优点。但其不足之处是显而易见的：长期使用化学农药会造成害虫产生抗药性；选择性较差的杀虫剂在杀死害虫的同时也消灭了其天敌昆虫；残留农药造成食品污染和环境污染。

杀虫剂按化学成分可分为无机杀虫剂和有机杀虫剂，有机杀虫剂按其来源又可分为天然有机杀虫剂和人工合成有机杀虫剂。杀虫剂按作用方式可分为胃毒剂、触杀剂、内吸剂、熏蒸剂、驱避剂、拒食剂、不育剂、昆虫生长调节剂和性引诱剂。

9.3.2.4 物理防治

物理防治是采用物理或人工的方法驱赶、诱杀害虫的一种方法。物理防治见效快、投入小,可作为害虫大量发生时的一种应急措施,对于已产生抗药性的害虫来说是一种有效的手段。

(1) 高温杀虫

高温杀虫是通过覆盖塑料薄膜来提高土壤温度,杀灭害虫的方法。选择晴朗高温的天气,结合深耕翻地,然后盖膜增温能防治多种地下害虫。根据棕黄蓟马对温差反应敏感的特性,冬季在蔬菜定植前半个月左右,盖膜密封 10d,当土壤中蓟马基本羽化出土时,夜间揭膜进行通风降温,经过几次温差处理,可将土壤中 90% 的蓟马消灭。

(2) 人工防治

人工防治是通过采取掘沟、挂袋、人工除虫除卵、清除虫害枝叶和人工隔离害虫等方法防止害虫入侵,破坏害虫栖息场所或直接杀死害虫。如利用防虫网可以阻止菜青虫、小菜蛾、蚜虫、斜纹夜蛾、甜菜夜蛾和甘蓝夜蛾等多种害虫的入侵和传毒。在苹果、梨等果实发育期挂袋,不仅可以改善果实外观,还能有效防止病虫侵染和农药污染。

(3) 诱杀害虫

诱杀法是利用害虫的趋性,辅以一定的物理装置、化学药剂或人工处理来防治害虫。利用害虫趋光性,采用黑光灯、频振式杀虫灯结合水坑,或高压电网诱杀害虫。如黑光灯能引诱多种鳞翅目和鞘翅目害虫;采用黄色粘胶板诱杀蚜虫、粉虱、飞虱;采用铺银灰色薄膜的方法来趋避蚜虫;配制糖醋液可以诱杀小地老虎和黏虫的成虫;利用性诱剂灭虫,防治小菜蛾一般于 4 月中旬~11 月,防治甜菜夜蛾与斜纹夜蛾一般于 6~11 月。具体方法是:将性诱剂 8 个左右用铁丝串成串,然后置于盛有水的塑料盆上,水中加入适量的洗衣粉;相距 15m 左右放一个,每半个月左右添加洗衣粉 1 次。

(4) 辐射杀虫

辐射法是利用 γ 射线、X 射线、紫外线、红外线、超声波等电磁辐射直接杀灭害虫或导致其不育。利用放射性同位素衰变产生的 α 射线、β 射线、γ 射线、X 射线处理害虫,可以造成害虫雌性或雄性不育。通过人工释放大量的不育雄虫,英国、日本等国在一些岛屿上消灭了地中海实蝇和柑橘小实蝇。

练习与思考

1. 简述植物病虫害的调查流程。
2. 园艺植物细菌性病害有什么症状?
3. 园艺植物真菌性病害有什么症状?
4. 园艺植物病毒性病害有什么症状?
5. 如何防治园艺植物病害?
6. 园艺植物根结性虫病有什么症状? 如何防治?
7. 园艺植物害虫有什么特性? 如何防治?

项目十　园艺产品采收技术与市场营销

学习目标：

　　本项目介绍了园艺产品决定采收时期的依据,主要的采收方法,采收后分级、预冷、涂膜、包装、贮藏、运输方法以及市场流通和产品营销策略。要求掌握如何确定园艺产品的采收期,熟悉园艺产品的采后商品化处理过程,了解市场营销的基本方法。

任务一　园艺产品的采收

10.1.1　采收时期

采收是园艺生产的最后一个环节,也是贮藏加工开始的环节。园艺产品采收成熟度与其产量、品质有着密切的关系。采收过早,不仅产品的大小和重量达不到标准,而且风味、品质和色泽也不好;采收过晚,产品已经成熟衰老产量下降,不耐贮藏和运输。在确定园艺产品的采收成熟度、采收时间和方法时,应该考虑园艺产品的采后用途,产品本身的特点、贮藏时间的长短、贮藏方法和设备条件、运输距离的远近、销售期长短和产品的类型等。

10.1.1.1　果实成熟度

对于以果实为食用器官的园艺产品,常用采收成熟度一般可分为三种:

(1) 可采成熟度

又分为绿熟和坚熟。绿熟的特征是果实已充分成长,但尚未着色,果肉硬,缺乏风味、香气,适于需贮藏和远运的品种,如香蕉;坚熟的特征是果实固有色泽、风味和香气已有部分表现,但肉质致密,适于加工品种、需贮藏和运输的品种。

(2) 食用成熟度

食用成熟度的特征是果实充分成熟,显示出固有果形、色泽、风味和香气,肉质适度变软,适于鲜食、制汁和制酱品种。对于鲜食品种,此时采收货架期短,不宜长途贩运。

（3）生理成熟度

生理成熟度的特征是果实松软，其化学成分趋向分解、味淡、品质差，但种子充分成熟，适于采种繁殖和食用种仁的品种，如板栗、核桃、银杏等。

10.1.1.2 鉴别园艺产品成熟度的依据

（1）表面色泽

园艺产品在成熟过程中，表面色泽会发生明显变化。大多数情况下，成熟度与产品固有颜色的浓度成正相关。生产上大多根据果实表面色泽的变化确定采收期。如柑橘成熟后表现红色或橙黄色，苹果表现出红色或黄色。需长途运销的番茄应在果实由绿变白时采收，立即上市的应在半红果时采收，加工的应在全红果时采收。青椒应在果实深绿色时采收，茄子应在表皮黑紫色时采收。虽然表面色泽能反映园艺产品的成熟度，但在很大程度上表面色泽受光照影响，所以判断果实成熟度不能仅凭表面色泽。

（2）硬度

果实硬度是指果肉抗压力的强弱，抗压力越强，果实硬度越大；反之，抗压力越弱，果实硬度越小。随着果实成熟度的提高，果实硬度随之减小。果实硬度可以用手感觉，也可用硬度计测定。依产品器官种类、用途不同，采收硬度指标也不同。如辽宁的国光和烟台的青香蕉苹果，硬度约 19 磅时采收；四川的金冠苹果，硬度约 15 磅时采收。硬度指标，简单易行，但准确度不高，因为不同年份同一成熟度的果肉硬度可能不同。此外，取样时果实所处的生理状态、硬度计插入果实的速度，均会影响果实硬度的测定，不同仪器、不同操作者测定的数据也可能不一样。

（3）生长期

在正常气候条件下，园艺作物生长一定的时间才能采收。多年生果树是计算从盛花期到果实成熟的天数。如山东济南的金帅苹果生长期为 145 d 左右，红星苹果 147 d，青香蕉苹果 150 d，国光苹果 160 d。北京露地春栽番茄，4 月 20 日左右定植，6 月下旬采收；大白菜立秋前播种，立冬前采收。发育阶段在夏季的切花，宜早采切；在冬季的宜晚些，以保证采后正常发育，如康乃馨、月季和菊花等。

（4）主要化学物质含量与变化

园艺产品在成熟过程中，某些化学物质如糖、酸、可溶性固形物含量及淀粉含量均发生不同程度的变化，可据其确定采收标准。如豌豆、豆薯、菜豆等以食用幼嫩组织为主的，以糖多、淀粉少时采收为佳；而马铃薯、芋芳等以变为粉质时采收为佳。总可溶性固形物中主要是糖分，还包含有其他可溶性固形物，在生产和科学试验中常用总可溶性固形物的含量来判定果实成熟度，或以可溶性固形物与总酸之比（即糖酸比）作为采收果实的依据。如四川甜橙在固酸比为 10∶1 左右时采收，苹果在固酸比为 30∶1 时采收最佳。苹果果实成熟过程中淀粉转化为糖,利用果实切面碘染色法可以判断淀粉转化的程度,从而确定适宜的采收期,这一技术在日本已经应用于生产多年。

（5）园艺植物生长状态

鳞茎、块茎为产品的蔬菜,如大蒜、洋葱、马铃薯、芋艿、山药和鲜姜等,应在地上部开始枯黄时采收;莴笋应在茎顶与最高叶片尖端相平时采收;香石竹应在外瓣与颧筒垂直时采收;鹤望兰、菊花、康乃馨、月季、唐菖蒲、金鱼草和翠菊等一般在花蕾紧实阶段采切,而大丽花和热带兰应在花朵充分开放后采切。

（6）果实脱落难易程度

核果类和仁果类果实成熟时,果柄和果枝间易形成离层。有些果实离层的形成比成熟期迟,也有一些果实因受环境因素的影响而提早形成离层,对于这些种类产品不宜将果实脱落难易程度作为成熟度的标志。

（7）其他依据

除上述外,还可根据其他指标判断成熟度。如香蕉用横切面观察果实的饱满情况,切面愈圆愈饱满表明成熟度愈高。南瓜、冬瓜等蔬菜如需长期贮藏,则应充分成熟后采收。南瓜在果皮出现白粉并硬化时采收,冬瓜在果皮上茸毛消失、出现蜡质的白粉时采收。

生产上成熟度的判别往往并不是根据单一的指标,因为这些指标不是固定不变的,常常受到多种因素的影响。一般根据不同种类、品种及其生物学特性、生长情况,以及气候条件、栽培管理等因素综合考虑。同时,还要从调节市场供应、贮藏、运输和加工需要、劳力安排等多方面确定适宜采收期。

10.1.2 采收方法

10.1.2.1 人工采收

用手摘、采、拔,用采果剪割、用刀割、切,用锹挖等方法都是人工采收的方法。人工采收是目前园艺产品采收的主要方法。采收过程中应防止机械伤害,如指甲伤、碰伤、擦伤和压伤等。

伤口会诱发乙烯产生和导致有害微生物侵入而降低果实的耐贮运性。因此,采收时需轻拿轻放,尽量减少转换筐的次数。在供采收用的筐或箱内部垫蒲包或麻袋片等软物。还要防止折断果枝、碰掉花芽和叶芽,以免影响次年产量。

仁果类和核果类果实的果梗与短果枝间易产生离层,可以手工采摘。采摘苹果果实时,先用手托住果实,并将指头顶在果柄与果台的结合部,然后手腕向一侧运动,即可使果柄与果台分离。桃果实采摘时,用手抓住果实,然后将果实向上一托并拧转果实即可。注意防止果柄掉落,因无果柄的果实,不仅果品等级下降,而且也不耐贮藏。果柄与果枝结合较牢固的种类(如葡萄),可用采果剪剪取。板栗、核桃等干果,可用木杆由内沿外顺枝打落,然后捡拾。

切花采收时要求刀口锋利,剪口光滑,避免压破茎部,引起含糖汁液渗出,从而诱发微生物侵染和引起花茎阻塞。切口最好为斜面,以增加花茎吸水面积,这对只能通过切口吸水的木质茎类切花尤为重要。对于花茎基部木质化程度过高的木本切花,切割过低会导致茎部吸水能力下降而缩短切花寿命,切割部位应选择靠近基部而花茎木质化程度适宜的地方。

地下根茎菜类采收一般采用锹或锄挖,有时也用犁翻,但需深挖,否则伤及根部,如胡萝卜、萝卜、马铃薯、芋艿、山药、大蒜、洋葱等。山药通常有很多小块根,采收时将大块根在根与藤连接处割断取出,而让小块根继续生长。有些蔬菜采用刀割,可依生产情况每天或每2～3d收割一次,如石刁柏、甘蓝、大白菜、芹菜、西瓜和甜瓜等。石刁柏宜早晨采收以保证品质;甘蓝、大白菜收割时留2～3片叶作为衬垫;芹菜收割时要注意叶柄应与基部连接。瓜果类蔬菜,如菜豆、豌豆、黄瓜和番茄等徒手采摘。南瓜、西瓜和甜瓜通常清早采收,采收时保留一定长度的段茎以保护果实。

10.1.2.2 机械采收

机械采收可节省劳动力,提高效率,但其最大缺点是机械损伤较严重,且通常只能进行一次性采收,主要适用于那些果实在成熟时果梗与果枝形成离层的种类。机械采收主要有以下几种方法:

(1) 振动法

此法适用于加工果品的采收。将振动器的"手柄"夹住树干,树下设有收集器,通过振动使果实脱落,并用滚筒将收集器上的果实集中到果箱。为便于机械采收,现广泛应用植物生长调节剂,如乙烯利等,以促进果柄松动。如枣在采收前5～7 d,全树喷布一次乙烯利200～300 mg/L,3～5d后果柄离层细胞逐渐解体,只留下维管束组织,因而轻轻摇晃树枝果实即能全部脱落,可提高采收效率。

(2) 台式机械

台式机械国外应用较多。此法是使人站在一些可升降的机械平台上,方便靠近果实和采收。

(3) 地面拾取

用机械将脱落于地面的果实拾起,适用于核桃、巴旦杏、山核桃和榛子等有坚硬果壳的园艺植物。

任务二 园艺产品商品化处理

10.2.1 预冷

园艺产品预冷是指将采后的产品尽快冷却到适宜贮运的低温的措施。预冷的目的是在运输或贮藏前使产品尽快冷凉。预冷可以降低产品的生理活性,减少营养损失和水分损失,并保持其硬度。预冷能延长产品贮藏寿命、改善贮后品质、减少贮藏病害和提高经济效益。

预冷的方法有多种,一般分为自然预冷和人工预冷。人工预冷中有接触冰预冷、风冷、水冷和真空预冷等方式。

(1) 自然预冷

自然预冷就是将产品放在阴凉、通风的地方使其自然冷却。例如,我国的北方和西北高原地区在用地沟、窑洞、棚窖和通风库贮藏的产品在采收后放在阴冷处,夜间袒露,白天遮荫,使之自然冷却,然后入贮。这种方法简单,成本低,但降温慢,效果差。

(2) 接触冰预冷

接触冰预冷是以天然冰或人造冰为冷媒,直接接触产品,降低产品携带的热量。适用于花椰菜、甜玉米、芹菜、胡萝卜等的预冷。

(3) 风冷

风冷是使空气迅速流经产品周围使产品冷却的方法。风冷可以在低温贮藏库进行。这种方式适用于任何蔬菜产品,预冷后可以不搬运,原库贮藏。但该方式冷却较慢,短时间内不易冷却均匀。

(3) 水冷和真空预冷

水冷是将产品接触流动的冷水使之冷却。方式有两种:使用隧道形的水冷器和将果箱浸入水槽。

真空预冷是将产品放在真空预冷机的气密真空罐内降压,使产品表层水分在低压下汽化,由于水在汽化蒸发中吸热而使产品冷却。

10.2.2 分级

园艺产品采收以后,产品应该立即进行分级。分级的主要目的是使园艺产品商品化。

10.2.2.1 分级方法

（1）人工分级法

先人工挑选，再用分级板按果实横径分出各级果实。分级板为长方形，上有直径不同的圆孔，根据各品种果实大小，决定最小和最大孔径，顺次每孔直径递增5 mm。

（2）机械分级法

分级机械根据果径大小或果实重量选果。

① 果实大小分级机。果实大小分级机是果径大小分级的机械。机械先分出小果，最后分出最大的果实。宽皮柑橘分级用的选果机，根据旋转摇动的类别分为滚动式、传动带式和链条传送带式三种。果实大小分级机有构造简单、选果效率高等优点。

② 果实重量分级机。现在使用的重量分级机按其衡重的原理分为摆杆秤式及弹簧秤式两种，一般用于梨、柠檬、芒果、苹果等果形不正的果品上。

③ 光电分级机。这是目前最先进的分级设备。应用光电分级机，对柑橘、苹果等果实进行分级，主要在世界先进的果品生产国家应用。

10.2.2.2 分级标准

水果分级标准因种类品种而异。我国目前的做法是，在果形、新鲜度、颜色、品质、病虫害和机械伤等方面已符合要求的基础上，再按大小进行分级，即根据果实横径最大部分直径，分为若干等级。如我国出口的红星苹果，山东、河北两省的分级标准为，直径 65~90mm 的苹果每相差 5mm 为 1 个等级，共分为 5 等；河南省的分级标准为直径 60~85mm 的苹果，每差 5mm 为 1 个等级，共分 5 等。而国外也有应用光电分级机，对柑橘果实的大小进行分级的。

蔬菜由于食用部分不同，成熟标准不一致，所以很难有一个固定统一的分级标准，只能按照对各种蔬菜品质的要求制定个别的标准。蔬菜分级通常根据坚实度、清洁度、大小、重量、颜色、形状、鲜嫩度，以及病虫感染和机械伤等分级，一般分为三个等级，即特级、1 级和 2 级。特级品质最好，具有本品种的典型形状和色泽，不存在影响组织和风味的内部缺点，大小一致，产品在包装内排列整齐，在数量或重量上允许有 5％的误差。1 级产品与特级产品有同样的品质，允许在色泽上略有差别、外表稍有斑点，但不影响外观和品质，产品不需要整齐地排列在包装箱内，可允许 10％的误差。2 级产品可以呈现某些内部和外部缺点，价格低廉，采后适于就地销售或短距离运输。

10.2.3　包装

良好的包装可以保证产品的运输安全和贮藏,减少产品间的摩擦、碰撞和挤压造成的机械伤,防止产品受到尘土和微生物等不利因素的污染,减少病虫害的蔓延和水分蒸发,缓冲外界温度剧烈变化引起的产品损失。包装可以使水果和蔬菜在流通中保持良好的稳定性,提高商品率和卫生质量。

10.2.3.1　包装容器

包装容器应该具有保护性,在装卸、运输和堆码过程中有足够的机械强度,具有一定的通透性,利于产品散热及气体交换;具有一定的防潮性,防止吸水变形,从而避免包装的机械强度降低引起的产品腐烂。包装容器还应该具有清洁、无污染、无异味、无有害化学物质、内壁光滑、卫生、美观、重量轻、成本低、便于取材、易于回收及处理等特点,并在包装外面注明商标、品名、等级、重量、产地、特定标志、包装日期及保存条件。

10.2.3.2　包装容器的规格

最早的包装容器多用植物材料做成,尺寸由小到大,便于人或牲畜、车辆运输。随着科学的发展,包装材料和形式越来越多样化。包装容器的种类、材料、特点、适用范围见表 10.1。

表 10.1　包装容器种类、材料及适用范围

种类	材料	适用范围
塑料箱	高密度聚乙烯	任何果蔬
	聚苯乙烯	高档果蔬
纸箱	板纸	果蔬
钙塑箱	聚乙烯、碳酸钙	果蔬
板条箱	木板条	果蔬
筐	竹子、荆条	任何果蔬
加固竹筐	筐体竹皮、筐盖木板	任何果蔬
网、袋	天然纤维或合成纤维	不易擦伤、含水量少的果蔬

10.2.3.3　包装的方法

包装应在冷凉的环境下进行,避免风吹、日晒、雨淋。水果和蔬菜在包装容器内应该有一定的排列形式,防止它们在容器内滚动和相互碰撞,能使产品通风透气,并充分利用容器的空间。根据水果和蔬菜特点可采取定位包装、散装和捆扎后包装,包装量要适度,防止过满或过少而造成损伤。不耐压的水果和蔬菜包装时,包装容器内应加支撑物或衬垫物,减少产品的震动和碰撞。易失水的产品应在包装容器内加塑料衬。包装加包装物的重量应根据产品种类、搬运和操作方式而定,一般不超过(20%±5%)kg。果蔬进行包装和装卸时应轻拿轻放,避免机械损伤。

由于各种水果和蔬菜抗机械伤的能力不同,为了避免上部产品将下面的产品压伤,下列水果和蔬菜的最大装箱深度为:苹果 60cm,洋葱 100cm,甘蓝 100cm,梨 60cm,胡萝卜 75cm,马铃薯 100cm,柑橘 35cm,番茄 40cm。

10.2.4　涂膜

涂膜也称打蜡,是用蜡液或胶体物质涂在某些果蔬产品表面使其保鲜的技术。

涂膜处理可在果实表面表成一层薄而均匀的透明被膜,可抑制果实的呼吸作用和水分蒸散,从而减少营养物质的消耗,延缓果实萎蔫和衰老;可减少病菌的侵染;可增进产品表面光泽,改善外观,提高商品价值。

10.2.4.1　涂料的种类和应用

目前应用的大多数蜡涂料都以石蜡和巴西棕榈蜡混合作为基础原料。石蜡可以很好地控制失水,而巴西棕榈蜡能使果实产生诱人的光泽。近年来,逐渐应用含有聚乙烯、合成树脂物质、乳化剂和润湿剂的蜡涂料,它们常作为杀菌剂的载体或作为防止果实衰老、生理失调和发芽抑制剂的载体。

使用涂料的注意事项:涂膜应厚薄均匀、适当;涂料本身必须安全无毒,无损人体健康;成本低廉,使用方法简便,材料易得,便于推广;只能在短期贮藏、运输或上市前进行处理,以改善产品的外观。

10.2.4.2　涂料处理的方法

（1）浸涂法

将涂料配成一定浓度的溶液,把水果和蔬菜浸入溶液中,一定时间后取出晾干、包装、贮藏和运输。此法耗费蜡液多,不易掌握涂膜厚薄。

（2）刷涂法

用细软毛刷或用柔软的泡沫塑料蘸上涂料液在果实表面涂刷以形成均匀的涂料薄膜。

（3）喷涂法

水果和蔬菜清洗干燥后，喷涂一层均匀的薄层涂料。

10.2.5 贮藏

10.2.5.1 气调贮藏

气调贮藏，又叫"CA"贮藏，它是在冷藏的基础上，把果蔬放在特制的密封库房内，同时改变贮藏环境中的气体成分的一种贮藏方法。另外，还有一种叫做限气贮藏（或自发气调贮藏）的方法，此法又称"MA"贮藏。国内通常是把果实放在塑料薄膜袋（帐）内，通过果实自身呼吸或人为的办法改变袋（帐）内的气体成分的一种贮果方法，一般称为"简易气调"。

在果品贮藏中适当降低温度，减少氧气含量，提高二氧化碳浓度，可以大幅度降低园艺产品的呼吸强度，抑制乙烯的生成，延缓产品的衰老。气调贮藏就是根据这一原理来长期保存新鲜果品的。

气调贮藏的最大特点就是在适当降低温度的基础上，改变贮藏环境的气体成分，因此它具有许多其他贮藏方法无法比拟的优点，贮藏效果极佳。

气调贮藏在苹果、梨、猕猴桃等跃变型果实上应用效果极其明显，但对非跃变型的柑橘就效果不佳。因此，柑橘贮藏上多注重防腐，而很少考虑气调。另外，这一技术对气体控制要求很严，氧浓度过低或二氧化碳过高，都会引起果实风味和香气降低。

10.2.5.2 机械冷藏

园艺产品保鲜的机械冷藏也叫冷风库贮藏，它是在有良好隔热保温层的库房中装有制冷降温设备的一种贮藏方法。这种冷库一般由冷冻机房、贮藏库、缓冲间和包装场四部分组成。

机械冷藏的最大优点是可以创造最适宜的温度条件贮存园艺产品，既最大限度地抑制了果实的生理代谢过程，延长了贮藏寿命，又可防止因温度变化而引起的伤害。低温可抑制果品水分的蒸发，对保持果实的鲜度、减少水分损耗十分重要；冷藏还可抑制多种病菌的滋生繁殖，对降低腐烂率和保护果实具有良好的作用。

机械冷藏对苹果、梨、猕猴桃、板栗、葡萄、萝卜、蒜薹、大蒜等多种果蔬都表现出良好的贮藏效果。但在贮藏柑橘、香蕉、菠萝等南方水果时,就要特别注意库温的变化。这些果品的原产地气温较高,对温度变化比较敏感,因此对这些果实贮藏中的库温管理要特别谨慎。

机械冷藏的管理和注意事项:

① 果蔬冷藏,首先应挑选成熟度适宜、包装完整、无病虫害和无机械伤的优质产品入库贮藏。每天的入库量一般以库容的 10% 左右为宜。入库后的产品,在堆垛之间、堆垛与风机之间都应留出一定空间,以利空气流通,加快换热速度。一般果品以库容 150~180kg/m³ 为宜,多数蔬菜则低于 150kg/m³。

② 从采收到入库降温的时间长短对果蔬贮藏效果影响很大。一般冷藏果品均应在采后 24h 之内入库,并在入库后 3~5d 将果温(果心温度)降至该品种的最适贮温。

③ 相对湿度的控制。园艺产品冷藏一般要求相对湿度为 90%。由于冷风机不断结霜和化霜,致使库内相对湿度下降,无法达到产品对湿度的要求。解决的方法是在设计冷库时,加大热交换面积、缩小蒸发温度与库温差异(如不超过 2~3℃)。这样蒸发器可少结霜或不结霜,使库内保持较高的湿度。有条件时可在库内增设若干个加湿器。

④ 通风换气。冷库内贮藏的园艺产品,通过呼吸作用放出二氧化碳、乙烯、芳香气体等,当这些气体积累到一定浓度就会促进果实衰老,导致果实腐败。因此,必须进行通风换气。通风换气时间应在气温较低、库内外温差较小的早晨进行,雨天、雾天外界湿度过大,不宜通风换气。

机械贮藏的核心条件是温度控制,因此,确定园艺产品的适宜贮藏温度就显得特别重要。一般这一温度都选在冷害和冻害之上的临界值。果蔬和鲜花的贮藏温度见表 10.2、表 10.3。

表 10.2　果蔬冷藏最适温度、湿度和最长贮期

果蔬种类	温度(℃)	相对湿度(%)	贮藏期
苹果	0	95~100	5~9 个月
柑橘	2~15	90~95	2~6 个月
香蕉(绿色)	12~15	90~95	1~1.5 个月
梨	0	90~95	3~6 个月
葡萄	0~-1	90	2~4 个月
芒果	0~13	95	15~20d
猕猴桃	0~1	90~95	3~6 个月

（续表）

果蔬种类	温度(℃)	相对湿度(%)	贮藏期
桃	0~2	90~95	20~30 个月
柿子	0~−1	90~95	2~3 个月
荔枝	1~5	90~95	2~3 周
山楂	0~2	90~95	4~6 个月
樱桃	0~1	90~95	1~1.5 个月
菠萝	7	90~95	15~20 个月
板栗	0~4	90~95	4~5 个月
核桃(干)	0~5	50~60	1~2 个月
草莓	0~1	90~95	1 周
番茄(绿熟)	10~12	90~95	2~3 周
青椒	7~13	90~95	2~3 周
茄子	7~13	90~95	2~3 周
黄瓜	13	90~95	1~2 周
蒜薹	0	90~95	6~8 周
菜豆	7~10	90~95	2~3 周
豌豆	0	90~95	2~3 周
南瓜	10	50~70	2~3 周
西瓜	10~15	90	2~3 个月
甜瓜	2~5	95	2~3 周
白菜(甘蓝、孢子甘蓝)	0	90~100	3~6 周
芦笋	0~2	95~100	2~3 周
花椰菜(青花菜)	0	95~100	1~2 个月
莴笋	0~3	90~95	3~4 周
菠菜、芹菜、生菜	0	95~100	1 个月
洋葱	0	65~70	2~8 个月
马铃薯	0	90~95	3~7 个月
姜	13~15	90~95	3~6 个月

（续表）

果蔬种类	温度（℃）	相对湿度（%）	贮藏期
菊苣	0	95～100	2～3个月
芋头	7～10	90～95	3～5个月
胡萝卜	0	95～100	4～8个月
白萝卜	0	95～100	3～5个月

表 10.3　鲜花的贮藏温度

种类	温度（℃）	贮藏时间	最高结冰点（℃）
红苞芋	13.33	3～4d	
翠菊、海芋	4.4	1周	−0.9
金盏花、大丽花、紫罗兰	4.4	3～5d	
茶花	7.2	3～6d	−0.7
香石竹	0～2.2	3～4周	−0.7
菊花	0～1.7	3～6周	−0.8
水仙、小苍兰	0～0.6	10～21d	−0.11
栀子花	0～0.6	2～3周	−0.55
非洲菊	2	2周	
姜花	12.8	3～4周	
唐菖蒲	2～10	6～8d	−0.3
洋水仙	0～0.6	2周	−0.3
球茎鸢尾	0.55～0	2～4周	−0.78
兰花	7.0～10	2周	−0.3
福禄考、向阳红、樱草	4.4	1～2d	
月季	0	1～2周	−0.4
金鱼草	−0.55～0	3～4周	−0.89
香豌豆	−0.55～0	1～2周	−0.89
郁金香	−0.55～0	4～8周	

10.2.5.3　通风库贮藏

通风库贮藏是在有隔热层的库内利用昼夜温度差异,通过换气来保持一个比较适宜的贮藏条件的贮藏方法。它的基本特点与窑窖相似,但在建筑上与窑窖不同。

通风贮藏库是根据冷、热空气比重的差异,利用热空气上升,冷空气下降和产生气流的原理进行通风的。通风设备是通风库的重要设施,也是区别于其他贮藏方式的一种特殊建筑结构。它有较为完善的隔热设施和比较灵活的通风设备,操作较为方便。但通风库仍然要靠自然温度调节库温,因此在气温过高或过低的地区和季节,若不加其他辅助设施,仍然难以维持理想的温、湿条件。通风库贮藏与简易贮藏的区别在于:

① 通风库具有较完善的隔热和通风设备,可以人为地根据气温的高低对库温进行调节,以保持较适宜的贮藏温度。

② 通风库一般采用砖木石料建造,多是永久性的地上建筑,使用年限较长。

③ 通风库出入方便,可以随时进出园艺产品,便于检查和处理贮藏中的问题。

④ 通风库贮藏量大,适用范围较广,是自然温度冷却贮藏中较好的一种形式。南方的柑橘贮藏库,北方的苹果贮藏、中转库,大多属于这一类型。

10.2.5.4　简易贮藏

简易贮藏是指贮藏设施的结构简单、所需建造材料较少、建筑费用低廉、可充分利用当地气候条件的一种简单易行的贮藏方法。

简易贮藏须注意以下事项:

① 建造简易贮藏沟窖,必须首先搞清当地的地形和气候条件,只有在地下水位较低、自然冷源较多(如昼夜温差较大)的地区才能收到良好的效果。如华北地区及黄土高原一带比较适宜建造;而淮河流域及长江中下游广大平坦地带,建造比较困难。

② 贮藏对象通常应选择优质、晚熟的贮藏品种。

③ 精细管理是简易贮藏成败的关键。

④ 加强经营管理,及时出库销售。

⑤ 在简易贮藏比较集中的地区,最好有计划地建立一些果蔬加工厂,充分利用当地资源,搞好不宜鲜食果和残次果的综合作用,这样既可增加收入,又可减少环境污染。

任务三　园艺产品流通

园艺产品流通是指园艺产品作为商品,从生产者手中所经过以货币为媒介的交换过程。园艺产品流通包括流通机构、流通路线、流通信息和流通技术,其流通环节和路线因产品市场不同而异。园艺产品流通不是单个市场交换体系,而是错综复杂的交换体系。生产决定流通,流通促进生产,并保证园艺产品不断再生产。

10.3.1　*流通要求及效应*

10.3.1.1　**及时处理**

园艺产品在收获后的分选、包装、预冷等商品化处理技术对保证园艺产品的品质和提高园艺产品的流通水平起着关键的作用。世界上经济发达的国家都非常重视园艺产品采后商品化处理。如美国采后产值与采收时产值比为 3.7:1,日本则为 2.2:1。采后处理的切花要求更高。西欧的花卉拍卖行,明确要求某些花卉(如康乃馨)切花预先要用硫代硫酸银处理,检测的样品未用硫代硫酸银处理,整批切花不准进入拍卖市场。

10.3.1.2　**建立冷链系统**

绝大多数园艺产品均要求低温环境,即采收——→农协预冷库——→冷藏运输车——→批发市场冷库——→超市冷柜——→消费者冰箱。

10.3.1.3　**流通技术**

园艺产品经营中不重视采收、收购、贮运中温湿度和气体成分的调控,会造成极大损失。1998 年果品经销商将 340 箱新奇士橙从香港经深圳、广州运抵武汉冷库贮藏,春节后贮藏果腐烂达 50%以上。

10.3.2　*流通渠道*

流通渠道是指园艺产品从生产者到消费者手中的整个交换过程。流通渠道的选择是个复杂的过程,有效的选择应该以成本低、服务佳为标准,以进入目标市场费用少、路程短、环节少、时间短、速度快为原则。

10.3.2.1　园艺产品流通渠道结构

我国目前园艺产品流通渠道主要有两种结构,即国内流通渠道和国际销售渠道,见图 10.1、图 10.2。

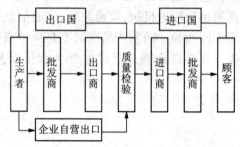

图 10.1　园艺产品国际销售渠道结构图

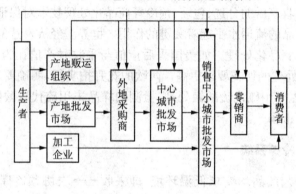

图 10.2　园艺产品国内流通渠道结构图

10.3.2.2　流通渠道的选择

(1) 直接性流通渠道

直接性流通渠道的特点是销售及时,投入市场迅速,损耗小,费用低,反馈信息快,适于易腐、生产量较小的园艺产品。

(2) 间接性流通渠道策略

① 普遍分布策略。生产者为了广泛地推销自己的商品,让消费者随时、随地买到,必须广泛地利用分销渠道。这种策略一般在批发商和零售商之间普遍采用,争取更多的批发商和零售商销售自己的商品。

② 专营性分布策略。生产者在特定的市场区域内,对其商品仅选择一家批发商或零售商销售。

③ 选择性分布策略。介于以上两种策略之间的策略,是生产者在市场流通渠道中,有选择地确定一部分批发商和零售商来经销自己的商品。

企业选择上述分销渠道策略后,还要衡量经销商的优劣。主要根据营销效能评核经销商,内容有:销售量增减情况;销售利润及发展趋势;推销本商品的态度(积极的、一般的或是附带的);经营多少种与本商品相竞争的商品,状况如何;定单数和平均定货量,以确定是经营本商品的"大户"还是"小户";服务质量,以评价对本商品销售的作用。

通过以上审核,决定加强哪些经销商,维持和淘汰哪些经销商,调整分销渠道。

10.3.3　园艺产品的运输

运输是流通过程中的一个重要环节,是联系生产与消费、供应与销售之间的纽带。运输过程中很容易造成损失,主要是由于运输工具不良、包装不善、装卸粗放和管理不当引起的。为减少运输损失,要求做到快装快运、轻装轻卸、低温运输。

10.3.3.1　调运前检疫

《中华人民共和国动植物检疫法》规定,所有跨区域运输的动、植物材料都必须进行检疫工作。园艺产品调运前,必须向有关部门申请检疫,如柑橘的黄龙病、溃疡病、裂皮病、小实蝇等。经检疫人员确认无检疫对象,办理好检疫手续才能起运。

10.3.3.2　运输环境条件

运输环境条件的调控是减少或避免园艺产品腐烂损失的重要环节。运输中需要考虑以下条件:

(1)震动

震动是运输条件中最为突出的基本条件。震动能直接造成园艺产品的物理性损伤,也可以发生由震动引起品质劣化的反应。以普通震动产生的加速度大小来计算震动的强度,可分为一级、二级、三级、四级等。运输中产品的震动加速度长时间达一级以上时,就产生物理损伤。公路运输震动较大,路面较差时以及小型机动车可产生 3~5 级的震动,高速公路、铁路、水路运输一般不会超过一级。但是,运输前后装卸、跌落等都能产生 10~20 级以上的撞击震动。

(2)温度

常温条件下园艺产品不宜作长途运输。低温运输时,厢内下部产品冷却比较迟,要注意堆码方式,改善冷气循环。

（3）湿度

产品进入包装箱后湿度很快达 95%，这对长时间运输的某些产品会产生损害，并使包装纸吸湿，强度下降，造成产品挤压。运输前应适当降低其湿度。

（4）气体

运输中空气成分变化不大，但运输工具和包装不同，也会产生一定的差异。密闭性好的设备和震动都能使乙烯和 CO_2 浓度增高。

10.3.3.3 运输要求

（1）快装快运

园艺产品采收后，其体内仍能进行新陈代谢，为了减少营养物质的消耗，采收后必须迅速装入运输设备。运输过程中的环境条件很难满足园艺产品的要求，气候变化很大，长途运输会造成颠簸，都会影响到园艺产品的质量。因此，应尽量缩短运输时间，迅速抵达目的地。

（2）轻装轻卸

装卸是引起腐烂、导致损失的一个主要环节。绝大部分水果含 80%～90% 水分，属于鲜嫩易腐性货物，在搬运、装卸中稍微碰压，就会造成破损，引起腐烂。因此装卸时，要做到轻装轻卸。

（3）防热防冻

温度过高，会加速呼吸作用，促进果实衰老；温度过低则会造成冷害或冻害；运输过程中温度波动太大也不利于园艺产品的运输。长距离和长时间运输要注意降温或防冻。现在冷藏卡车、加冰保温列车、机械保温车、冷藏轮船和控温调气的大集装箱等都配备了降温和防冻的装置。

10.3.3.4 运输工具及设备

（1）陆地运输

园艺产品的陆地运输分为公路运输和铁路运输。

① 公路运输。公路运输工具有畜力车、人力车、卡车和冷藏车。前三种工具是果品运输中不可缺少的主要力量，但不具备调温设备。冷藏车主要有保温车（无调温设备）和具有制冷设施的冷藏车两种，后者适宜于长途运输。公路运输装载要求稳固、紧凑，同时使包装箱之间有通气渠道。

② 铁路运输。铁路运输量大、速度快、费用低，适于国内国际长途运输。运输设备有普通车厢运输、冷藏列车运输和用于集装箱运输的铁道平车运输。目前，园艺产品运输主要是使用有控制温度设备的冰箱保温车和机械保温车两种。

（2）水路运输

水路运输工具包括小艇、木船和机械帆船等，也包括海、河上的大轮船。船艇运载量大，行驶平稳，震动小。

（3）空中运输

空运是以飞机上的空气调节系统来维持温度或用冷藏集装箱装运。

（4）集装箱运输

集装箱又称货柜或货箱，指结构牢固、强度大、能长期反复使用、箱内容积在 $1m^3$ 以上的容器，是目前最现代化的运输工具。集装箱种类很多，按所使用材料可以分为铝合金集装箱、钢制集装箱和玻璃钢集装箱；按结构可分为内柱式与外柱式集装箱、折叠式集装箱和薄壳式集装箱；按其使用可以分为干货类集装箱、保温类集装箱、框架集装箱和散货集装箱。

10.3.4 销售策略

销售策略是指在市场经济条件下，实现销售目标与任务而采取的一种销售行动方案。销售策略要针对市场变化和竞争对手，调整或变动销售方案的具体内容，以最少的销售费用，占领、扩大市场，取得较好的经济效益。

销售策略主要包括：市场细分策略、市场竞争策略、产品定价策略、进入市场策略及促销策略等。

10.3.4.1 市场细分策略

所谓市场细分，是指根据消费者的需要、购买动机和习惯爱好，把整个市场划分成若干个"子市场"（又称细分市场），然后选择某一个"子市场"作为自己的目标市场。例如，某企业生产商品盆景，国内外所有的盆景消费者是一个大市场。如果根据不同地区对盆景消费的要求来进行市场细分，可以分成欧洲市场、东南亚市场、美洲市场和国内市场等等。这个企业可选择其中一个作为目标市场。该目标也就是被选定作为销售活动目标的"子市场"。如该企业选定欧洲市场，那么它所提供的产品必须是能最大限度满足欧洲消费者需要的产品。选定目标市场应具备三个条件，一是拥有相当程度的购买力和足够的销售量；二是有较理想的、尚未满足的消费需求和潜在购买力；三是竞争对手尚未控制整个市场。根据这些要求，在市场细分的基础上，进行市场定位，然后使用一切办法占领所定位的目标市场。

10.3.4.2 市场占有策略

市场占有策略指企业和农户占有目标市场的途径、方式、方法和措施等一系列工作的总称。具体可考虑三种市场策略：一是市场渗透策略，即原有产品在市场上尽可能保持原用户和消费者，并通过提高产品质量，探索新的销售方式，加强售后服务等来争取新的消费者的策略。二是市场开拓策略，这是以原产品或改进了的产品来开拓新的市场，争取新的消费者的策略。这需要注意对园艺的科技成果的运用，适时开发新的品种，从产品品种的多样化、高品质等方面求得改进。三是经营多元化策略，即在尽力维持原有产品的同时，努力开发其他项目，实行多项目综合发展和多个目标市场相结合的策略，以占领和开拓更多的新市场。

10.3.4.3　市场竞争策略

市场竞争策略指企业和农户在市场竞争中，如何筹划战胜竞争对手的策略。主要有以下内容：

（1）靠创新取胜

如向市场投放新的产品，用新的销售方式、新的包装给消费者以新的感觉。

（2）靠优质取胜

新的产品形象、新的销售方式等都必须以优质为前提。产品与服务的质量好坏同竞争能力密切相关。参与市场竞争，必须在优质上下功夫。

（3）靠快速取胜

要对市场的变化作出灵敏的反应，要很快地抓住时机，以最短的渠道进入市场；要能根据市场需求的变化，快速地接受新知识、观念，快速开发新产品抢市场。

（4）靠价格取胜

消费者和用户都希望以较低的价格买到称心的产品。因此，企业和农户应尽可能降低产品成本和销售费用，使产品价格具有竞争优势。

（5）靠优势取胜

每个企业和农户各有自己的优势，要根据地理位置、气候条件、资金、技术及资源条件，使生产经营的项目能充分发挥自身的优势，在扬长避短中获得较好的效益。

10.3.4.4　产品定价策略

价格是市场营销组合的一个重要组成部分。任何一个企业要在激烈的竞争中取得成功，必须采用合适的定价方法，求得在市场中的主动地位。定价策略作为一种市场营销的战略性措施，国内外有许多成功企业的经验可供借鉴，如心理定价策略、地区定位策略、折扣与折让策略、新产品定价策略和产品组合定价策略等。在组织市场营销活动中，应以价格理论为指导，根据变化着的价格影响因素，灵活运用价格策略，合理制定产品价格，以取得较大的经济利益。

练习与思考

1. 以果实为例,园艺产品成熟度的主要指标是什么?
2. 园艺产品采收的方法有哪些?
3. 园艺产品预冷是指什么? 有什么作用? 预冷的方式有哪些?
4. 园艺产品采收后分级方法有哪几种?
5. 园艺产品包装有什么作用?
6. 园艺产品包装有哪些主要材料? 各自性能怎样?
7. 园艺产品涂膜有什么作用?
8. 园艺产品涂料处理方法有哪些? 注意事项是什么?
9. 园艺产品贮藏方式有哪些? 各自优缺点是什么?
10. 园艺产品流通是指什么? 有什么意义?
11. 园艺产品流通有什么要求?
12. 流通渠道含义是什么? 如何选择流通渠道?
13. 什么叫运输?
14. 运输环境条件有什么要求?
15. 运输方式有哪些?
16. 销售策略有哪几部分组成?
17. 选定目标市场应具备什么条件?
18. 什么叫市场占有策略? 应考虑哪几种市场策略?
19. 市场竞争策略内容包括哪几方面内容?
20. 如何进行产品的定价?

附录1 蔬菜园艺工国家职业标准

1. 职业概况

1.1 职业名称:蔬菜园艺工。

1.2 职业定义

从事菜田耕整、土壤改良、棚室修造、繁种育苗、栽培管理、产品收获、采后处理等生产活动的人员。

1.3 职业等级

本职业共设五个等级,分别为:初级(国家职业资格五级)、中级(国家职业资格四级)、高级(国家职业资格三级)、技师(国家职业资格二级)、高级技师(国家职业资格一级)。

1.4 职业环境

室内、外,常温。

1.5 职业能力特征

具有一定的学习能力、表达能力、计算能力、颜色辨别能力、空间感和实际操作能力,动作协调。

1.6 鉴定要求

1.6.1 适用对象

从事或准备从事本职业的人员。

1.6.2 申报条件

——初级(具备以下条件之一者)

(1) 经本职业初级正规培训达规定标准学时数,并取得结业证书。

(2) 在本职业连续工作1年以上。

——中级(具备以下条件之一者)。

(1) 取得本职业初级职业资格证书后,连续从事本职业工作2年以上,经本职业中级正规培训达规定标准学时数,并取得结业证书。

(2) 取得本职业初级职业资格证书后,连续从事本职业工作4年以上。

(3) 连续从事本职业工作5年以上。

(4) 取得主管部门审核认定的、以中级技能为培养目标的中等以上职业学校本职业(专业)毕业证书。

——高级(具备以下条件之一者)

(1) 取得本职业中级职业资格证书后,连续从事本职业工作2年以上,经本职业高级正规培训达规定标准学时数,并取得结业证书。

(2) 取得本职业中级职业资格证书后,连续从事本职业工作4年以上。

(3) 大专以上本专业或相关专业毕业生取得本职业中级职业资格证书后,连续从事本职业工作2年以上。

——技师(具备以下条件之一者)

(1) 取得本职业高级职业资格证书后,连续从事本职业工作5年以上,经本职业技师正规培训达规定标准学时数,并取得结业证书。

(2) 取得本职业高级职业资格证书后,连续从事本职业工作8年以上。

(3) 大专以上本专业或相关专业毕业生,取得本职业高级职业资格证书后,连续从事本职业工作2年以上。

——高级技师(具备以下条件之一者)

(1) 取得本职业技师职业资格证书后,连续从事本职业工作3年以上,经本职业高级技师正规培训达规定标准学时数,并取得结业证书。

(2) 取得本职业技师职业资格证书后,连续从事本职业工作5年以上。

1.6.3　鉴定方式

分为理论知识考试和技能操作。考核理论知识考试采用闭卷笔试方式,技能操作考核采用现场实际操作方式。理论知识考试和技能操作考核均采用百分制,成绩皆达60分及以上者为合格。技师、高级技师还需进行综合评审。

1.6.4　鉴定时间

理论知识考试时间与技能操作考核时间各为90分钟。

2. 基本要求

2.1　职业道德

2.1.1 职业道德基本知识

(1) 敬业爱岗,忠于职守

(2) 认真负责,实事求是

(3) 勤奋好学,精益求精

(4) 遵纪守法,诚信为本

(5) 规范操作,注意安全

2.2　基础知识

2.2.1　专业知识

(1) 土壤和肥料基础知识

(2) 农业气象常识

(3) 蔬菜栽培知识

(4) 蔬菜病虫草害防治基础知识

(5) 蔬菜采后处理基础知识

(6) 农业机械常识

2.2.2 安全知识

(1) 安全使用农药知识

(2) 安全用电知识

(3) 安全使用农机具知识

(4) 安全使用肥料知识

2.2.3 相关法律、法规知识

(1) 农业法的相关知识

(2) 农业技术推广法的相关知识

(3) 种子法的相关知识

(4) 国家和行业蔬菜产地环境、产品质量标准,以及生产技术规程

3. 工作要求

本标准对初级、中级、高级、技师和高级技师的技能要求依次递进,高级别涵盖低级别的要求。

3.1 初级

职业功能	工作内容	技能要求	相关知识
育苗	(一) 种子处理	1. 能够识别常见蔬菜的种子 2. 能进行常温浸种和温汤浸种 3. 能进行种子催芽	1. 种子识别知识 2. 浸种知识 3. 催芽知识
	(二) 营养土配制	1. 能按配方配制营养土 2. 能进行营养土消毒	1. 基质特性知识 2. 营养土消毒方法
	(三) 设施准备	1. 能准备育苗设施 2. 能进行育苗设施消毒	1. 育苗设施类型、结构知识 2. 消毒剂使用方法
	(四) 苗床准备	能准备苗床	苗床制作知识
	(五) 播种	能整平床土,浇足底水,适时、适量并适宜深度撒播、条播、点播或穴播,覆盖土及保温或降温材料	播种方式和方法

（续表）

职业功能	工作内容	技能要求	相关知识
育苗	（六）苗期管理	1. 能调节温度、湿度 2. 能调节光照 3. 能分苗和苗 4. 能炼苗 5. 能防治病虫草害	1. 分苗知识 2. 炼苗知识 3. 苗期施药方法
定植（直播）	（一）设施准备	1. 能准备栽培设施 2. 能进行栽培设施消毒	1. 栽培设施类型、结构知识 2. 消毒剂使用方法
	（二）整地	1. 能耕翻土壤 2. 能整平地块 3. 能开排灌沟	土壤结构知识
	（三）施基肥	能普施基肥，并结合深翻使土肥混匀，还能沟施基肥	1. 有机肥使用方法 2. 化肥使用方法
	（四）作畦	能作平畦、高畦或垄	栽培畦的类型、规格知识
	（五）移栽（播种）	能开沟或开穴，浇好移栽（播种）水，适时并适宜深度、密度移栽（播种）	1. 移栽（播种）密度知识 2. 移栽（播种）方法
田间管理	（一）环境调控	1. 能调节温度、湿度 2. 能调节光照 3. 能防治土壤盐渍化 4. 能通风换气，防止氨气、二氧化硫、一氧化碳有害气体中毒	环境调控方法
	（二）肥水管理	1. 能追肥，补充二氧化碳 2. 能给蔬菜浇水 3. 能进行叶面追肥	适时追肥、浇水知识
	（三）植株调整	1. 能插架绑蔓（吊蔓） 2. 能摘心、打杈、摘除老叶和病叶 3. 能保花保果、疏花疏果	植株调整方法
	（四）病虫草害防治	能防治病虫草害	施药方法
	（五）采收	能按蔬菜外观质量标准采收	采收方法
	（六）清洁田园	能清理植株残体和杂物	田园清洁方法

职业功能	工作内容	技能要求	相关知识
采后处理	（一）质量检测	能按标准判定产品外观质量	产品外观特性知识
	（二）整理	能按蔬菜外观质量标准整理产品	蔬菜整理方法
	（三）清洗	1. 能清洗产品 2. 能控水	蔬菜清洗方法
	（四）分级	能按蔬菜外观质量标准对产品分级	蔬菜分级方法
	（五）包装	能包装产品	蔬菜包装方法

3.2 中级

职业功能	工作内容	技能要求	相关知识
育苗	（一）种子处理	1. 能根据作物种子特性确定温汤浸种的温度、时间和方法 2. 能根据作物种子特性确定催芽的温度、时间和方法 3. 能进行开水烫种和药剂处理 4. 能采用干热法处理种子	1. 开水烫种知识 2. 种子药剂处理知识 3. 种子干热处理知识
	（二）营养土配制	1. 能根据蔬菜作物的生理性特性确定配制营养土的材料及配方 2. 能确定营养土消毒药剂	1. 营养土特性知识 2. 基质和有机肥病虫源知识 3. 农药知识 4. 肥料特性知识
	（三）设施准备	1. 能确定育苗设施的类型和结构参数 2. 能确定育苗设施消毒所使用的药剂	1. 育苗设施性能、应用知识 2. 育苗设施病虫源知识
	（四）苗床准备	能计算苗床面积	苗床面积知识

（续表）

职业功能	工作内容	技能要求	相关知识
育苗	（五）播种	1. 能确定播种期 2. 能计算播种量	1. 播种量知识 2. 播种期知识
	（六）苗期管理	1. 能针对栽培作物的苗期生育特性确定温、湿度管理措施 2. 能针对栽培作物的苗期生育特性确定光照管理措施 3. 能确定分苗，调整位置、时期 4. 能确定炼苗时期和管理措施 5. 能确定病虫防治药剂	1. 壮苗标准知识 2. 苗期温度管理知识 3. 苗期水分管理知识 4. 苗期光照管理知识
定植（直播）	（一）设施准备	1. 能确定栽培设施类型和结构参数 2. 能确定栽培设施消毒所使用的药剂	1. 栽培设施性能、应用知识 2. 栽培设施病虫源知识
	（二）整地	1. 能确定土壤耕翻适期和深度 2. 能确定排灌沟布局和规格	1. 地下水位知识 2. 降雨量知识
	（三）施基肥	能确定基肥施用种类和数量	1. 蔬菜对营养元素的需要量知识 2. 土壤肥力知识 3. 肥料利用率知识
	（四）作畦	能确定栽培畦的类型、规格及方向	栽培畦特点知识
	（五）移栽（播种）	1. 能确定移栽（播种）日期 2. 能确定移栽（播种）密度 3. 能确定移栽（播种）方法	1. 适时移栽（直播）知识 2. 合理密植知识
田间管理	（一）环境调控	1. 能确定温、湿度管理措施 2. 能确定光照管理措施 3. 能确定土壤盐渍化综合防治措施 4. 能确定有害气体的种类、出现的时间和防止方法	1. 田间温度要求知识 2. 田间水分要求知识 3. 田间光照要求知识 4. 土壤盐渍化知识
	（二）肥水管理	1. 能确定追肥的种类和比例 2. 能确定追肥时期和方法 3. 能确定浇水时期和数量 4. 能确定叶面追肥的种类、浓度、时期和方法	1. 蔬菜追肥知识 2. 蔬菜灌溉知识

（续表）

职业功能	工作内容	技能要求	相关知识
田间管理	（三）植株调整	1. 能确定插架绑蔓（吊蔓）的时期和方法 2. 能确定摘心、打杈、摘除老叶和病叶的时期和方法 3. 能确定保花保果、疏花疏果的时期和方法	营养生长与生殖生长的关系知识
	（四）病虫草害防治	能确定病虫草害防治使用的药剂和方法	田间用药方法
	（五）采收	1. 能按蔬菜外观质量标准确定采收时期 2. 能确定采收方法	1. 采收时期知识 2. 外观质量标准知识
	（六）清洁田园	能对植株残体、杂物进行无害化处理	无害化处理知识
采后处理	（一）质量检测	1. 能确定产品外观质量标准 2. 能进行质量检测采样	抽样知识
	（二）整理	能准备整理设备	整理设备知识
	（三）清洗	能准备清洗设备	清洗设备知识
	（四）分级	能准备分级设备	分级设备知识
	（五）包装	能选定包装材料和设备	包装材料和设备知识

3.3 高级

职业功能	工作内容	技能要求	相关知识
育苗	苗期管理	1. 能根据秧苗长势，调整管理措施 2. 能识别常见苗期病虫害，并确定防治措施	1. 苗情诊断知识 2. 苗期病虫害症状知识
田间管理	（一）环境调控	能根据植株长势调整环境调控措施	蔬菜与生长环境知识
	（二）肥水管理	1. 能识别常见的缺素和营养过剩症状 2. 能根据植株长势调整肥水管理措施	常见缺素和营养过剩症知识

（续表）

职业功能	工作内容	技能要求	相关知识
田间管理	（三）植株调整	能根据植株长势修改植株调整措施	蔬菜生长相关性知识
	（四）病虫草害防治	1. 能组织、实施病虫草害综合防治 2. 能识别常见蔬菜病虫害	常见蔬菜病虫害知识
采后处理	（一）质量检测	能定性检测蔬菜中的农药残留和亚硝酸盐	农药残留和亚硝酸盐定性检测方法
	（二）分级	能选定分级标准	现有标准知识
技术管理	（一）落实生产计划	能组织、实施年度生产计划	出口安排知识
	（二）制定技术操作规程	能制定技术操作规程	蔬菜栽培管理知识

3.4 技师

职业功能	工作内容	技能要求	相关知识
育苗	苗期管理	1. 能识别苗期各种生理性病害，并制定防治措施 2. 能识别苗期各种侵染性病害、虫害，并制定防治措施	苗期病虫害知识
田间管理	（一）环境调控	能鉴别因环境调控不当引起的生理性病害，并根据植株长势制定防治措施	蔬菜生理障碍知识
	（二）肥水管理	能识别各种缺素和营养过剩症状，并制定防治措施	1. 缺素症知识 2. 营养过剩症知识
	（三）病虫草害防治	1. 能制定病虫草害综合防治方案 2. 能识别各种蔬菜病虫害	1. 蔬菜病虫害知识 2. 菜田除草知识
采后处理	（一）质量检测	能制定企业产品质量标准	蔬菜产品质量标准知识
	（二）分级	能制定产品分级标准	蔬菜质量知识
	（三）包装	能根据产品特性设计包装	包装设计知识

（续表）

职业功能	工作内容	技能要求	相关知识
技术管理	（一）编制生产计划	1. 能够调研蔬菜生产量、供应期和价格 2. 能安排蔬菜生产茬口 3. 能制定农资采购计划 4. 能对现有人员进行合理分工	1. 周年生产知识 2. 人员管理知识
	（二）技术评估	能评估技术措施应用效果，对存在问题提出改进方案	评估方法
	（三）种子鉴定	1. 能测定种子的纯度和发芽率 2. 能鉴定种子的生活力	种子鉴定知识
	（四）技术开发	1. 能针对生产中存在的问题，提出攻关课题，并开展试验研究 2. 能有计划地引进试验示范推广新技术	田间试验设计与统计知识
培训指导	（一）制定培训计划	能制定初、中级工培训计划	初中级职业标准
	（二）培训与指导	1. 能准备初、中级培训资料、实验用材和实习现场 2. 能给初、中级授课、实验示范和实训示范 3. 能指导初、中级生产	农业技术培训方法

3.5　高级技师

职业功能	工作内容	技能要求	相关知识
技术管理	（一）编制种植计划	1. 能对市场调研结果进行分析，调整种植计划 2. 能预测市场的变化，研究提出新的茬口 3. 引进推广新的农用资材	1. 市场预测知识 2. 耕作制度知识
	（二）技术开发	能预测蔬菜的发展趋势，并提出攻关课题，开展试验研究	蔬菜产销动态知识
	（三）资源调配	能合理配置本单位的生产资源	资源管理知识

（续表）

职业功能	工作内容	技能要求	相关知识
培训指导	（一）制定培训计划	能制定高级、技师和高级技师培训计划	高级工、技师和高级技师职业标准
	（二）培训与指导	1. 能准备高级、技师和高级技师培训资料、实验用材和实习现场 2. 能给高级、技师和高级技师授课、实验示范和实训示范 3. 能指导高级、技师和高级技师生产	1. 教育学基础知识 2. 心理学基础知识

4. 比重表

4.1　理论知识

项目		初级（%）	中级（%）	高级（%）	技师（%）	高级技师（%）
基本要求	职业道德	5	5	5	5	5
	基础知识	10	10	10	10	10
相关知识	育苗	25	30	10	5	
	定植（直播）	20	20			
	田间管理	30	25	40	20	
	采后处理	10	10	15	10	
	技术管理			20	25	50
	培训指导				25	35
合计		100	100	100	100	100

4.2　技能操作

项 目		初级 （%）	中级 （%）	高级 （%）	技师 （%）	高级技师 （%）
工作要求	育苗	35	40	10	5	
	定植（直播）	20	15			
	田间管理	35	35	50	25	
	采后处理	10	10	10	10	
	技术管理			30	40	65
	培训指导				20	35
合计		100	100	100	100	100

附录2 花卉园艺工国家职业标准

第一部分 花卉园艺工技术等级标准(试行)

一、职业定义

从事花圃、园林的土壤耕整和改良;花房、温室修装和管理;花卉(包括草坪)育种、育苗、栽培管理、收获贮藏、采后处理等。

二、适用范围

公园、苗圃、花卉场、育种中心、园艺公司。

三、技术等级

初、中、高。

初级花卉园艺工

一、知识要求

1. 了解种植花卉、草坪的意义及花卉园艺工的工作内容。
2. 认识常见花卉种类 120 种,了解它们的形态构造特征。
3. 熟悉培植花卉、草及苗木的常用工具机具、器械。
4. 了解土壤的种类、性能,掌握培养土的配制。
5. 懂得常见花卉和草坪的繁殖和栽培管理的方法。
6. 了解肥料的种类和作用,并掌握施用的方法。
7. 了解常见花卉病虫害的种类及其防治方法。
8. 了解常见花卉对水分、温度、光照等的要求。

二、技能要求

1. 独立地进行露地花卉、盆栽花卉、温室花卉的一般生产操作及管理工作。

2. 掌握常见花卉的播种(包括土壤与种子消毒、催芽等)、扦插(包括插穗的采选、剪切分级和处理等)、嫁接移植(换床)及贮藏等操作技术。

3. 熟练使用常用花卉工具及其保养。

4. 进行花卉培养土的制作。

5. 在中、高级工指导下进行合理施肥,并正确使用农药防治本地区花卉上常见的病虫害。

6. 会进行花卉和草坪的水分、温度、光照的管理。

中级花卉园艺工

一、知识要求

1. 识别花卉种类 250 种以上。

2. 掌握主要花卉的植物学特性及其生活条件。

3. 懂得花卉繁殖方法的理论知识并懂得防止品种退化、改良花卉品种及人工育种的一般理论和方法。

4. 掌握建立中、小型花圃的知识和盆景制作的原理及插花的基本理论。

5. 掌握土壤肥料学的理论知识,掌握土壤的性质和花卉对土壤的要求,进一步改良土壤并熟悉无土培养的原理和应用方法。

6. 懂得花卉病虫害综合防治的理论知识。

7. 不断地了解、熟悉国内外使用先进工具、机具的原理;了解国内外花卉工作的新技术、新动态。

8. 掌握主要进出口花卉的培育方法,了解国家动植物检疫的一般常识。

二、技能要求

1. 解决花卉培植上的技术问题,能定向培育花卉。

2. 能根据花卉生长发育阶段,采取有效措施,达到提前和推迟花期的目的。

3. 因地制宜开展花卉良种繁育试验及物候观察,并分析试验情况,提出改进技术措施。

4. 能熟悉地进行花卉的修剪、整形和造型操作的艺术加工。

5. 对花卉的病虫害能主动地采取综合的防治措施,并达到理想效果。

6. 掌握无土培养的技能。

7. 应用国内外先进的花卉生产技术,使用先进的生产工具和机具进行花卉培植。

8. 收集整理和总结花卉良种繁殖、育苗、养护等经验。

9. 能对中级工进行技术指导。

高级花卉园艺工

一、知识要求

1. 掌握不同类别花卉的生物学特性和所需的生态条件。

2. 了解防止品种退化、改良花卉品种及人工育种的理论和方法。

3. 掌握无土栽培在花卉生产中的应用。

4. 掌握常见花卉病虫害的发生规律及有效防治措施。

5. 了解国家植物检疫的一般常识,掌握花卉产品及用具消毒的主要操作方法。

6. 了解国内外先进技术在花卉培育上的应用。

7. 掌握建立中、小型花圃的一般知识。

二、操作要求

1. 正确选择花卉品种,采取有效方法控制花期,达到预期开花的效果。

2. 掌握几种名贵花卉的培育,具有一门以上花卉技术特长并总结成文。

3. 应用国内外花卉栽培的先进技术。

4. 对初、中级工进行示范操作、传授技能,解决本岗位技术上的关键性及疑难问题。

第二部分 花卉园艺工鉴定规范

初级花卉园艺工鉴定规范、鉴定内容

项目	鉴定范围	鉴定内容	鉴定比重	备注
知识要求			100	
基本知识	1. 植物及植物生理	1. 植物的形态 2. 植物的温、光反应 3. 植物的生育与生育时期 4. 植物对营养的吸收与利用	8	
	2. 土壤与肥料	1. 土壤组成、分类及结构 2. 土壤肥力因素 3. 土壤 pH 值的测定及调节 4. 肥料的性质和使用的基本知识	8	
	3. 植物保护	1. 病虫基本知识 2. 当地常见花卉植物的主要病虫 3. 病虫害防治的基本方法 4. 常用农药的剂型及使用方法	6	
	4. 气象	1. 本地区气候基本特征 2. 二十四节气和物候	3	
专业知识	1. 花圃、园林土壤的耕翻、整理	1. 土壤耕翻、作畦技术 2. 培养土的成分及配制	10	
	2. 花卉的分类与识别	1. 花卉的分类方法 2. 当地常见的 120 种花卉植物	12	
	3. 花卉的繁育方法	1. 花卉的有性繁殖——种子繁殖 2. 花卉的无性繁殖——扦插、压条 3. 分株等 4. 促进插穗生根的方法	12	

（续表）

项目	鉴定范围	鉴定内容	鉴定比重	备注
知识要求			100	
专业知识	4. 花卉的栽培方法	1. 常见盆栽花卉的栽培方法 2. 常见切花的栽培方法 3. 草坪及地被植物栽培方法	15	
	5. 花卉产品处理及应用	1. 切花的采收及采后处理 2. 花卉产品的应用常识	8	
	6. 园艺设施的选型及利用	1. 主要园艺设施在花卉栽培中的应用 2. 园艺常规生产设施的使用与维护 3. 设施内温度、湿度、光照等因子的控制	8	
相关知识	1. 园艺材料	1. 薄膜种类及特点 2. 遮阳网的规格及使用	6	
	2. 园艺花卉概论	1. 种植花卉、草坪的意义 2. 花卉园艺工的工作内容	4	
技能要求			100	
初级操作技能	1. 园艺设施的使用与维护	大棚、温室等设施的使用及维护	5	根据考试要求确定的时间和有关条件，确定具体的鉴定内容，能按技术要求按时完成者得满分
	2. 栽培技术	1. 土壤耕翻、整地作畦 2. 培养土的配制与土壤的消毒 3. 花卉的简易繁殖 4. 常见花卉及草坪的整形、修剪 5. 花卉上盆、换盆和翻盆 6. 种子(种球等)的采收、处理及贮藏 7. 常见病虫害防治 8. 农药使用 9. 肥料使用	90	
工具设备的使用和维护	常用工具、器具的使用和维护	1. 整地、修剪等工具的使用及维护 2. 常用机具的使用	5	
安全及其他	安全生产	1. 合理安全使用农药 2. 合理安全使用机具和电气设备		

中级花卉园艺工鉴定范围、鉴定内容

项目	鉴定范围	鉴定内容	鉴定比重	备注
知识要求			100	
基本知识	1. 植物及植物生理	1. 植物器官、组织及其功能 2. 植物生育规律 3. 温、光、水、肥、气等因子对植物生育的影响	8	
	2. 土壤与肥料	1. 当地土壤的性质及改良方法 2. 常用肥料的性质及使用方法 3. 植物营养知识及营养液配制、调节	9	
	3. 植物保护	1. 病虫基本知识 2. 本地主要病、虫、杂草种类及防治 3. 常用农药的性能及使用方法	8	
专业知识	1. 花圃、园林土壤的耕翻、整理及改良	1. 园艺植物对土壤的要求 2. 无土栽培知识	10	
	2. 花卉的分类与识别	1. 花卉分类基本知识 2. 当地常见的180种花卉植物	10	
	3. 花卉的繁育技术	1. 育种一般常识 2. 国内外引种的一般程序 3. 花卉繁育的常用方法	10	
	4. 花卉的栽培方式及栽培技术	1. 盆花的盆栽技术及肥水管理 2. 切花生产技术及肥水管理 3. 其他观赏植物的管理技术 4. 花卉的促成、延缓栽培技术 5. 花卉及草坪先进生产工艺流程	20	
	5. 花卉产品应用形式及养护	1. 盆花的陈设及养护 2. 切花的采收、保鲜及应用 3. 一般花坛的设计及布置 4. 草坪修剪及养护	10	

（续表）

项目	鉴定范围	鉴定内容	鉴定比重	备注
知识要求			100	
相关知识	1. 相关法规	1. 国家有关发展花卉业的产业政策 2.《进出境动植物检疫法》中花卉进出口有关的内容	5	
	2. 园艺材料	1. 覆盖材料的特点和选用 2. 生产用盆钵的种类及特点	5	
	3. 工作能力	1. 具有一定的工作组织能力 2. 建立田间档案 3. 指导初级工进行生产作业	5	
技能要求			100	
中级操作技能	1. 园艺设施的选型、利用与维护	1. 装配和维护一般园艺设施 2. 调整园艺设施内环境因子	20	根据考试要求确定的时间和有关条件，确定具体的鉴定内容，能按技术要求按时完成者得满分
	2. 栽培技术	1. 花卉种植和控制花期的栽培 2. 花卉良种繁育 3. 各种花卉及草坪的修剪和整形 4. 根据花卉生长发育状况进行合理肥水管理和病虫防治等	45	
	3. 设计和制作	1. 一般花坛的设计和施工 2. 制作花篮、花束 3. 会场的花卉布置	25	
工具设备的使用和维护	常用园艺器具的使用、维修和保养	1. 花卉园艺常用器具的使用 2. 园艺工具的一般排故、维修和保养 3. 草坪机械的使用和保护	10	
安全及其他	安全文明操作	1. 严格执行国家有关产业政策 2. 文明作业、消除事故隐患		

高级花卉园艺工鉴定范围、鉴定内容

项目	鉴定范围	鉴定内容	鉴定比重	备注
知识要求			100	
基本知识	1. 植物生理	1. 植物代谢规律及其应用 2. 植物激素机理及其应用 3. 植物生态学的基本知识	8	
	2. 土壤与肥料	1. 本地区土壤种类、土壤肥力因素对花卉生产的影响 2. 花卉新型肥料的作用机理及其使用方法	6	
	3. 植物保护	1. 病虫害的发生发展一般规律及其防治方法 2. 新农药的选择和试用	6	
	4. 气象知识	1. 本地区主要气象因子的变化规律 2. 灾害性天气预防措施	5	
专业知识	1. 土壤改良	1. 保护地土壤盐渍化防治 2. 盆瘠土壤的改良	10	
	2. 花卉的分类与识别	1. 常见的 250 种花卉植物 2. 主要花卉的目、科、属 3. 花卉标本制作的常用方法	10	
	3. 良种繁育	1. 遗传常识及常规育种方法 2. 组织培养 3. 花卉引种驯化及良种繁殖的基础知识	12	
	4. 花卉的栽培技术	1. 花卉促成、延缓栽培原理 2. 中、小型花圃、育苗场建立的技术要求 3. 盆景制作基础知识 4. 花卉病虫害论断的综合防治基本知识	20	
	5.花卉产品应用	1. 艺术插花知识 2. 盆花室内装饰和养护知识 3. 花卉室外造景知识	13	

（续表）

项目	鉴定范围	鉴定内容	鉴定比重	备注
知识要求			100	
相关知识	1. 机具、肥料、农药	国内外花卉生产常用设备、机具、生产资料的作用等知识	4	
	2. 植物检疫	1. 植物检疫条例 2. 植物检疫基本知识	3	
	3. 其他	1. 国内外花卉商品信息 2. 花文化知识 3. 具有发现、分析、解决问题的能力 4. 具有指导初、中级工的能力	3	
技能要求			100	根据考试要求确定的时间和有关条件，确定具体的鉴定内容，能按技术要求按时完成者得满分
高级操作技能	1. 栽培技术	1. 花期促控 2. 树木、花卉整套修剪和造型 3. 花卉无土栽培 4. 花卉病虫害诊断及防治	45	
	2. 育种技术	1. 花卉常规育种和杂交制种 2. 新品种引种及试种 3. 花卉组织培养	35	
	3. 产品应用	1. 艺术插花 2. 按室内装饰和室外造景设计要求进行布置和施工	15	
工具使用	工具使用和维修	1. 花卉生产机具和设备设施的使用及维护	5	
安全及其他	安全文明操作	1. 严格执行国家有关产业政策 2. 文明作业、消除事故隐患		

附录3 绿化工国家职业标准

第一部分 绿化工职业技能岗位标准

1. 专业名称:园艺绿化。
2. 岗位名称:绿化工。
3. 岗位定义:从事园林植物的栽培、移植、养护和管理。
4. 适用范围:园林绿地建设和绿地养护。
5. 技能等级:初、中、高。
6. 学徒期:二年。其中培训期一年,见习期一年。

一、初级绿化工

知识要求(应知)

1. 了解从事园林绿化工作的意义和工作内容。
2. 了解园林绿地施工及养护管理的操作规程和规范。
3. 认识常见的园林植物,区分形态特征,并了解环境因子对园林植物的影响。
4. 了解常见的园林植物病虫害和相应的防治方法,以及安全使用和保管药剂的知识。
5. 了解当地园林土壤的基本性状和常用肥料的使用和保管方法。

操作要求(应会)

1. 识别常见园林植物(至少50种)和园林植物病虫害(至少10种)。
2. 按操作规程初步掌握园林植物移栽、运输等主要环节。
3. 在中、高级技工指导下完成修剪、病虫防治和肥水管理等项工作。
4. 正确操作和保养常用的园林工具。

二、中级绿化工

知识要求(应知)

1. 掌握绿地施工及养护管理规程。了解规划设计和植物群落配置的一般知识,能看懂绿化施工图纸,掌握估算土方和植物材料的方法。
2. 掌握园林植物的生长习性和生长规律及其养护管理要求;掌握大树移植的

操作规程和质量标准。

　　3. 掌握常见园林植物病虫害发生规律及常用药剂的使用；了解新药剂（包括生物药剂）的应用。

　　4. 掌握当地土壤改良方法和肥料的性能及使用方法。

　　5. 掌握常用园林机具性能及操作规程；了解一般原理及排除故障办法。

操作要求（应会）

　　1. 识别园林植物 80 种以上。

　　2. 按图纸放样，估算工料，并按规定的质量标准，进行各类园林植物的栽植。

　　3. 按技术操作规程正确、安全完成大树移植，并采取必要的养护管理措施。

　　4. 根据不同类型植物的生长习性和生长情况提出肥水管理的方案，进行合理的整形修剪。

　　5. 正确选择和使用农药，控制常见病虫害。

　　6. 正确使用常用的园林机具及设备，并判断和排除一般故障。

三、高级绿化工

知识要求（应知）

　　1. 了解生态学和植物生理学的知识及其在园林绿化中的应用。

　　2. 掌握绿地布局和施工理论，熟悉有关的技术规程、规范；掌握绿化种植、地形地貌改造知识。

　　3. 掌握各类绿地的养护管理技术，熟悉有关的技术规程、规范。

　　4. 了解国内外先进的绿化技术。

操作要求（应会）

　　1. 组织完成各类复杂地形的绿地和植物配置的施工。

　　2. 熟练掌握常用观赏植物的整形、修剪和艺术造型。

　　3. 具有一门以上的绿化技术特长，并能进行总结。

　　4. 对初、中级工进行示范操作，传授技能，解决操作中的疑难问题。

第二部分　绿化工职业技能岗位鉴定规范

第一节　道德鉴定规范

　　一、本标准适用于从事园林行业的所有初级工、中级工、高级工的道德鉴定。

　　二、道德鉴定在企事业单位广泛开展道德教育的基础上，采取笔试或用人单位按实际表现鉴定的形式进行。

三、道德鉴定的内容主要包括，遵守宪法、法律、法规、国家的各项政策和各项技术安全操作规程及本单位的规章制度，树立良好的职业道德和敬业精神以及刻苦钻研技术的精神。

四、道德鉴定由用人单位负责，职业技能岗位鉴定站审核。考核结果分为优、良、合格、不合格。笔试考核的 60 分以下为不合格；60～79 分为合格，80～89 分为良，90 分以上为优。

第二节 业绩鉴定规范

一、本标准适用于园林行业的所有初级工、中级工、高级工的业绩鉴定。

二、业绩鉴定在加强企事业单位日常管理和工作考核的基础上，针对所完成的工作任务，采取定量为主、定性为辅的形式进行。

三、业绩鉴定的内容主要包括，完成生产任务的数量和质量，解决生产工作中技术业务问题的成果，传授技术、经验的成绩以及安全生产的情况。

四、业绩鉴定由用人单位负责，职业技能岗位鉴定站审核，考核结果分为优、良、合格、不合格。对定量考核的，60 分以下为不合格，60～79 分为合格，80～89 分为良，90 分以上为优。

第三节 技能鉴定规范

一、初级工

技能鉴定规范的内容

项　目	鉴定范围	鉴定内容	鉴定比重	备注
知识要求			100%	
基本知识 20%	1. 园林绿化施工管理技术操作规程、规范 2%	(1) 已颁布的国家及地方有关的技术操作规程、规范	2%	了解
	2. 植物学知识 10%	(1) 植物的内在器官 (2) 植物与环境的关系	7% 3%	掌握 了解
	3. 土壤与病虫害知识 8%	(1) 园林土壤的基本性状 (2) 常见园林病虫害	4% 4%	掌握 掌握

（续表）

项　目	鉴定范围	鉴定内容	鉴定比重	备注
知识要求			100%	
专业知识 70%	1. 园林绿化基础知识 5%	(1) 园林绿化工作的意义	2%	了解
		(2) 园林绿化工作的内容	3%	了解
	2. 园林植物知识 20%	(1) 木本和草本的基本知识	4%	掌握
		(2) 乔木、灌木的特征	4%	掌握
		(3) 常绿树、落叶树的特征	6%	掌握
		(4) 针叶树、阔叶树的特征	6%	掌握
	3. 园林植物栽植知识 25%	(1) 栽植的意义	5%	了解
		(2) 栽植的内容及质量要求	20%	掌握
	4. 园林植物养护知识 20%	(1) 养护的意义	2%	了解
		(2) 养护的内容及质量要求	8%	掌握
		(3) 常用农药的使用和保管	5%	掌握
		(4) 常用肥料的使用和保管	5%	掌握
相关知识 10%	1. 花卉知识 10%	(1) 花卉的园林绿化中的作用和意义	2%	了解
		(2) 花卉的繁殖	4%	了解
		(3) 花卉养护内容及质量要求	4%	了解
操作要求			100%	
操作技能 75%	1. 识别 20%	(1) 常见的园林植物(50 种以上)	10%	掌握
		(2) 常见的园林病虫害(10 种以上)	10%	掌握
	2. 园林植物栽植 30%	(1) 树的裸根挖掘和带土球挖掘	10%	掌握
		(2) 小型土球包扎	10%	掌握
		(3) 树木的运输	3%	了解
		(4) 树木的栽植	7%	掌握
	3. 树木修剪基本技能 15%	(1) 修剪的目的和要求	1%	了解
		(2) 修剪基本要求	4%	掌握
		(3) 修剪的基本操作	10%	掌握
	4. 病虫害防治基本技能 5%	(1) 各种病虫害防治方法	3%	了解
		(2) 药剂防治基本操作	2%	掌握
	5. 肥水管理基本技能 5%	(1) 基肥、追肥的使用方法	3%	了解
		(2) 灌溉和排水	2%	了解

（续表）

项　目	鉴定范围	鉴定内容	鉴定比重	备注
操作要求			100%	
工具设备的使用和维护 10%	常用工具、器具的使用和维护 10%	(1) 整地用工具的装配及矫正	4%	掌握
		(2) 修剪用工具的磨刃及矫正	4%	掌握
		(3) 常用器具的使用和维护	2%	了解
安全及其他 15%	1. 安全生产 10%	(1) 安全生产一般规程	5%	掌握
		(2) 灾害性天气的预防、抢救和善后处理	5%	了解
	2. 文明生产 5%	(1) 文明施工和养护	3%	掌握
		(2) 园林绿地的保护	2%	掌握

二、中级工

技能鉴定规范内容

项　目	鉴定范围	鉴定内容	鉴定比重	备注
知识要求			100%	
基本知识 20%	1. 植物知识 8%	(1) 植物形态解剖知识	2%	了解
		(2) 植物分类基础知识	2%	了解
		(3) 当地常见园林植物的种类及特性	4%	掌握
	2. 植物保护知识 6%	(1) 植物保护的内容和要求	1%	了解
		(2) 当地园林病虫害的发生时期、危害部位及各类防治方法	3%	掌握
		(3) 各种常用药剂的性能及使用方法	2%	了解
	3. 土壤肥料知识 6%	(1) 当地土壤的性能及改良方法	2%	了解
		(2) 常用肥料的性能及使用方法	4%	掌握

（续表）

项 目	鉴定范围	鉴定内容	鉴定比重	备注
知识要求			100%	
专业知识 70%	1. 园林植物应用知识 30%	(1) 常见园林植物的生长习性	8%	掌握
		(2) 常见园林植物的生长规律	5%	了解
		(3) 大树的生理特点	5%	掌握
		(4) 移植大树的操作规程及质量要求	12%	掌握
	2. 绿化施工知识 35%	(1) 植物配置的一般原则	10%	掌握
		(2) 识别一般绿化施工图纸	10%	掌握
		(3) 估算土方和植物材料	10%	掌握
		(4) 配置艺术	5%	了解
	3. 园林机具知识 5%	(1) 常用园林机具的工作原理及性能	2%	了解
		(2) 园林机具的操作规程	3%	掌握
相关知识 10%	1. 施工方案的编制 6%	(1) 一般绿地施工方案的内容及编制方法	2%	了解
		(2) 大树移植施工方案的内容及编制方法	4%	掌握
	2. 班组管理 4%	(1) 班组生产计划管理	2%	了解
		(2) 质量管理	1%	了解
		(3) 定额管理	1%	了解
操作要求			100%	
操作技能 75%	1. 园林植物识别 10%	识别园林植物(80 种以上)	10%	掌握
	2. 乔、灌木整形修剪 15%	(1) 树型、分枝高度、主枝数量位置与绿地要求相符	5%	掌握
		(2) 疏枝合理,留枝恰当	5%	掌握
		(3) 剪口正确,留芽合理	5%	掌握
	3. 大树移植 15%	(1) 移植前的准备工作	1%	了解
		(2) 修剪强度合理	2%	掌握
		(3) 扎梢、攀"防风绳"	2%	掌握
		(4) 土球规格正确	2%	掌握
		(5) 挖掘、包扎	2%	掌握
		(6) 起吊、运输、入树穴	2%	掌握
		(7) 种植	2%	掌握
		(8) 培土、浇水、立桩	2%	掌握

(续表)

项　目	鉴定范围	鉴定内容	鉴定比重	备注
操作要求			100%	
操作技能 75%	4. 绿化施工 20%	(1) 按图放样 (2) 树木与架空线、地下管线、建筑物的距离严格按有关技术规程执行 (3) 乔灌木的质量验收与装运、栽植、支撑全过程 (4) 工程预算和结算 (5) 树木成活率、保存率达到或超过有关规定	3% 5% 5% 2% 5%	掌握 掌握 掌握 了解 掌握
	5. 植物保护 10%	(1) 利用各种防治方法开展病虫害综合防治 (2) 针对当地病虫害的种类正确选择农药	7% 3%	掌握 了解
	6. 改良土壤 5%	(1) 当地种植土的理化物性及存在问题 (2) 提出有效改良方案 (3) 合理施肥、科学施肥	1% 2% 2%	了解 了解 掌握
工具设备的使用与维护 10%	常用园林机具的使用、保养、排故 10%	(1) 中、小型机具的使用与保养 (2) 一般故障的判断与排除	6% 4%	掌握 掌握
安全及其他 15%	安全生产 10%	(1) 机具使用无事故隐患 (2) 正确执行安全技术操作规程	5% 5%	掌握 掌握
	文明施工 5%	(1) 施工现场整洁、文明 (2) 绿地养护整洁、文明	3% 2%	掌握 掌握

三、高级工

技能鉴定规范的内容

项　目	鉴定范围	鉴定内容	鉴定比重	备注
知识要求			100%	
基本知识 25%	1. 绿地施工基本知识 15%	(1) 绿化施工图的内容、特点与要求	10%	掌握
		(2) 地形、地貌改造图的内容、特点与要求	5%	掌握
	2. 植物生理与生态知识 10%	(1) 植物生理基本知识	2%	了解
		(2) 当地的生态环境	3%	了解
		(3) 树木、花草与生态环境的关系	5%	掌握
专业知识 75%	1. 植物配置 30%	(1) 根据植物材料的特点及生态习性进行植物配置	10%	掌握
		(2) 根据绿地的不同类型及功能进行植物配置	10%	掌握
		(3) 根据不同季节的观赏要求进行植物配置	10%	掌握
	2. 植物栽培新工艺 10%	(1) 组织培养知识	1%	了解
		(2) 生长刺激素的性能、配制及使用	4%	掌握
		(3) 生长调节剂的性能、配制及使用	3%	了解
		(4) 其他新工艺、新技术	2%	了解
	3. 园林植物养护管理知识 30%	(1) 园林植物生长发育规律	8%	了解
		(2) 园林植物各器官的生长发育关系	7%	了解
		(3) 园林植物的物候规律	5%	了解
		(4) 园林植物的生长发育与生态环境、栽培技术的关系	10%	掌握
	4. 绿化信息 5%	国内外绿化先进技术信息	5%	了解

项　目	鉴定范围	鉴定内容	鉴定比重	备注
操作要求			100%	
操作技能 75%	1. 复杂或大型绿化施工 30%	（1）现场施工放样、配置	20%	掌握
		（2）局部现场施工技术指导	10%	掌握
	2. 观赏植物的整形修剪 15%	（1）观赏花木的整形修剪	10%	掌握
		（2）观赏植物的艺术造型	3%	了解
		（3）衰老树复壮	2%	了解
	3. 技术特长 20%	（1）具有一门以上绿化技术特长	10%	掌握
		（2）具有绿化工作中的关键技术	10%	掌握
	4. 技术总结和传授 5%	（1）总结绿化养护管理技术资料	2%	了解
		（2）传授技术	3%	掌握
	5. 应用先进技术 5%	（1）独立或协助技术人员应用国内外绿化先进技术	5%	了解
工具设备的使用与维护 10%	1. 起吊机具 5%	起吊机具的使用方法	5%	掌握
	2. 其他园林机具 5%	（1）常用机具的维护保养技术	2%	了解
		（2）一般故障的排除	3%	掌握
安全及其他 15%	1. 安全施工 10%	（1）安全技术操作规程	5%	掌握
		（2）各种施工现场的安全	5%	掌握
	2. 文明施工 5%	（1）工完场清、文明施工	2%	掌握
		（2）绿地保护	2%	掌握
		（3）古树名木保护	1%	了解

附录4 草坪建植工国家职业标准

1. 职业概况

1.1 职业名称
草坪建植工。

1.2 职业定义
从事各类草坪绿地的种植、养护、管理、草皮卷生产及规划设计的生产经营管理人员。

1.3 职业等级
本职业共设五个等级,分别为:初级(国家职业资格五级)、中级(国家职业资格四级)、高级(国家职业资格三级)、技师(国家职业资格二级)、高级技师(国家职业资格一级)。

1.4 职业环境条件
室外,常温。

1.5 职业能力特征
具有一定的学习、计算,观察、分析和判断能力,身体健康,动作协调,能从事一般的农业生产劳动。

2. 基本要求

2.1 职业道德

2.1.1 诚实守信,尽职敬业

2.1.2 行为规范
(1) 遵纪守法,维护社会公德
(2) 文明礼貌,热情服务
(3) 规范操作,安全生产

2.2 基础知识

2.2.1 安全知识
(1) 施工安全知识
(2) 农药安全使用知识
(3) 机械安全使用知识

（4）工伤急救知识

2.2.2　专业知识

（1）草坪建植基本常识

（2）草坪草种子识别

（3）农机具操作

（4）土壤耕作

（5）植物栽培

2.2.3　相关法律、法规知识

（1）　草原法的相关知识

（2）　环境保护法的相关知识

3. 工作要求

本职业对初级、中级、高级、技师和高级技师的技能要求依次递进,高级别涵盖低级别的要求。

3.1　初级

职业功能	工作内容	技能要求	相关知识
坪床准备	（一）清理场地、平整地面	1. 能使用机具清除场地内的各种建筑垃圾和杂物 2. 能搬运土方,进行大地形的平整	土方运输机具的使用知识
	（二）耕作土地、整理坪床	1. 能耕翻、耙糖土地,进行坪床的粗整平 2. 能杀灭和清除坪床中的杂草 3. 能按照施工要求将基肥、杀虫剂、土壤改良剂等均匀施入土壤	1. 农药、肥料和土壤改良剂的使用知识 2. 灭生性除莠剂的安全使用知识
播种与铺植	（一）种子处理	能进行草坪种子的碾种、晒种、浸种	草坪草种子的物理处理知识
	（二）播种	能使用播种机或人工撒播的方法进行均匀播种	1. 播种机的使用知识 2. 草坪草种子的播种知识
	（三）铺植草坪	1. 能应用草皮卷铺植草坪 2. 能对铺植的草坪进行镇压和覆沙作业	1. 草皮铺植的基本知识 2. 草坪滚压机、覆沙机的使用知识

（续表）

职业功能	工作内容	技能要求	相关知识
草坪养护	（一）灌水	能使用灌溉工具进行灌水作业	1. 草坪草灌水的知识 2. 灌溉工具的使用知识
	（二）施肥	1. 能识别常见肥料和使用方法 2. 能使用施肥机具或人工进行施肥	1. 施肥机具的使用知识 2. 常用肥料的识别知识
	（三）修剪	1. 能操作手推式草坪剪草机 2. 能按照确定的草坪留茬高度进行草坪的修剪作业	1. 手推草坪剪草机的使用知识 2. 草坪修剪知识
	（四）清除杂草	1. 能识别草坪中的阔叶杂草和禾本科杂草 2. 能使用除莠剂和人工进行杂草清除作业	1. 喷雾（粉）机的使用知识 2. 除莠剂的识别知识
	（五）病虫防治	1. 能发现草坪中的虫子和病斑 2. 能使用喷雾（粉）机具进行杀虫、灭菌的喷洒作业	常用杀虫剂、杀菌剂的安全使用知识

3.2　中级

职业功能	工作内容	技能要求	相关知识
坪床准备	（一）耕作土地、整理坪床	1. 能使用机械进行土地的翻耕、耙耱、镇压等作业 2. 能按照坪床地形要求，精细整理坪床地面	坪床地面的处理知识
	（二）土壤消毒与改良	1. 能进行坪床的消毒作业 2. 能识别土壤的酸、碱性 3. 能对酸、碱性及黏性土壤进行改良处理	土壤质地特性和改良的基本知识

职业功能	工作内容	技能要求	相关知识
播种与铺植	(一) 种子处理	1. 能对草坪种子进行药物浸种、药剂拌种的处理 2. 能按照种子配比方案进行草坪草种子的混合处理	种子药剂处理知识
	(二) 播种	能进行坪床划区,按照小区的标准播量进行播种	草坪草种子的播种量和混播知识
	(三) 铺植草坪	1. 能进行草皮的起皮、切割和成卷作业 2. 能应用草皮分栽、塞植或铺植的方法建植草坪	草坪营养繁殖的基本知识
草坪养护	(一) 灌水	能按照草坪灌溉方案对草坪进行可控制的灌水作业	草坪需水量的知识
	(二) 施肥	1. 能计算肥料的有效成分 2. 能按照草坪施肥配方进行施肥	肥料的理化性状和有效成分知识
	(三) 修剪	能使用剪草车等大型机械进行草坪修剪作业	机动剪草车的使用和保养知识
	(四) 清除杂草	1. 能识别草坪中的常见杂草 2. 能配制除莠剂的确定浓度	喷雾(粉)机的保养维修知识
	(五) 病虫防治	能根据病虫害预防的技术方案,调配杀虫剂和杀菌剂合理浓度	农药有效成分的计算和配比知识

3.3　高级

职业功能	工作内容	技能要求	相关知识
坪床准备	(一) 坪床土壤调查	1. 能进行坪床土壤质地与土壤结构的调查测定 2. 能提取土壤样品,进行土壤肥力化验	1. 土壤结构和肥力知识 2. 土壤化验方法
	(二) 安装灌水设施	1. 能识别设计图纸,安装灌溉设备 2. 能调节灌溉设备,控制灌水量	灌溉、喷灌设备的安装、调试和使用知识
	(三) 坪床整治造型	1. 能按照设计要求进行坪床的地面造型 2. 能补充和平衡坪床的土壤养分	土壤养分的合理配方知识

（续表）

职业功能	工作内容	技能要求	相关知识
播种与铺植	（一）种子处理	1. 能对草坪草种子进行催芽处理 2. 能计算、称量种子，按照配比要求混合草坪草种子	种子处理技术和药品的使用知识
	（二）播种	能进行分种、分次、纵横交叉的方法均匀播种	
	（三）铺植草坪	能进行特殊地形和高难度地段的草皮分栽或铺植作业	土建工程施工技术知识
草坪养护	（一）灌水	能判断草坪灌水的时间和需水量，并进行灌溉设施的调试，控制合理灌水量	灌溉设施的控制和调节灌水量的常识
	（二）施肥	1. 能判断草坪缺肥症状，制定合理的施肥方案 2. 能按照平衡施肥方案，对氮、磷、钾肥进行合理配比	草坪营养需求知识
	（三）修剪	1. 能根据不同季节和草坪等级要求确定草坪的修剪时间 2. 能确定绿地草坪的修剪高度	农业气象的基本知识
	（四）清除杂草	能识别常见杂草，并确定防除杂草的时间和方法	
	（五）病虫防治	能识别多发性病害的症状，确定病害防治的时间和方法	杂草的识别知识和防除技术

3.4　技师

职业功能	工作内容	技能要求	相关知识
草坪建植施工准备	（一）施工场地准备	1. 能使用测量仪器进行地面测量，并进行坪床地形的艺术造型 2. 能编制工程施工进度计划 3. 能识读绿化工程设计图纸，组织施工作业	1. 园林绿化工程设计与施工知识 2. 地形测量知识

职业功能	工作内容	技能要求	相关知识
草坪建植施工准备	(二)施工材料准备	1. 能计算各种肥料、种子(草坪营养繁殖材料)、农药、土壤改良剂、灌溉设施等生产资料的使用量 2. 能按照施工要求准备各种机具和生产资料,并能保持良好状态和及时供应	1. 种子、化肥、农药、土壤改良剂等的使用量的知识 2. 草坪机械简单维修和养护知识
播种与铺植	(一)播种准备	1. 能根据生态条件选择和配制草坪草种子组合 2. 能使用喷播原料与草坪种子配制混合成适宜的喷播材料 3. 能组织和指导喷播作业面的处理整治	1. 草坪草种子生物特性知识 2. 草坪喷播材料的理化性质的知识
	(二)播种	能使用喷播机进行均匀播种	草坪喷播材料的使用知识
	(三)草皮铺植	能制定特殊地形和高难度地段草坪铺植的施工方案	
草坪管理	(一)灌水	1. 能根据土壤墒情判断适宜的灌水时间 2. 能制订和实施合理的灌水方案	草坪草幼苗需水和灌水的知识
	(二)修剪	1. 能确定幼坪第一次修剪的最佳时机 2. 能确定不同类型和用途草坪修剪的适宜高度和次数	幼坪的养护和管理知识
	(三)杂草控制	1. 能判断和鉴别常见杂草的幼苗 2. 能制定防除和控制杂草的技术方案	主要草坪杂草的识别和防除知识
培训与管理	(一)技术培训	1. 能推广和指导草坪建植新技术、新产品、新知识 2. 能撰写技术工作总结 3. 能对低等级人员进行技能培训	
	(二)组织管理	1. 能编制草坪绿化工程项目说明书和投标书 2. 能编制草坪绿化工程预决算书	工程建筑与财务知识

3.5　高级技师

职业功能	工作内容	技能要求	相关知识
草坪建植施工准备	（一）施工场地准备	1. 能设计草坪灌溉系统和绘制施工图纸 2. 能分析和评估土壤肥力，制定平衡施肥和土壤改良方案	1. 绿化灌溉工程设计知识 2. 农田灌溉知识
	（二）草坪工程准备	1. 能进行草坪建植工程的规划设计和施工图纸的绘制 2. 能制定运动场草坪建植方案	运动场草坪知识
播种与铺植	（一）播种准备	1. 能根据土壤、气候条件以及草坪使用强度选择草种的组合与配比 2. 能选择改良或更新运动场草坪的草坪草种（品种）或草皮卷	草坪草生物学特性及应用知识
	（二）播种	能组织和指导进行草坪的补播或盖播	草坪补播改良知识
草坪管理	（一）幼坪养护	1. 能识别草坪幼苗，检查幼坪质量 2. 能制定幼坪管护的技术方案 3. 能发现幼坪养护中的各种问题，采取防治措施进行妥善处理	1. 草坪草幼苗需水和灌水的知识 2. 新建草坪的养护与管理知识
	（二）草坪更新	1. 能制定草坪更新的技术方案 2. 能鉴定草坪质量，采取技术措施进行草坪的改良	1. 草坪草形态和再生特性知识 2. 杂草生物特性知识
	（三）病虫防治	1. 能辨别草坪病虫害的病症 2. 能制定草坪病虫害的预防方案	草坪病虫害的防治
培训与管理	（一）技术培训	1. 能制定草坪建植职业培训计划 2. 能编制技术培训资料 3. 能培训和指导低等级技术人员	
	（二）组织管理	1. 能组织和指导安全施工，保证施工质量 2. 能编制工程进度表 3. 能编制绿化工程合同书	劳动组织管理知识

4．比重表

4.1 理论知识

项 目		初级（%）	中级（%）	高级（%）	技师（%）	高级技师（%）
基本要求	职业道德	5	5	5	5	5
	基础知识	30	25	20	10	5
技能要求	坪床准备 清理场地、平整地面	5	—	—	—	—
	耕作土地、整理坪床	5	5	5	10	10
	土壤消毒与改良	—	5	—	—	—
	坪床土壤调查	—	—	5	—	—
	安装灌水设备	—	—	5	—	—
	坪床整治造型	—	—	10	—	—
	施工场地准备	—	—	—	10	10
	施工材料准备	—	—	—	10	—
	草坪工程准备	—	—	—	—	10
	播种或铺植 种子处理	5	5	10	—	—
	播种	5	5	5	10	5
	铺植草坪	10	5	5	5	—
	播种准备	—	—	—	10	10
	草坪养护 灌水	10	10	5	5	—
	施肥	5	5	10	—	—
	修剪	10	10	10	5	—
	清除杂草	5	10	5	—	—
	病虫防治	5	10	5	—	5
	杂草控制	—	—	—	10	—
	幼坪养护	—	—	—	—	10
	草坪更新	—	—	—	—	10
	培训与管理 技术培训	—	—	—	5	10
	组织管理	—	—	—	5	10
合 计		100	100	100	100	100

4.2　技能操作

	项　　目	初级（%）	中级（%）	高级（%）	技师（%）	高级技师（%）
技能要求	坪床准备					
	清理场地、平整地面	15	—	—	—	—
	耕作土地、整理坪床	10	10	15	15	20
	土壤消毒与改良	—	5	—	—	—
	坪床土壤调查	—	—	10	—	—
	安装灌水设备	—	—	10	—	—
	坪床整治造型	—	—	15	—	—
	施工场地准备	—	—	—	10	5
	施工材料准备	—	—	—	10	—
	草坪工程准备	—	—	—	—	15
	播种或铺植					
	种子处理	5	5	5	—	—
	播种	10	10	5	10	5
	铺植草坪	10	10	5	5	—
	播种准备	—	—	—	10	10
	草坪养护					
	灌水	10	10	5	10	—
	施肥	10	10	10	—	—
	修剪	10	15	5	5	—
	清除杂草	10	5	5	—	—
	病虫防治	10	20	10	—	5
	杂草控制	—	—	—	15	—
	幼坪养护	—	—	—	—	10
	草坪更新	—	—	—	—	10
	培训与管理					
	技术培训	—	—	—	5	10
	组织管理	—	—	—	5	10
合　计		100	100	100	100	100

参 考 文 献

[1] 罗正荣. 普通园艺学[M]. 北京:高等教育出版社,2005.

[2] 章镇,王秀峰. 园艺学总论[M]. 北京:中国农业出版社,2003.

[3] 李光晨,范双喜. 园艺植物栽培学[M]. 北京:中国农业大学出版社,2003.

[4] 李光晨. 园艺通论[M]. 北京:中国农业大学出版社,2002.

[5] 马凯,侯喜林. 园艺通论[M]. 北京:高等教育出版社,2006.

[6] 刘金海. 观赏植物栽培[M]. 北京:高等教育出版社,2005.

[7] 于泽源. 果树栽培[M]. 北京:高等教育出版社,2005.

[8] 闫永庆. 园林植物生产、应用技术与实训[M]. 北京:中国劳动社会保障出版社,2005.

[9] 于锡宏. 蔬菜生产技术与实训[M]. 北京:中国劳动社会保障出版社,2005.

[10] 胡繁荣. 蔬菜栽培学[M]. 上海:上海交通大学出版社,2003.

[11] 胡繁荣. 设施园艺学[M]. 上海:上海交通大学出版社,2003.

[12] 李振陆. 植物生产综合实训教程[M]. 北京:中国农业出版社,2003.

[13] 李作轩. 园艺学实践[M]. 北京:中国农业出版社,2004.

[14] 韩振海,陈昆松. 实验园艺学[M]. 北京:高等教育出版社,2006.

[15] 成海钟. 三级花卉园艺师培训教程[M]. 北京:中国林业出版社,2007.

[16] 罗锶. 花卉生产技术[M]. 北京:高等教育出版社,2005.

[17] 成海钟. 园林植物栽培养护[M]. 北京:高等教育出版社,2005.

[18] 周兴元. 园林植物栽培[M]. 北京:高等教育出版社,2006.

[19] 张东林. 高级园林绿化与育苗工培训考试教程[M]. 北京:中国林业出版社,2006.

[20] 古润泽. 高级花卉工培训考试教程[M]. 北京:中国林业出版社,2006.

[21] 王红英. 花卉工[M]. 北京:中国劳动社会保障出版社,2005.

[22] 朱启酒. 园林树木栽培[M]. 北京:中国劳动社会保障出版社,2006.